アジア文化叢書

ラオス北部の環境と農耕技術
タイ文化圏における稲作の生態

園江 満 著

序　文

　　中国西南部から東南大陸部にかけての広汎な土地は、中国世界と東南アジア世界が交叉する場所としてよく知られている。その中にはタイ文化圏（旧称シャン文化圏）と呼ばれるタイ系民族の政治と文化によってゆるやかにまとめられた地域が位置している。具体的にいうと、それはビルマ（ミャンマー）、タイ王国、ヴェトナム、インドのアッサム州、中国雲南省の一部を含んでいる。もともと社会組織、信仰及び物質文化など多くの要素を共有するさまざまな民族集団が暮らしているが、19世紀末から国境線が画定されたため、この広大な地域の民族と文化の本来の姿が見えにくくなった。ここの歴史と文化を理解するために、私は1995年から東京外国語大学アジア・アフリカ言語文化研究所主催の共同研究プロジェクト「西南中国非漢族の歴史に関する総合的研究」を実施してきたが、その中で農耕文化の歴史が大きな研究課題となった。本書の著者園江満氏は、ラオス北部を事例に、タイ文化圏における水田耕作と焼畑耕作の関係や農具の使用分布について、新しい見解を提示してきた若手研究者である。ここで従来の研究手法、及び問題となる研究課題について簡単に述べておくことにする。

　　河谷盆地と山地傾斜地ではそれぞれの自然環境に適した農耕技術が営まれていたため、タイ文化圏には異なる農耕文化二つが併存している。すなわち、盆地での水稲耕作と山地での焼畑耕作である。盆地では米穀が農業の根幹であるが、焼畑地では陸稲、アワ、シコクビエ、モロコシ、ハトムギなどのような雑穀やエゴマなどが栽培されている。しかし、このような顕著な相違にもかかわらず、盆地と山地でともに利用されている綿と絹、発酵酒やエンセーテなどもある。歴史上、水田耕作と焼畑耕作はもともと現在に見えるような異なった農業システムだったのか、それぞれの農耕文化はどのように形成されてきたのかという大きな問題がある。だが、文献史料がほとんどないため、研究があまり進捗していないのも実情である。本書では新しい実地調査のデータを提供しており、中でも農具に関する情報が特に貴重である。

　　農具などの生産工具は、農耕文化の歴史を再構築する研究者に多くを教えてくれる。作物を栽培して収穫物を加工する用具、漁撈に使用する捕魚具、生活必需品を作り出す職人の道具はもちろんのこと、ひいてはナタ類、農具、漁具などの工具そのものをこしらえる鍛冶屋の作業場にも、人間が自然資源や栽培作物を利用してきた経路がそれぞれ窺えるからである。また、農具は人間が営む農業形態を特定する作業にも役立つ。ナタと掘り棒があれば焼畑農耕、クワや犂があれば耕起・整地の技術体系というように、分かりやすいマーカーとして活用すること

もできる。さらに、農具の有効性はこのような単純な役割に止まらず、詳細な分析をも可能にする。特に、クワや犂などの耕起用具は、土壌の条件に合わせてさまざまな形状が考案されているが、その形状によって用途が異なっているため農業の歴史を考える上でとても大事な資料となっている。農具の形状を検討することによって、人間がどのような農法を用いて生態環境を改変し、どのような社会を形成していたかを判断することもできるのである。

　上記の本研究所共同研究プロジェクトの研究成果の一部は、すでに本研究所の「歴史・民俗叢書」シリーズとして刊行されている。このシリーズ第6冊となる本書は、ラオスの農耕文化を取り上げており、特に農具に関して数多くの新資料を提供してくれている。中国西南部は東南アジア大陸部と連続する地域であるにもかかわらず、これまで両者の農具の関係を明示する調査資料は著しく不足していた。英国植民地時代にまとめられたと思われるビルマの伝統農具記録である *Descriptive List of Indigenous Agricultural Implements, Machines, etc in Use in Burma*, Rangoon Office of the Supdt., Govt. Printing and Stationery Union of Burma. September 1961 や、坂井富男とソーハレス共著『緬甸マライン地方に於ける農具について』（日本棉花栽培協会彙報第5号）財団法人日本棉花栽培協会、1944年刊、全31頁には実測図がついているが、これらは例外だといえる。園江氏は、言語才能を活かし長年にわたって調査したラオス北部の稲作栽培技術に関する研究結果を本書にまとめることによって、上記の空白を見事に埋めている。

　本書は園江氏が京都大学に提出した博士論文だが、上記の共同研究プロジェクトにおける発表と部分修正を経て、農具に関する実証データが貴重であることと、ラオス北部の農耕文化をタイ文化圏農業の事例として解明しようとしたことが評価され、刊行の運びとなった。そのなかでも中国系枠型犂のみならず、中国西南地方の水稲耕作に広く使用されている「耕－耙－耖」という耕起・整地体系も、ラオス北部まで分布していることを実証した点は特筆すべきである。また、ラオス北部の水田耕作が焼畑による陸稲生産を補充する「原初的天水田」に起源するなど、タイ文化圏における水田耕作と焼畑耕作の歴史的系譜を考えるための具体像を提示している。本書の刊行によって、ラオスの農具に関する豊富な図像資料が提供されることになるので、東南アジア大陸部における農耕文化の研究に裨益するところ大なることを確信するともに、今後この領域の研究を奨励するきっかけともなることを願ってやまない。

　　2006年1月10日

東京外国語大学　アジア・アフリカ言語文化研究所
都下府中の研究室にて
クリスチャン・ダニエルス

目　次

序文 ———————————————————— クリスチャン・ダニエルス

第1章　序論
1-1　はじめに ———————————————————————— 11
1-2　目的 —————————————————————————— 15
1-3　研究の位置づけ ————————————————————— 16
1-4　構成 —————————————————————————— 18

第2章　位置と風土
2-1　ラオス地理の概況 ———————————————————— 21
　2-1-1　地勢 ———————————————————————— 21
　2-1-2　気候 ———————————————————————— 24
　2-1-3　環境と民族の分布 ——————————————————— 31
2-2　調査地について ————————————————————— 51

第3章　農業と農村
3-1　ラオス農業の概況 ———————————————————— 61
　3-1-1　農林業の概況 ————————————————————— 61
　3-1-2　稲作の概況 —————————————————————— 67
3-2　農村の輪郭と農作業：ルアンパバーン県を中心に ————————— 73
　3-2-1　はじめに ——————————————————————— 73
　3-2-2　農村の概観 —————————————————————— 74
　3-2-3　タイ系民族と水田稲作の技術 —————————————— 85
　　1）作付品種 ———————————————————————— 86
　　2）農作業 ————————————————————————— 87
　3-2-4　農具からみたラオス農業 ———————————————— 101
　　1）耕具 —————————————————————————— 101
　　2）鎌と手鋤 ———————————————————————— 101
　　3）その他の農具 —————————————————————— 110
3-3　小括―技術の粗放性について ——————————————— 117

第4章　ラオス北部における栽培稲の品種と稲作

- 4-1　はじめに ……… 123
- 4-2　調査方法 ……… 124
  - 4-2-1　調査地域の概要 ……… 124
  - 4-2-2　現地調査と実験の方法 ……… 124
- 4-3　結果と考察 ……… 125

第5章　ラオスにおける犂の形状と農耕文化

- 5-1　はじめに ……… 135
- 5-2　ラオスにおける犂の形状と分布 ……… 135
  - 5-2-1　はじめに ……… 135
  - 5-2-2　農業の地域差と民族 ……… 137
  - 5-2-3　調査地と調査方法 ……… 138
  - 5-2-4　調査事例 ……… 142
  - 5-2-5　形状による分類 ……… 154
  - 5-2-6　犂型の分布 ……… 159
- 5-3　農具と農作業に関する語彙 ……… 163
  - 5-3-1　犂 ……… 163
  - 5-3-2　耙 ……… 167
- 5-4　農具の地域性と民族性 ……… 170
- 5-5　小括 ……… 173

第6章　要約と結論

- 6-1　各章の要約 ……… 177
- 6-2　ラオス北部における農業の文化的複合性 ……… 180

第7章　補論

- 7-1　ラオスにおける「民族」と民族分類 ……… 183
  - 7-1-1　はじめに ……… 183
  - 7-1-2　ラオスの民族と民族分類の変遷 ……… 184
    - 1）3国民と68民族：「1970年分類」 ……… 186
    - 2）49民族：「2000年分類」 ……… 188
- 7-2　ラオスの統計制度 ……… 189
  - 1）はじめに ……… 198

2) 組織 —————————————————————— 199
3) 国勢調査とその他のおもな実施調査 ——————— 201
4) 出版事業そのほか ——————————————— 204
5) 課題と展望 —————————————————— 204

　附表および附図 ———————————————————— 211

　参考文献 —————————————————————— 243

　あとがき —————————————————————— 257

　索　引 ——————————————————————— 261

表・図・写真目録
表
2-1　ラオス各県における民族別農家世帯数 ————————————— 32
2-2　ポンサーリー県における民族別人口とラオス全国との比較 ——— 35
3-1　1998/99ラオス農林センサス概況 ————————————— 62
3-2　ラオス各県における土地利用概況 ————————————— 66
3-3　ポンサーリー県における土地利用概況 ———————————— 67
3-4　ルアンパバーン県における土地利用概況 ——————————— 67
3-5　サヴァンナケート県における土地利用概況 —————————— 67
3-6　ラオス各県における稲作の概況（1998/99）————————— 68
3-7　ラオスにおける稲作の生産概況（2003）——————————— 70
3-8　ラオス各県の県勢 ————————————————————— 75
3-9　ルアンパバーン県における郡別人口（1995）————————— 75
3-10　ルアンパバーン県における農家世帯の概況（1998/99）——— 76
3-11　ルアンパバーン県における農家世帯の民族別概況 ————— 77
3-12　ルアンパバーン県における稲作生産の推移（1994～2003）— 85
3-13　ルアンパバーン県における稲作の概況（1998/99）————— 86
3-14　ラオス各県におけるトラクター等の使用状況（1998/99）—— 89
3-15　ラオスにおける暦注 ——————————————————— 92
3-16　ラーオ暦の月名と各月の日数 ——————————————— 93
3-17　ラオス各県における水田の灌漑状況（1998）———————— 95
3-18　ラオス各県における肥料・農薬の投入状況（1998/99）—— 97
4-1　ルアンパバーンにおける栽培稲品種の穀実および生態的特性 — 125

4-2	ルアンパバーンにおける栽培稲籾および玄米の外観上の特徴	128
4-3	ルアンパバーンにおける栽培稲品種の生態的特性による分類	129
4-4	ルアンパバーンにおける栽培稲品種の諸特性によるクラスター分析の結果	131
4-5	ルアンパバーンにおける栽培稲品種の生態的特性と民族の関係	133
5-1	犂に関する調査結果一覧	142
5-2	ラオスにおける犂型の分類	158
5-3	稲作に関わるタイ系民族の語彙	164
7-1	ラオス王国政府による主要民族分類	185
7-2	ラオス人民革命党第2回党大会決議における民族分類	187
7-3	第2回国勢調査におけるラオスの民族分類と民族別人口	190
7-4	ラオスにおける民族分類の推移	192
7-5	ラオス国勢調査結果の比較	203
附-1	ルアンパバーンにおける聞取りによる栽培稲品種名	211
附-2	ルアンパバーン県における栽培稲品種調査結果	225

図

1-1	ラオス行政区分図	13
1-2	「タイ文化圏 Tai Cultural Area」の広がり	14
2-1	ラオスと周辺の地形	22
2-2	ラオス主要都市における降水量経年変化	25
2-3	ルアンパバーンの気候（月別降水量と平均気温・ハイサーグラフ）	26
2-4	ヴィエンチャンの気候（月別降水量と平均気温・ハイサーグラフ）	27
2-5	サヴァンナケートの気候（月別降水量と平均気温・ハイサーグラフ）	28
2-6	パークセーの気候（月別降水量と平均気温・ハイサーグラフ）	29
2-7	ラオス主要都市における月別気温格差	30
2-8	ラオス北部・メコン水系における居住標高別民族分布および生業構造概念図	31
2-9	ポンサーリー県における民族分布：ラーオ	36
2-10	ポンサーリー県における民族分布：プータイ	37
2-11	ポンサーリー県における民族分布：クム	38
2-12	ポンサーリー県における民族分布：フモン	39
2-13	ポンサーリー県における民族分布：ルー	40
2-14	ポンサーリー県における民族分布：コー	41
2-15	ポンサーリー県における民族分布：プノイ	42
2-16	ポンサーリー県における民族分布：ヤオ	43

2-17	ポンサーリー県における民族分布：ホー	44
2-18	ポンサーリー県における民族分布：ヤン	45
2-19	ポンサーリー県における民族分布：シーダー	46
2-20	ポンサーリー県における民族分布：ビット	47
2-21	ポンサーリー県における民族分布：ロロ	48
2-22	ポンサーリー県における民族分布：ハニ	49
2-23	ポンサーリー県における民族分布：クー	50
2-24	ラオス北部とその周辺	52
2-25	ポンサーリーの気候（月別降水量と平均気温・ハイサーグラフ・月別気温格差）	53
2-26	ポンサーリー県全図	54
2-27	ポンサーリー地域横断図	55
2-28	ルアンパバーン県全図	57
3-1	ラオスにおける稲作生産の推移	68
3-2	ポンサーリー県における稲作生産の推移	71
3-3	ルアンパバーン県における稲作生産の推移	71
3-4	ヴィエンチャンにおける稲作生産の推移	72
3-5	サヴァンナケート県における稲作生産の推移	72
3-6	チャムパーサック県における稲作生産の推移	73
3-7	ラオス北部におけるタイ系民族の村落立地	78
3-8	ラオス北部における苗代の類型	91
3-9	ラオス北部における稲作作業暦	102
3-10	ルアンパバーンにみられる鉤形鎌	106
3-11	ルアンパバーンにみられる小型鎌	108
4-1	ルアンパバーンにおける栽培稲の籾長と籾幅との関係	126
4-2	ルアンパバーンにおける栽培稲品種の諸特性によるクラスター分析樹形図	130
5-1	インド犂の事例	136
5-2	中国犂の事例	136
5-3	ラオス国内におけるタイ系民族の居住分布	139
5-4	調査地位置図	141
5-5	事例① 枠型犂（大三角）	143
5-6	事例② 枠型犂（小三角）	143
5-7	事例③ 枠型犂（大三角）	144
5-8	事例④ 枠型犂（大三角）	145
5-9	事例⑤ 枠型犂（大三角）	145

5-10	事例⑥	枠型犂（大三角）	146
5-11	事例⑦	枠型犂（四角）	146
5-12	事例⑧	X字型犂	147
5-13	事例⑨	枠型犂（大三角）	147
5-14	事例⑩	枠型犂（四角）	148
5-15	事例⑪	枠型犂（大三角）	148
5-16	事例⑫	枠型犂（四角）	149
5-17	事例⑬	枠型犂（四角）	149
5-18	事例⑭	枠型犂（四角）	150
5-19	事例⑮	Y字型犂	150
5-20	事例⑯	Y字型犂	151
5-21	事例⑰	Y字型犂	151
5-22	事例⑱	Y字型犂	152
5-23	犂耕の様子		153
5-24	ヴェトナム北部ターイ族の抱持立犂 thay		154
5-25	カンボジアのマレー犂 pha: l		157
5-26	ラオスとその周辺における犂型の分布		161
5-27	東南アジアにおける犂型3分類の分布		162
5-28	而字型耙 bān bak		167
5-29	竹製均平棒 bō khāt を装着した而字型耙		168
7-1	1000キープ紙幣の意匠		186
7-2	ラオス国立統計院組織図		200

写真

2-1	ラオス北部の水田景観	51
2-2	ラオス北部におけるタイ系民族村落の景観（遠景）	56
3-1	タッピング後樹脂が析出した芥子坊主	62
3-2	甘味料として販売される樹脂収穫後の芥子坊主	63
3-3	渡河のバージを待つ木材運搬車	65
3-4	カジノキの樹皮を剥ぐ様子	65
3-5	集荷されたカジノキの樹皮	65
3-6	北部ラオスにおけるタイ系民族の集落景観（近景）	77
3-7	家屋の破風	79
3-8	爆弾薬莢を利用したプランター	79

3-9	河岸での菜園	80
3-10	埋葬林の入口	80
3-11	養蜂用巣箱	81
3-12	水車を利用した搾糖の様子	82
3-13	搾糖機 *'it 'ōi* の歯車① 二段木栓歯車	83
3-14	搾糖機 *'it 'ōi* の歯車② 平行ウォーム（螺旋状）歯車	82
3-15	搾糖機 *'it 'ōi* の歯車③ 山形歯車	83
3-16	市での黒糖 *nam 'ōi* 販売	84
3-17	綿轆轤 *'īu fāi* による繰綿の様子	84
3-18	箆状掘棒 *sīam*	88
3-19	陸苗代	88
3-20	株播による水苗代	89
3-21	竹製均平具 *bō khāt*	91
3-22	田植の様子	92
3-23	苗の運搬	92
3-24	儀礼用小祠	94
3-25	ラオス北部における伝統的堰	96
3-26	揚水水車	96
3-27	揚水柄杓	96
3-28	除草用手鋤 *vǣk*	97
3-29	脱穀場の様子	99
3-30	縦型タタキ台と脱穀用竹筵	99
3-31	稲巻棒による打付け脱穀の様子	99
3-32	打穀棒	99
3-33	穀倉	100
3-34	籾貯蔵用竹籠	100
3-35	足踏碓 *kok*	102
3-36	添水碓（バッタリ）*kok nam*	102
3-37	水車 *kong phat nam* による脱穀の様子	103
3-38	犁	104
3-39	耙	104
3-40	鍬	105
3-41	杁による本田の均平	105
3-42	杷	105

3-43	鎌 *kīao*	106
3-44	ルーの鎌 *khīo*	106
3-45	鋸鎌	108
3-46	インダーの鈎形鋸鎌	108
3-47	クムの三日月形刃鎌	108
3-48	爪鎌	109
3-49	穂摘具	109
3-50	手鋤①	109
3-51	手鋤②	109
3-52	手鋤③	110
3-53	フモンの引き鍬 *lāo*	111
3-54	陸稲収穫籠	111
3-55	稲巻棒	112
3-56	縦型タタキ台	113
3-57	槽型タタキ台	114
3-58	簀の子状タタキ台	114
3-59	打穀棒による脱穀の様子	115
3-60	鈎型打穀棒	115
3-61	打穀棍	115
3-62	風選用団扇	116
3-63	穀扇で稲束を捌く様子	116
3-64	風選用梯子	117
4-1	竹筒飯 *khao lam*	128
5-1	農林省（ヴィエンチャン）中庭の像	157
5-2	ラーチャプラディット寺院（バンコク）布薩堂の壁画	159
5-3	橇型耙 *phīak*／*phæ*（踩耙）	166
5-4	而字型耙 *khāt*（耖耙）	166
5-5	而字型耙による本田の反転作業 *bak*	166
5-6	黒タイの均平用大型耙 *bān lūat*	168
5-7	竹製均平棒 *bō khāt* による作業の様子	169
5-8	シャン州における犂耕作業の様子	172
5-9	シャン州における半固定型の非而字型耖耙	172
附-1	ルアンパバーンにおける栽培稲品種籾	228

第1章 序論

1-1 はじめに

　明代から清代にかけて、願祖禹によって著された地理歴史書『読史方輿紀要』には、「古蛮夷地、俗称白撾家、累代不通中国、永楽三年（1405）来貢、置老撾軍民宣慰使司」とあり、老撾（ラオス）の名は、明代初頭中国の資料に初めて現われたものと考えられる。

　元禄時代の碩学天野信景（さだかげ）は和漢の文物諸般に関する考証を行った随筆『塩尻』[1]に「羅宇、即チ蛮夷之国名ナリ、而シテ其地黒斑竹ヲ産ス、之ヲ取リテ烟筒（きせる）ヲ似グ[2]ガ故ニ名ト為ス」[3]と記し、アユタヤやカンボジア交易を通じて日本とラオスとの間で、当時から物流が行われていたことを示しており、また、1641年にオランダ東インド会社のファン・ウストフ Gerrit van Ustohoff がヨーロッパ人として初めてヴィエンチャンを訪れたのも、ラックや安息香といった特用林産物の産地として既に伝え知られた土地に対する関心からであった。

　しかし、その地勢や国情は依然として神秘に包まれたままであり、1861年7月末ムオー Henri Mouhot が病身を冒してルアンパバーンに達したのち、1866年にド・ラグレ Doudart de Lagrée 率いる踏査隊がメコン河を遡上して、翌67年ルアンパバーン、シェンコーン（タイ名ではチェンコーン）を経て雲南に達した記録をガルニエ Francis Garnier らが詳細に示したことで、ようやくラオスの様子は世界の知るところとなった。

　2003年1月、ラオスの首都ヴィエンチャンではラーンサーン王国の建国650年を寿ぎ初代ファーグム王 Chao Fā Ngum（在位1353～1373）像の除幕式が行われた。しかしながら、一時は現在の東北タイから西双版納（シーサンパンナ）まで版図を広げたこの王権も、1694年のスリニャウォンサー王 Chao Surinyavongsā Thammikarāt 薨去の後はルアンパバーン・ヴィエンチャン・チャムパーサックの三王家へと分裂し、シャム、ヴェトナム、フランスの保護国化を経て、インドシナ連邦に編入された雌伏の歴史の中で、1899年に初めてラオスの名称[4]と現在の国土の原形を得るに至ったのである。

　その後も、植民地支配と内戦に翻弄されながら、1975年ラオス人民革命党による現政権が成立した。現在のラオス人民民主共和国 Sāthālanalat Pasāthipatai

Pasāson Lāo（以下では、別段の必要がない限りラオスと略称。）は、インドシナ半島の中央に位置する東南アジア唯一の内陸国であり、日本の本州よりやや広い236,800km²の国土にタイ系民族であるラーオを中心とした多民族からなる561万人［KSKPP 2005: 41］が住んでいる。

　現体制に移行後幾度かの変更を経て、2003年現在の地方行政単位はヴィエンチャン首都区 *Nakhǭng Lūang Vīangchan*、16の県 *Khwǣng* ならびにサイソムブーン特別区 *Khēt Phisēt* のもとに、141の郡 *Mūang* と1特別地区（ボーケーオ県）に分けられており、10,752の村 *Bān* がある。（図1-1）

　ラオスは1997年東南アジア諸国連合（ASEAN）への正規加盟を果たし、2020年までには最貧国からの脱却を目指している。しかしながら、急速な近代化の波の中でラオスの社会経済の諸様相は大きく変化してきており、わけても、低生産の中にあって自給的・自己完結的な安定性をある程度維持してきた農村社会の蒙る影響には、甚大なものがある。

　しかしながら、本研究はそうした農村社会の変容に関する分析や、ラオスの社会経済開発に関する方向性を模索するための情報を提供することを企図したものではない。風土に対する順応・適応・征服の活動の長い過程で積み上げられ、それぞれの風土に根ざして形成された文化の支配的基盤［熊代1969: 10］として農耕を捉え、ラオス、わけてもラオス北部における周辺地域との文化的交流の歴史を、農耕技術の面から注視しようと試みたものである。

　新谷らは、タイ、ビルマ（ミャンマー）、ラオス、中国の四カ国が交差する地域を中心としたタイ系民族Taiの分布地域を、「多言語、多民族であって、一つの大伝統に支配されるのではなく、さまざまな文化要素を持ちながら、それらを有機的に結びつけている何らかのシステムが存在する一つの複合文化交流圏」として、言語学的・歴史的・文化的背景をもった「タイ文化圏Tai Cultural Area」（旧称「シャン文化圏」。）[5] を想定している［新谷1998: 11–12］。タイ文化圏の地理的な範囲を厳密に規定することは困難であるが、中国雲南省西双版納・徳宏からラオス北部、タイ北部を経てミャンマーのシャン州に至る地域がその核心域である。さらに、ヴェトナム北部のタイバック地方とインドのアッサム州の一部もこれに属する可能性がある（図1-2）。

　本研究は、ラオス北部を東南アジア大陸山地部に広がる複合文化交流圏としての「タイ文化圏」を構成する枢要と位置づけ、今日の農村に残された稲作の技術と、それを取り巻く自然・社会環境から、この地域におけるタイ系民族と諸民族との交流の痕跡を農耕文化として見出そうとするものである。

　「タイ系民族は水田農耕民である」という命題は、既に学問的説得力を必ずし

第1章 序論 13

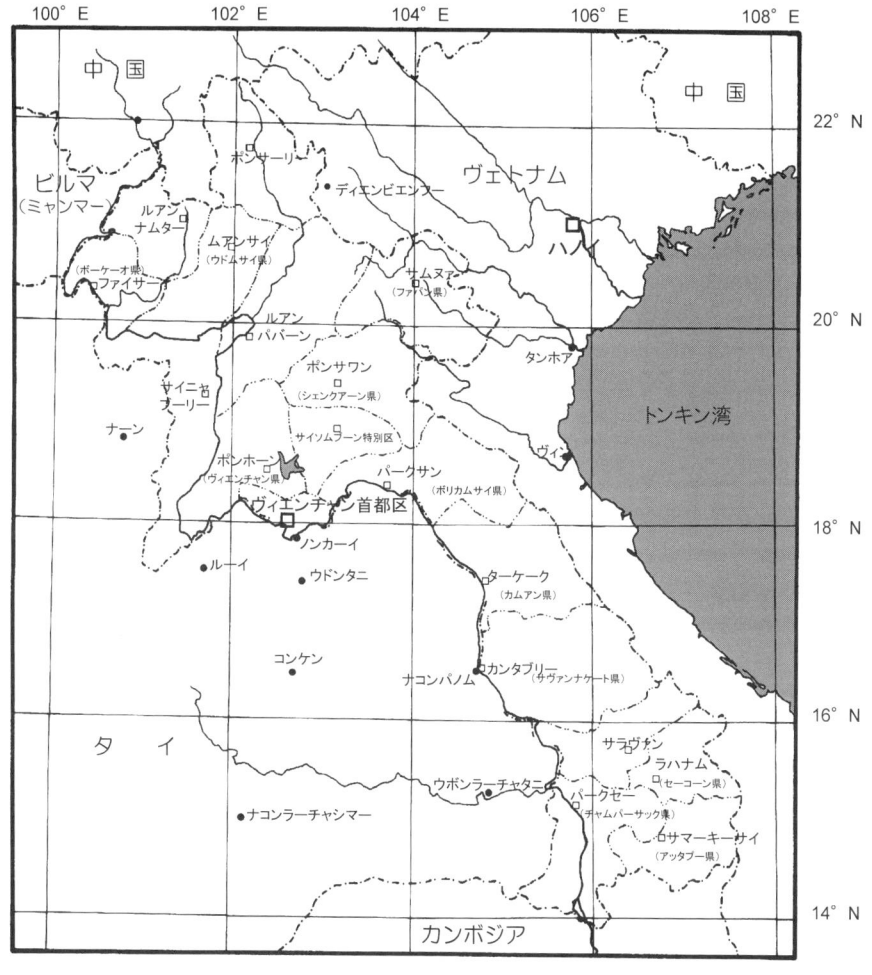

NDG[2000:6-7]

図1-1 ラオス行政区分図

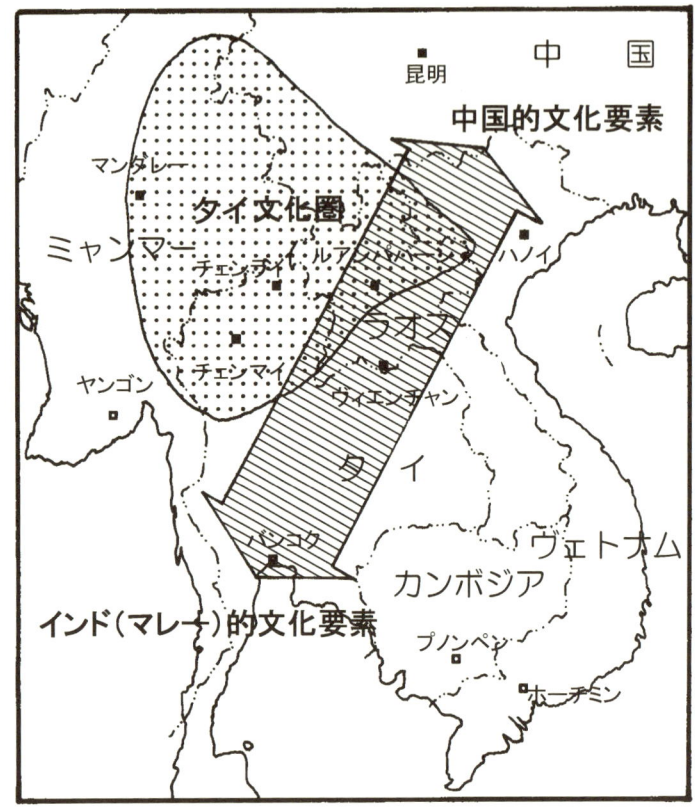

図1-2 「タイ文化圏 Tai Cultual Area」の広がり

も持ち得ないものの、Le Barの提示した「谷間の水稲耕作民 valley-dwelling wet-rice growers」[Le Bar et al. 1964: 187]というタイ族観は、今日でもタイ系民族の文化・社会を考える際の基本概念として広く受け止められている。しかしながら、彼自身、同時にタイの一部、ラオスおよび上ビルマの低地に居住するタイ系民族を「在地の焼畑耕作者である低地住みタイ系民族 lowland Tai of indigenous swidden-farming population」[1964: 187-188]と指摘し、タイ系民族全般が、必ずしも水田稲作によってのみ生業を維持してきたのではないことを示唆しているように、本研究では、稲作の技術・品種・農具の観点からこれらを検証しようとしている。

また、加えて、経済発展と情報化に支配されるグローバリズムの中で失われてゆく農村の記録が、ラオス社会の民譚の一つとなれば望外の成果であるといえよう。

1–2 目的

　本研究は、さまざまな文化的要素を併せ持ったラオス北部の農業と農耕文化を、新谷らの提唱する「タイ文化圏 Tai Cultural Area」という概念設定によってとらえ、東南アジア大陸部にひろがる生態環境の下で、タイ系民族を中心としながらも数多くの民族によって構成されるラオスの農村において、稲作の技術と農業生態の面から明らかにしようと試みたものである。

　ラオスの農業を語る上では、穀倉地帯として現在ラオスの食糧生産を支えている中・南部のメコン河沿岸地域を看過することは、本来適当でないと考えている。しかしながら、本研究の主張は東南アジア大陸山地部の文化的基盤をラオスの農耕から分析することにあるため、本研究ではあえて北部の農業を「ラオスの農業」のプロトタイプとして提示し、必要に応じて、適宜中・南部の農業との比較の中でラオス農業の全貌を捉えるものとした。

　ラオスは多民族国家であり、農業と農耕文化は生態的基盤に支配されると同時に、各民族の持つ文化的伝統によって影響を受けながら成立している。

　補論7–1で述べるように、ラオスにおける民族に関する科学的検証はようやく始められたばかりである。現行の公式民族数49分類にいたるまで、恣意的な民族区分とそれに基づく「民族イメージ」によってラオス社会が語られてきた経緯があるが、そのコンテクストの中でタイ系民族を水田農耕民として「低地ラーオ族」と呼ぶなど、各民族に関して言語・居住形態・生業構造を所与のものとして論じられることがままみられた。

　また、現代ラオスにおける「文化 vatthanatham」の語は文学・美術・芸能などの分野を主に指しており、物質文化に関する研究も、ラーオを含むタイ系民族の日常的な生産活動よりは、むしろ民族学・人類学的アプローチによる「少数民族」の社会へ向けられているといってよい。

　本研究では、ラオスの民族と「文化の支配的基盤」としての農耕について、「多数派」と無条件に位置づけられながらも、これまであまり省みられてこなかったタイ系民族に焦点を当て、多民族社会における物質的・文化的交流の中で形成されたラオス北部の稲作技術を通じて「ラオス」の像を描き出そうとしている。

　なお、本研究における文中のラオス語[6]欧字表記は、ラーオ以外のタイ系民族の語彙も含め、原則として現代ラオス語による標準的綴りに従い、ALA–LC（合衆国議会図書館）翻字表の規則に拠って示している。但し、各民族語について一般的欧字表記法があるものや、特別に必要のある場合はこの限りではない。

また、カナ表記が必要な場合は上記に準じているが、無気音と有気音が対立するk/k^h・t/t^h・p/p^{h}はそれぞれをともにカ行・タ行・パ行で、末子音–k・–t・–pはそれぞれ–ク・–ト・–プとし、短母音を伴う場合は促音で示した（例：*luk* ルック・*lūk* ルーク）。また、複音節語の連続した末子音と頭子音が重複する場合前音節の末子音は発音されないため、カナ表記では発音に従った（例：*latthabān* ラッタバーン）ほか、通常の日本語表記上なじまないものについては簡略化した（例：ng；頭子音*ngāi* ガーイ・末子音*lūang* ルアンなど）。

そのほか、地名や人名などに関して一般的欧文および日本語表記の定まっているもの（例：*Vīangchan*: *Vientiane*・ヴィエンチャンなど）については、これを優先し、人名では、引用文献の著者については文献目録の表記に従って示し、ここに記載のない非漢字外国人名についてはカナと欧字を併記した。

1–3　研究の位置づけ

近年、ラオスにおいても外国人に対する移動制限や野外調査に関する規制が大幅に緩和され、農村地域に関しても、特に社会開発と関連付けられた研究が急速に進んでいる。また、東南アジアにおけるイネに関する研究についてラオス北部は残された未踏域であり、遺伝資源の保存や食糧増産の観点から、野生稲や栽培品種の遺伝・育種学的研究が活発である。

ラオスに関する総合的な研究の端緒としては1950年代末から60年代にかけて、ハールパーンJoel M. Halpernらによって執筆されたLaos Project Paper（1961）ほか[7]が残されている[8]が、最近の農村に関する研究では、Alexandreら［1998］；園江［1998］；Baudran［2000］が、農家経済や農村における資源管理についてはアジア人口・開発協会［1997; 1998］；横山［2000］；Noorenら［2001］；Yamadaら［2004］が挙げられ、このほか、Gilloglyら［1990］の報告は、ラオス北部の農村における農業生態学的研究として先駆的であり、その後Laffortら［1998］；Kousavathら［1999］が貴重な業績を残している。

Hamada［1965］は、ラオスを含むメコン河流域におけるイネ品種に関して草分け的な記録を残しており、野生稲に関する研究ではKurodaら［2003］；Kuroda［2004］が挙げられ、関連する調査研究機関として、農林省所轄の国立農林研究所のほかLao–IRRI Projectがあって、研究の蓄積を続けている。

文化や歴史については、1996年UNESCO主催の国際専門家会議[9]が開かれ、少数民族文化の保護・研究の必要性が提言された。この際、特に北部のポンサーリーならびに南部のアタプーは多様な民族構成を持った地域であり、調査・研究

の重要性が認識されている。北部のチベット－ビルマ系住民の言語に関しては未だ不明な点が多く、言語学的に極めて貴重な調査地域であるが、ラオス国内においても、情報・文化省所轄の言語研究所およびラオス文化研究所を中心とした研究体制が整いつつある。言語に関しては、ラオス北部における本格的調査を新谷らが行っている［Kinsada; Shintani ed. 1999］；［Shintani ed. 1999］；［Shintani et al. 2001］；［Kato 2003］。

　農耕文化については、ラオスにおける物質文化のインド的要素と中国的要素という観点から八幡が貴重な報告［1965］を行っており、アジア全般としては、ヴェルトによる包括的研究［1968］のほか、アジア地域における農耕文化および、特に本研究で注目した稲作と犂については、Chalcellor［1961］；Hopfen［1960; 1969］；家永［1980］；佐々木［1988］；渡部［1977; 1984］；渡部［1997; 2003］；渡部ら［1994］が挙げられ、本研究の基点となっている。

　ラオスにおける民族誌的研究としては、現在のルアンナムター県からボーケーオ県にかけてモン－クメール系のラメットを記述したIzikowitz［1979］や、岩田によるヴィエンチャン北部のタイ系集落における調査記録［1963］が草分けであるが、現地調査を踏まえてラオスの民族と農村に関する資料を包括的に集成した、Chazéeの業績［1995; 1999］は高く評価できる。Chazéeはまた、サイニャブーリー県においてモン－クメール系のMrabri[10]に関する民族誌的研究も行っている。一方、ラオスの民族を網羅的に解説したSchliesingerの報告［2003］は、情報を文献のみに依拠し、事実誤認等が各所に見受けられるものの、類書を見ないという点から、本研究においても参照している。

　民族別に見ると、チベット－ビルマ系では、ポンサーリー県に住むロロに関する数少ない報告をRattanavong［1997］が残している。モン－クメール系民族については、サラヴァン県のカトゥに関してSulavanら［1994］の行った一連の研究のほか、Simanaが北部を中心にクム[11]の農業を取り上げている［1998］。

　本研究では、これらの先行研究を踏まえて、民族誌的な記述と栽培稲に関する農学的手法による分析を用い、ラオス北部の多民族社会におけるタイ系民族の農業と農耕文化を描こうとしている。ラオスにおける民族研究では、実は、タイ系民族が最も無関心に扱われてきており、タイ系民族社会の経済的基盤を形成したと考えられる稲作も、同様の憂き目に遭ってきたといえる。本研究では、民族社会が固有に持つと考えられる特徴として農耕文化を考えるのではなく、多民族社会の紐帯あるいは文化的複合の所産として「タイ文化圏」の概念を援用するなかで、ラオス北部の農業と農耕文化を解明しようとしている。

　また、ラオスでは依然として、農村調査の基礎となる全国を網羅する村落情報

データベースが構築されておらず、ラオス農業の全体像を把握するために既存の統計資料を多用した。現状において、これらの個別データについては信頼性に欠ける部分も否定できないが、永田［2000］；Nagata［2000a］やSisouphanthongら［2000］の業績が端緒となって、今後、開発が進むことを期待している。

1-4　構成

本研究は、補論を含む全7章からなっており、次章以下各章の内容と意図は以下の通りである。

第2章「位置と風土」ではラオス全体の地勢および気候、ならびに本研究の主たる調査地であるラオス北部の地域概況を示した。ラオスの地勢については、概説がほとんどないため、本章ではラオスを地形的に区分して検討した。また、気候については一般に熱帯モンスーン気候であるといわれているが、実際には南北の気候はかなり異なっており、これを示すために、気象データの限られている気候を比較する上で有効なハイサーグラフ（雨温図）［水越 1989: 30］を用いた。また、多民族国家ラオスを構成する諸民族の居住分布の特徴と、それに伴う生業構造の相違について概説した。

第3章の「農業と農村」は、2節に大分できる。すなわち、統計資料を用いてラオス全国の農業について概観し、地域別に農業の特徴を解説した3-1と、ルアンパバーン県を中心とした北部の農村における水田稲作と農具に関する現地調査を報告した3-2である。本章は、ラオス農業に関する資料集としての意味もあることから、両節を通じ図版と写真を多用している。

第4章では、ルアンパバーン県における栽培稲品種の調査をもとに、実際に採集された籾を用いて穀実形質と生態的特性に関する分析を行い、各民族の行う稲作農業との関係を考察した。ラオスにおいては、糯米を主食としていることが広く知られているが、本章では、ラオス北部における稲作が、陸稲糯性の熱帯ジャポニカ（旧称ジャワニカ。）系品種を中心としたものであることを明らかにした。

第5章は、第3章で概観した農具のうち耕具、特に犂に焦点を当てて、ラオス北部における農耕に関する文化的背景を探ることを試みたものである。東南アジアにおける犂の系譜には中国華北的要素とインド（マレー）的要素その影響が指摘されているが、本章では前半において犂の形状面に関して現地調査に基づく分類を行い、後半では語彙や杷の使用を含めた関連する農作業の面から犂の形状に関する民族・地域差について考察した。

第6章には各章の要約および、本研究の結論を示した。

最後の第7章は、本研究でラオスを概観するにあたり使用した資料の解説になっている。

7-1では、多民族社会ラオスにおける「民族」を概説した。ここでは、言語学的・民族学的分析の意図はなく、ラオス政府が政策上どのように民族を分類してきたかという変遷と、現在の民族分類に従って、本研究における各民族の呼称を規定するための論考である。本節では特に、現在ラオス政府によって採用されている49の民族分類の詳細を資料として示し、これまであまり明らかにされてこなかったラオスの民族分類について、未発表資料を含めて検討した。

続く7-2の「ラオスの統計制度」は、直接には本研究全体の文脈とは無関係である。しかしながら、本研究では必ずしも信頼性が高くないことを承知で、ラオス政府が行ったいくつかの全国統計に関するデータを多用しており、本節では、その意図およびラオスにおける統計の歴史的変遷と現況を概観し、ラオス研究全般に対して果たす統計資料の可能性と展望について触れた。

なお、本研究中で使用するラオスの地名に関して、統計等行政上の区分を明瞭にする場合ならびに調査地がその行政区分内に限定されている場合は、ルアンパバーン県、ポンサーリー郡など行政単位上の名称を明示し、この境界によらず周辺の地域を併せて示す場合にはルアンパバーンのように表記した。

注

[1] 元禄から宝永にかけて40年間をかけて綴られ、天明2年（1782）堀田方旧によって集成。

[2] 「作烟筒故為名」のテキストもある。

[3] 「らう」の語そのものは、『人倫訓蒙図彙』（著者不詳；蒔絵師源三郎ら画 1690）に、「無節竹師」の作業が図説されており、「品々塗色、化彫、藤巻、青貝等あり。（以下略）」との記述から、当時既に竹以外の材料が、羅宇用として広く使われていたことが分かる。

[4] 国名としてのラオスについては、補論7-1参照。

[5] 当初はTaiとThai（シャム）の区別ができないため、日本語では「シャン文化圏」の語を使用していた［新谷 1998: 11-12; 2004: 3］が、ビルマのシャンに限定した論議との誤解を招く虞があるため「タイ文化圏」と名称を改めた。「タイ文化圏」の概念、地理的範囲および民族集団については、改めてダニエルスが詳しく解説している［2002: 141-151］。

[6] タイーカダイ語族タイ諸語南西タイ語群に属するラオ語（またはラーオ語）*Phāsā Lāo*は、東北タイなどでも話されているが、ラオス国内で使用されているものとは多少異なる［上田 1994: 95; 1998:374］；［園江 2000: 830］ため、本研究では全般に、ラー

オ以外のタイ系民族との語彙比較などの場合を除いては、ラオス国内の方言による差異を含みラオス語と呼ぶことにする。

[7] たとえば、The Council on Economic and Cultural Affairに対する報告書として書かれた*Aspects of Village Life and Culture Change in Laos.*（1958）など。

[8] ただしmimeographedで、出版公表はされていない。

[9] この会議の結果と、その後の研究成果についてはGoudineau［2003］を参照。

[10] 補論7-1で詳述する現行の分類に、Mrabriという民族名はない。現在Mrabriはクムの下位分類という位置づけであるが、実際に調査を行ったのはChazeéが初めてであり、今後も検討の余地は残されているといってよい。

[11] 「カムKammu / Khamou」と表記されることが多いが、自称がKhmuであることや、中国南西部に居住するタイ－カダイ語族カム－スイ諸語の話者である侗(トン)族の自称カムKamと混同する虞があることから、「クム」と表記することにする。また、タイ系言語を最も広く捉えるタイ－カダイ語族はカム－タイ諸語とも呼ばれるが、無用な誤解を避けるために、「タイ－カダイ語族」の用語を使用するものとする。

第2章　位置と風土

2-1　ラオス地理の概況

2-1-1　地勢

　インドシナ半島は、ヴェトナム東岸のコントゥム陸塊から二畳紀に始まるインシ運動によって陸化を始めた。この時期には、タイのコラート高原やカンボジア平原が出現し、中生代造山運動でラオス北部山塊からアンナン山脈を形成したとされとされている［古川 1990: 25-26; ESCAP 1990: 4］。

　国際連合アジア太平洋経済社会委員会の調査によれば、ラオスの地質は中生代以降の形成層・主に古生代に起源する三畳紀以前の造山帯・ビルマ－タイ楯状地起源の結晶鉱物に大別されるとしている［ESCAP 1990: 3-6］。中生代以降の形成層は、ポンサーリーからサイニャブーリーにかけてのジュラ紀に形成された泥岩層と、中部以南のメコン河東岸地域に広がる白亜紀以降の砂岩層に大別が可能で、一方、三畳紀以前の造山帯は、①ファパン県北部にみられる旧古生代の陸化地域、②アンナン山系のルアン山脈を中心としたインシ運動による造山帯、③ポンサーリー県南部からパークライにかけての中生代造山運動起源地帯に分けられている。ラオス国内におけるビルマ－タイ楯状地起源の地質はボーケーオ県の西端の一部のみであるが、宝石の産地として知られている。

　既に述べたように、ラオスは東南アジア唯一の内陸国であり、インドシナ半島中央部に日本の本州よりやや広い面積236,800km^{2}を占めている（図2-1）。北北西－南南東の延長約1,200kmに対し東西の幅は最大でおよそ500km、最もくびれたところでは140kmで西にメコン河を配し山地に沿って細長く引き伸ばされた外観を呈している。

　全国土の75％は山と高原に覆われており、地形的には大まかにいって中国南部山塊の南端にあたる北部山塊、インドシナ半島を南東の方角に伸びているアンナン山系中のルアン山脈と南部のボラヴェン高原およびメコン河東岸の平野部に分けられる。

　北部山塊は、山地と高原が錯綜した複雑な地形的特徴を持つため、以下の3地区に分けて考えることができる。（図2-24参照。）

1) 西部地域：　県名ではルアンナムター、ボーケーオ、ウドムサイ、ルアンパ

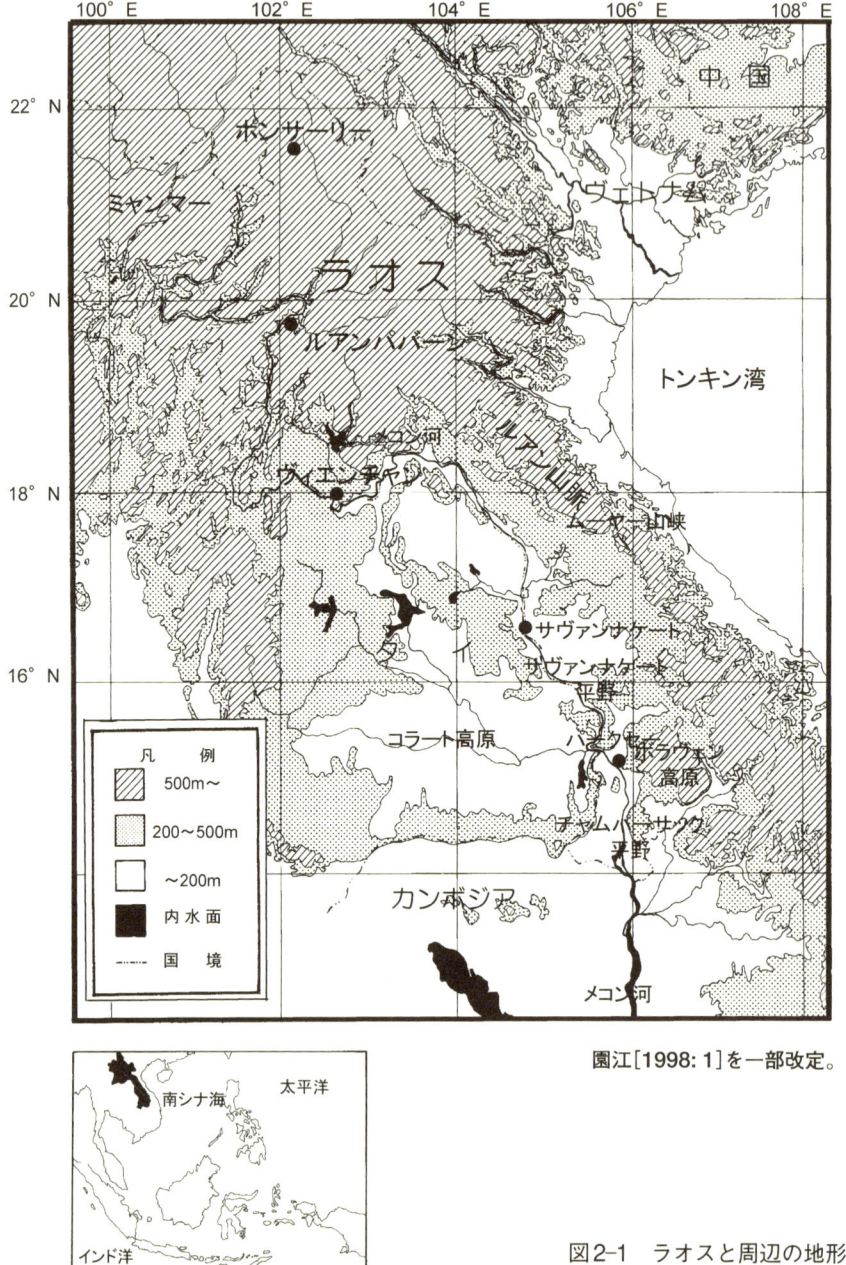

図2-1 ラオスと周辺の地形

バーン南西部が含まれる。この地域は、中国の南部山塊の伸展が、北東から南西方向に方向を変える。山間盆地やナムター平野やムアンピェン平野（サイニャブーリー）といった谷底平野が散在するほか、標高1,900mを越えるムアンシン高原がある。
2) 東部地域： ポンサーリー県、ファパン県、ルアンパバーン県北東部にかけて北東－南東方向をラオス－ヴェトナム国境沿いに伸びた山地。高原状の土地はサムヌァの北に位置するノンカーンだけで、ウー川、マー川、サム川に沿って不連続に小規模な谷底平野が点在する。
3) 中部地域： この地域は、ウー川下流部からルアン山脈の北端にまで達し、西でヴィエンチャン県のカオクアーイ山（1,026m）山麓から、ヴィエンチャン平野に接している。シェンクアーン県、サイソムブーン特別区とルアンパバーン県の一部を占める。また、ラオス最高峰であるビア山（2,820m）を擁する、有機物に富んだ厚い黒色表層を持つシェンクアーン（チャンニン）高原[1]がある。

南部の山地は、比較的なだらかなルアン山脈とボラヴェン高原の2地区に分けられる。
1) ルアン山脈： インドシナ半島を貫通するアンナン山脈の一部を構成しているルアン山脈は、シェンクアーン高原の南東から始まり、ムーヤー山峡（481m）あるいはヴェトナムへの回廊となるナーペー（ケオヌァ）山峡（728m）やラーオバーオ（ケーサーイ）山峡（350m）などによって途切れながら、ラオス－ヴェトナム国境沿いにラオス南部まで伸びている。山脈は2,500m級の稜線部から西に向かっては、石灰岩性のナーカーイ高原、死火山を起源とするタオーイ高原などに連なってメコン河までなだらかに下っている一方、東側の斜面では直立している。
2) ボラヴェン高原： ボラヴェン高原は、テーヴァダー山（1,426m）を頂上とする、第四紀の火山活動によって形成された標高約1,000mの玄武岩を基材とした、肥沃な結石質ニトソルの台地で、約1万km^{2}に亘ってラオス南部に広がっている。南北をセードーン、セーコーンの両河川に挟まれ、西麓はチャムパーサック平野に連なり、東側をサラヴァン平野、南をアタプー平野に囲まれている。4月中旬から10月にかけて、南シナ海から吹く風の影響をうけ、年によっては4,000mmを越える豊富な降雨がある．

ラオスでは中・南部のメコン河沿岸に下記の3大平野があり、これ以外ではメ

コン河の支流やその支谷に沿って小規模な谷底平野や山間盆地が点在する。ヴィエンチャンとチャムパーサックの両平野が沖積作用によって形成されたのに対し、ラオス最大のサヴァンナケート平野は砂岩を基材とする準平原になっている。河川沿岸の沖積層以外では、全体にpH4.0以下の酸性土壌が多くなっている［日本工営；コーエイ総合研究所 2001: 3-6］。

1) ヴィエンチャン平野： 南にメコン河を擁し、北－北西をパナン山脈、東－北東をカオクアーイ山地に囲まれたナムグム川の氾濫原で、面積は約3,000km^2。ナムグム川の自然堤防周辺は特に地力が高いが、全般的に堆積作用の影響を受け肥沃な平野である。

2) サヴァンナケート平野： この平野は、メコン河を西に、南北をメコン河の支流であるセーバンファイ－セーノイ川およびセーノイ河南岸に延びたサンヘー山脈とセーバンヒェン川に挟まれ、ヴィエンチャン平野の約4倍に当たる面積を持った標高150m程度の準平原で、多くの残丘が散在している。塩粒子を含む岩層が地表に露出しているコラート高原の東端にあたるため土壌は一般に痩せており、砂質で保水力は低い。

3) チャムパーサック平野： コラート高原から隆起したダンレク山脈の東端でメコン河は急速に川幅を広げ、パークセーの北東約30kmにあるパペット山－ナーガーム山間の隘路を北端としてメコン河沿いをリーピーの瀑布までおよそ150kmに亘る平野となっている。カンボジアデルタの扇央にあたり、東をボラヴェン高原、西はダンレク山脈と接し北端の幅20km、カンボジア国境では約100kmの三角形を呈している。基岩となる砂岩上に沖積層が発達しており、平野の北東方向はセードーン川沿いに伸び、サラヴァン平野となっている。

メコン河はルアンナムター県ムアンシン郡付近でラオス領内に入り、セーン急流（ルアンパバーン－パークライ間）やカバオ急流（ターケーク北）、ケマラート急流（サヴァンナケート南部）など、かつてフランス人がラピードと呼び、メコン河の水路開発を断念させるに至ったいくつもの早瀬を作りながらラオス国内1,865kmを貫流する。その後、チャムパーサック県南端のコーン郡でリーピー・コーンパペーンと呼ばれる一連のコーン瀑布群に達しカンボジアへと続く。ラオス国内におけるメコン河の流域面積は、207,400km^{2}である。

2-1-2 気候

一般的にいえばラオスの気候は、概ね熱帯サバナ気候帯（Aw）に属し、季節

風に支配される明瞭な雨季と乾季がある。インド洋上に発達した高気圧に伴う、南西の季節風に支配される雨季は、5月初旬頃から10月末まで続き、年間の降雨のほとんどはこの時期に集中している。降雨量は年較差が大きく、旱害や水害に見舞われやすい（図2-2）。また、地域によっても年間1,200から3,500mm程度までかなり異なる（図2-3～図2-6）。概して南部の方が降雨量は多く、熱帯モンスーン気候（Am）のボラヴェン高原では4,000mmをこえるが、ヴィエンチャン以南では7月頃に1週間前後の小乾季（Dry Spell）があって、北部との相違としてあげられる。乾季は11月から5月の間であるが、この間11～2月を寒季、3～5月を暑季に分けることができる。寒季季節風は、大陸に停滞する高気圧によって北から吹き、10月末頃から3月まで続く。乾季の間でも、北部のポンサーリーやファパンの両県では北東の風によって、時折霧や霧雨となる。

気温についても地域差は大きいが、ヴィエンチャンでみると年間平均気温（1976～1999）は26.5℃で、月別でみた平均気温（1999）は最高で34.7℃（3月）、また最低は15.2℃（12月）となっている。全国的に、雨季の間は気温の高低差が少なく気候は高湿度で推移するが、乾季には同月内の気温較差が大きい傾向にある（図2-7）。

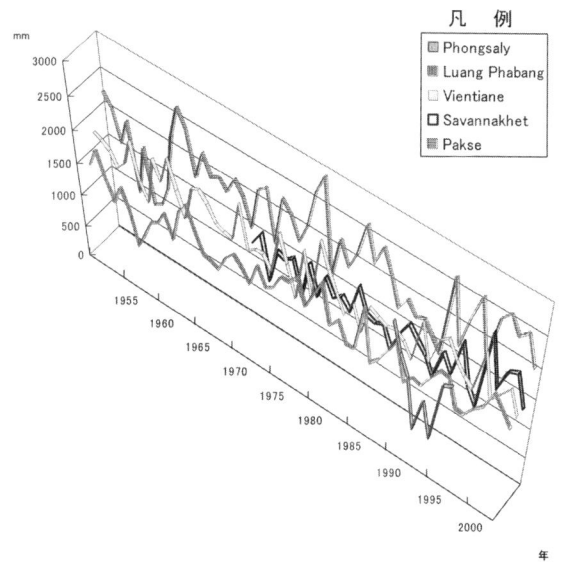

園江ら[2004:192]; SSS[2004]

図2-2 ラオス主要都市における降水量経年変化（1951～2003）

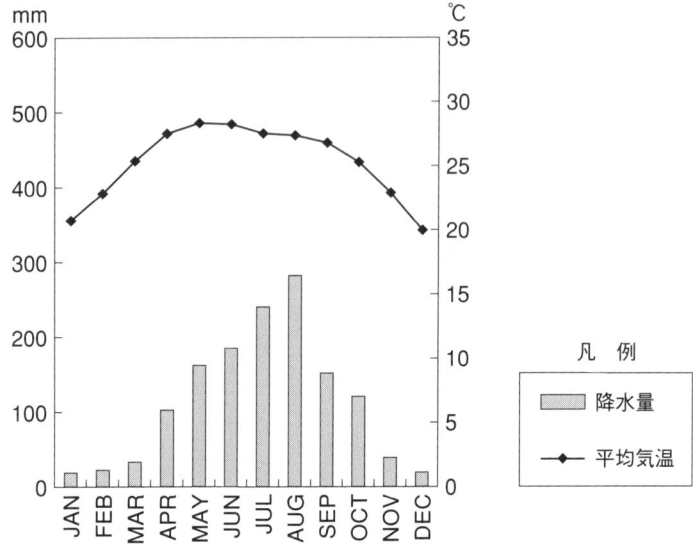

ルアンパバーンの月別降水量と平均気温

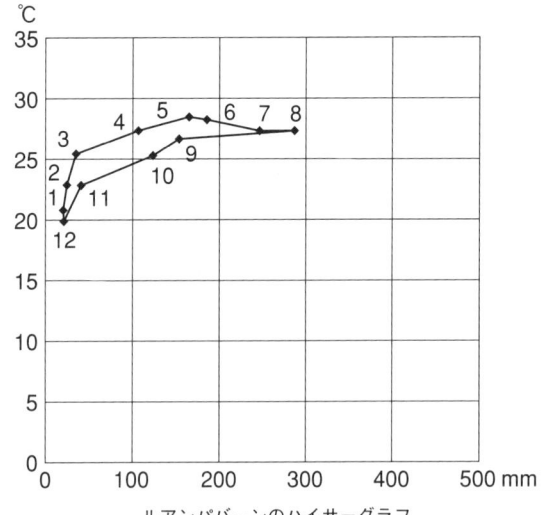

ルアンパバーンのハイサーグラフ
資料：農林省気象・水文局

図 2-3　ルアンパバーンの気候

第2章 位置と風土　27

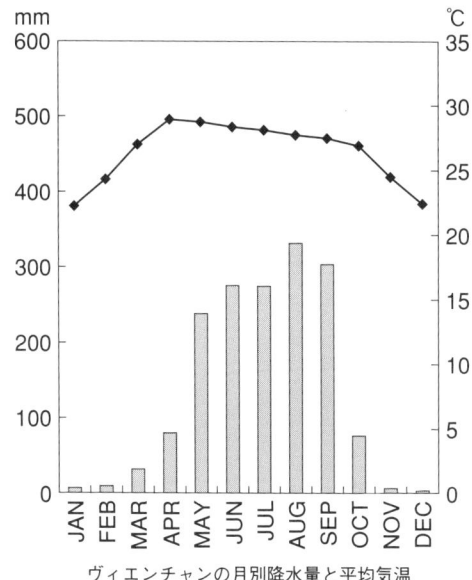

ヴィエンチャンの月別降水量と平均気温

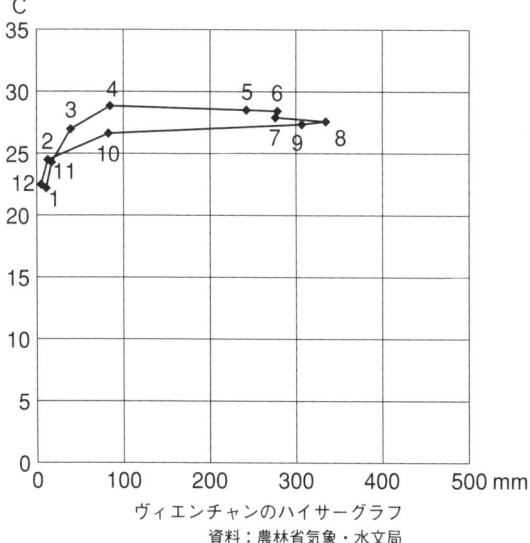

ヴィエンチャンのハイサーグラフ
資料：農林省気象・水文局

図2-4　ヴィエンチャンの気候

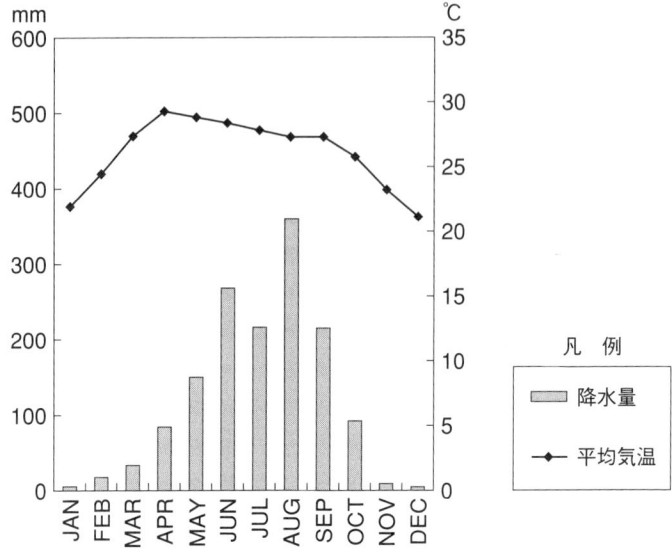

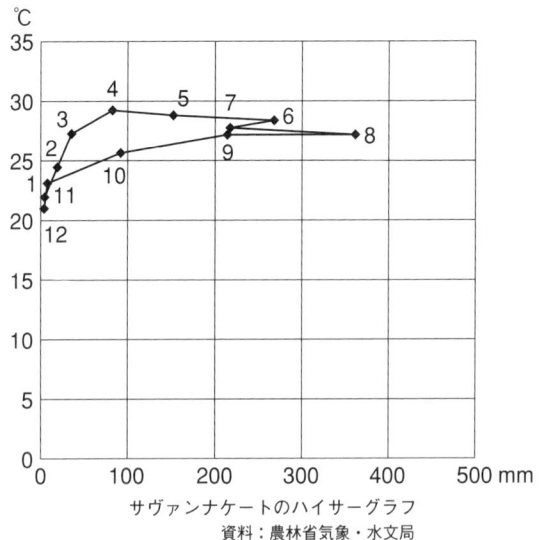

図 2-5 サヴァンナケートの気候

第2章 位置と風土　29

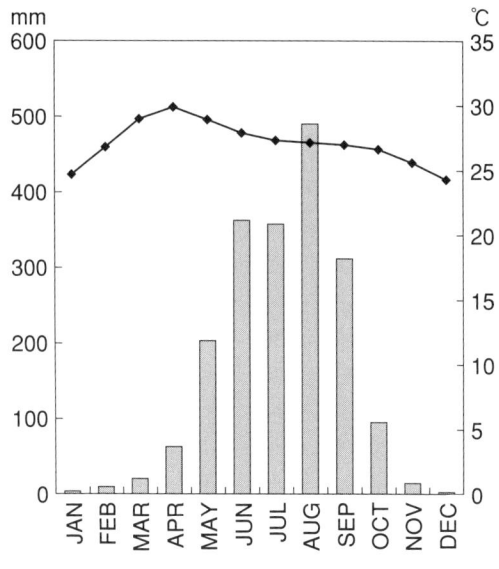

パークセーの月別降水量と平均気温

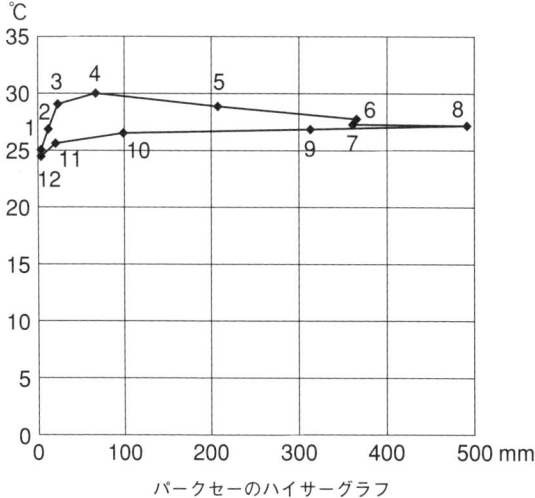

パークセーのハイサーグラフ
資料：農林省気象・水文局

図2-6　パークセーの気候

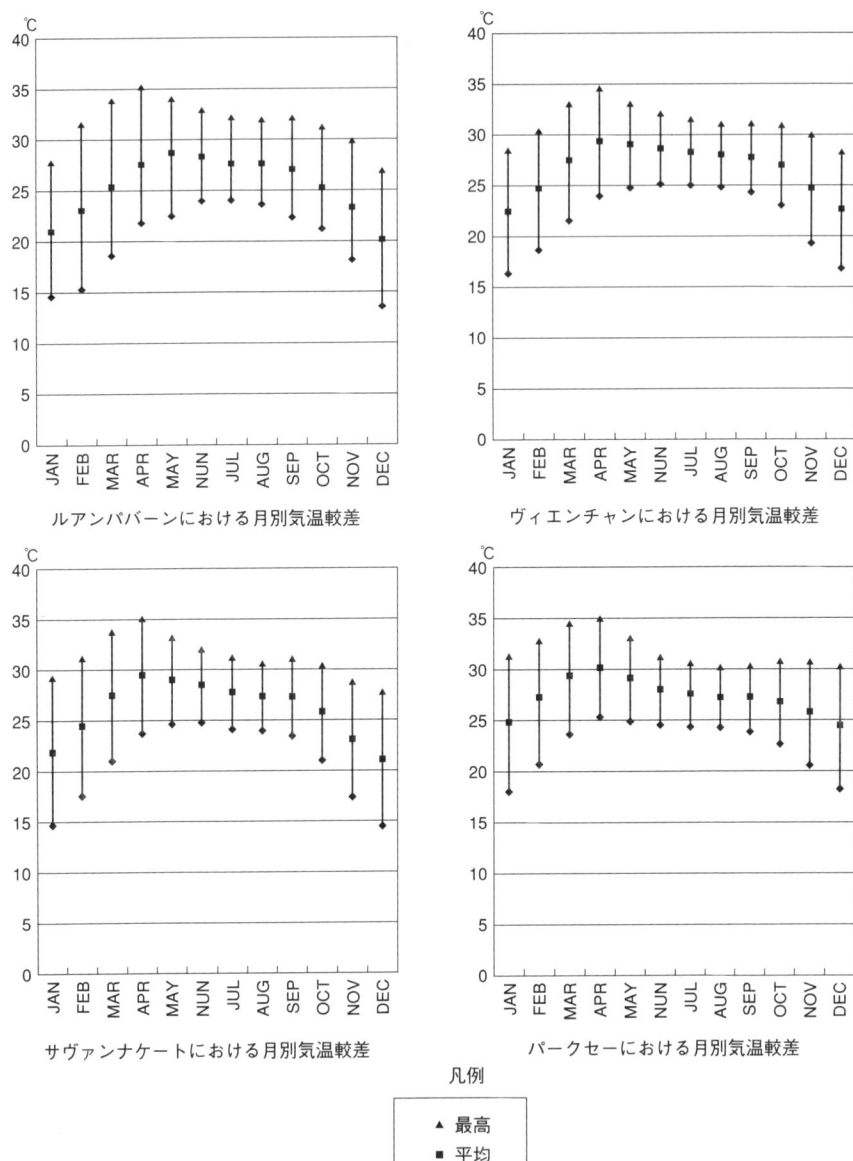

図2-7 ラオス主要都市における月別気温格差
資料：農林省気象・水文局

2-1-3 環境と民族の分布

既に述べたように、ラオスはタイ系民族であるラーオを中心とした多民族国家である。2003年になってようやく公表された現行の民族分類では、民族数を49とし、タイ－カダイ系、モン－クメール系、ミャオ－ヤオ系、チベット－ビルマ系の4言語グループおよびその他に区分している。この民族分類については、補論7-1において詳説するが、ここではさし当たって、ラオスの農村社会と文化を考える上で、最低限必要な基本的理解を示すものとする。

ラオスに居住する民族は、言語学的分類によって大別することが可能であり、概ねその居住地の標高区分によってチベット－ビルマ系およびミャオ－ヤオ系を高地ラーオ *Lāo Sūng*、モン－クメール系を中高地ラーオ（または、山腹ラーオ）*Lāo Thœng*、タイ系民族を低地ラーオ *Lāo Lum*（平地・川沿）という分類で一般に認識されている（図2-8）。

この分類については不合理な点も多々あり、民族という属性を所与なものとす

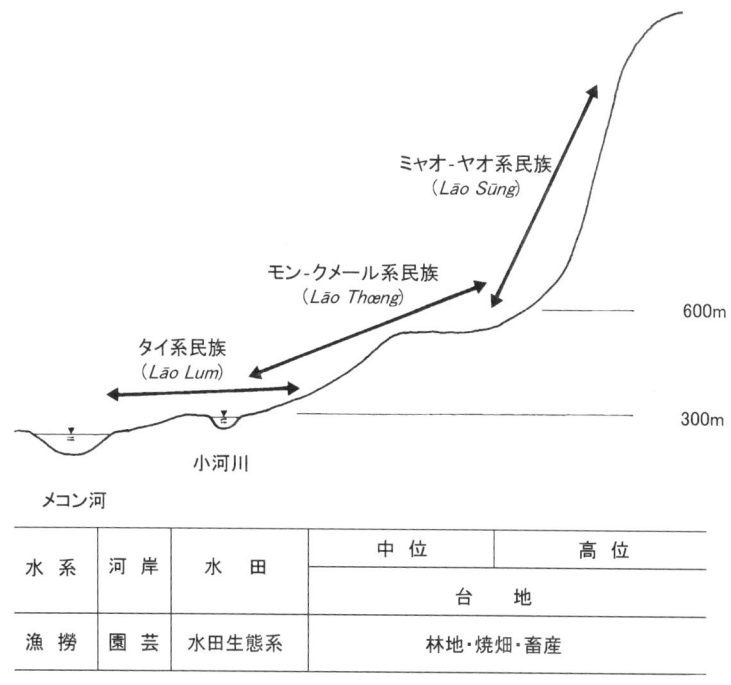

園江ら[2004:192]; Gillogly *et al.*[1990:37]より作成。

図2-8　ラオス北部・メコン水系における居住標高別民族分布および生業構造概念図

表2-1　ラオス各県における民族別農家世帯数

世帯主の民族名	県名	地方 北部							
言語グループ	47分類民族名	ポンサーリー	ルアンナムダー	ウドムサイ	ボーケーオ	ルアンババーン	ファパン	サイニャブーリー	シェンクアーン
Tai-Kadai	Lao	482	97	4,090	1,958	14,009	9,417	32,230	12,564
	Phutai	852	1,825	916	192	1,575	12,023	635	2,860
	Leu	2,218	3,108	5,501	3,970	1,993	17	4,171	
	Nhuane		1,421		1,001	903		2,088	
	Yang	321	187						
	Xaek								
	構成割合 (%)	15.9	33.6	31.5	37.8	33.2	58.1	79.2	54.9
Mon-Khmer	Khmu	5,441	3,614	16,573	4,151	27,217	4,805	7,069	2,025
	Thin						211	769	
	Xingmoon						357	158	
	Phong						1,040		
	Bid	119							
	Lamed			750		3,545			
	Samtao			159					
	Katang								
	Makong								
	Tri								
	Laven								
	Talieng								
	Taoey								
	Yae								
	Lavae								
	Katu								
	Alack			146					
	Oey								
	Ngae								
	Jeng								
	Sadang								
	Xuay								
	Nyahen								
	Lavy								
	Pako								
	Khmer								
	Tum					51			
	Nguane								
	Mone								
	Kree								
	構成割合 (%)	22.8	23.6	49.7	41.1	49.2	16.8	16.2	7.2
Sino-Tibetan	Kor	4,544	5,943	753	312				
	Khir	160			14				
	Phounoy	4,858	549		13	54		47	
	Musir		174		1,234			9	
	Kui		455		603				
	Sida	435							
	Hayi	229							
	Lolo	446							
	Hor	726		42	50				
	構成割合 (%)	46.7	36.2	2.3	11.8	0.1	0.0	0.1	0.0
Hmong-Mien	Hmong	2,163	284	4,720	1,200	9,596	8,860	2,226	10,333
	Yao	671	997		523		161	423	
	構成割合 (%)	11.6	6.5	14.2	9.1	17.5	25.1	4.5	36.8
	Others		25		28				
	unspecified[1]	728		797					299
	Total[2]	24,393	19,776	33,350	18,845	55,719	36,942	49,402	28,081

表中、空欄は出所にデータなし。但し、必ず0を示すものではない。
[1]：資料中で複数の民族を合算したことが推定されるもの。
[2]：各県農家数との齟齬を含む。

第2章 位置と風土　33

	中　部					南　部				計
ヴィエンチャン首都区	ヴィエンチャン	ボリカムサイ	カムアン	サヴァンナケート	サイソムブーン特別区	サラヴァン	セーコーン	チャムパーサック	アタプー	
45,376	29,905	11,253	27,359	55,573	1,539	25,271	661	57,435	5,510	334,729
1,331	4,293	11,075	7,473	13,381	543	36	61	872		59,943
21	6		51	25	7					21,088
	35									5,448
										508
			192							192
96.2	78.4	84.2	80.4	72.3	27.5	61.2	7.4	83.1	37.3	63.2
622	5,278	916	661	935	1,327	17	26	814	26	81,517
				736						1,716
			53							568
19		521								1,586
					6					119
										4,295
										159
19	16		99	8,357	6	5,694	7	73		14,271
		44	3,912	9,719						13,675
				3,673			13			3,686
		16				1,561	415	5,236	495	7,723
19	22						2,104	157	1,665	3,967
				523		2,375	471	1,238	641	5,248
							611	38	288	937
	6			654				724	2,739	4,123
				35		437	2,153			2,625
						134	1,255	144	673	2,352
		31	14						1,706	1,751
						967	1,042	149		2,158
									277	277
			80						54	134
50			127	1,371		2,312	447	1,922		6,229
							10	1,151		1,161
			153							153
						2,413	35			2,448
		44						90		134
		401								452
			115							115
										0
			23				68			91
1.5	12.2	7.4	12.0	27.2	17.6	38.5	89.1	16.7	58.0	24.5
			2,074					21		13,647
										174
		21								5,542
									292	1,709
										1,058
										435
	16									245
						72				518
		202								1,020
0.0	0.1	0.8	4.8	0.0	0.0	0.2	0.0	0.0	2.0	3.6
1,030	3,585	1,960	404		3,919					50,280
45	482	52			175					3,529
2.2	9.3	7.6	0.9	0.0	53.9	0.0	0.0	0.0	0.0	8.1
47	9					31				140
			821	462	75		342	105	392	4,021
48,579	43,674	26,515	43,611	95,444	7,597	41,320	9,721	70,169	14,758	667,896

園江［2005］

るおそれを含んでいるものの、生業構造の違いなどからラオスの複合民族社会を考える上で便利なモデルであり、本研究においても統計上に現れる個別の民族名[2]のほか、場合によっては言語学的分類を前提として民族をグループで論じている。

　一般的に、タイ系民族は河川沿いや平地において水田を中心とした農業を営み、非タイ系の民族は斜面の焼畑で陸稲を作付けしているといわれており、これが民族による居住標高の違いを促したと考えられるが、現在のところ地方レベルの民族人口および民族に関する統計資料は整備されておらず、各民族の全国に亘る居住分布をつぶさに分析することは難しい。

　しかしながら、永田は1995年に実施された第2回国勢調査[3]の村落データを使用して「ラオス村落情報システム（LAVIS）」を開発し、実際の調査結果からラオス全国に散らばる集落における民族の分布状況を初めて明らかにした［2000: 77–123］。また、同時期にSisouphanthongらは、前掲書において全国各郡の言語グループ別民族構成を示した［2000: 34–35］。

　また、続いて1998～99年にかけて行われた第1回農林センサス[4]では、国勢調査時の民族分類に依拠した統計を行い、民族別の農業の構造と農家経済を明らかにしようと試みている。

　表2-1は、農林センサスの結果をもとに、各県の農家について世帯主の民族別集計を行ったものである。この資料は、1995年の国勢調査の際に採用された47民族分類に基づくため現行の分類とは多少異なっており、また、民族に関するデータについては、農林センサスの他の集計表に較べて数値上の齟齬が多く、信頼性に疑問が残る。しかしながら、現在公式に発表された各県の民族別人口統計がないため、このことに留意しつつラオス各地域の民族分布を概観する上で提示した。この結果でみる限り、タイ系民族が全国に広く分布しているのに対し、チベット－ビルマ系民族のほとんどはポンサーリー、ルアンナムターの北部2県に集中[5]しており、ミャオ－ヤオ系のフモンとヤオについては中部以南には居住分布がない。モン－クメール系民族は、ヴィエンチャン周辺数県を除き南北に分かれて居住していることがわかる。

　一方、表2-2は本研究の中心的な対象地域の一つであるポンサーリー県における民族分布を概観するために、1995年の第2回国勢調査のデータを用いて県内の民族別人口を47民族分類に基づいて全国と比較したもの[6]である。このもとになったデータは、国立統計院から提供を段階で受け渡しに一部技術的問題があり、その後完全な補遺が行えなかったため、民族別人口（①）および県人口合計（⑦）で公式の数値との間に齟齬がみられる。ここでは、ポンサーリー県におけ

表2-2 ポンサーリー県における民族別人口とラオス全国との比較

民族名	全国* ①	ポンサーリー県内*2 ②	全国の民族別人口に占める割合 (%) ③=②/①*100	県人口に占める割合 (%) ④=⑦/②*100	民族別人口全国比率 (%)*3 ⑤
Lao	2,401,050	6,618	0.3	4.3	52.5
Phutai	472,152	8,033	1.7	5.3	10.3
Khmu	492,505	37,220	7.6	24.4	11.0
Hmong	314,793	3,648	1.2	2.4	6.9
Leu	117,484	13,648	11.6	8.9	2.6
Katang	95,435	33	0.0	0.0	2.1
Makong	92,298	1	0.0	0.0	2.0
Kor	65,980	30,579	46.3	20.0	1.4
Xuay	45,496	45	0.1	0.0	1.0
Nhuane	26,157	8	0.0	0.0	0.6
Laven	40,517	12	0.0	0.0	0.9
Taoey	30,875	6	0.0	0.0	0.7
Talieng	23,091	10	0.0	0.0	0.5
Phounoy	35,612	29,662	83.3	19.4	0.8
Tri	20,906	2	0.0	0.0	0.5
Phong	21,395	1	0.0	0.0	0.5
Yao	22,606	5,065	22.4	3.3	0.5
Lavae	17,544	3	0.0	0.0	0.4
Katu	17,023	-	-	-	0.4
Lamed	16,535	7	0.0	0.0	0.4
Thin	23,193	3	0.0	0.0	0.5
Alack	16,592	2	0.0	0.0	0.4
Pako	13,224	2	0.0	0.0	0.3
Oey	14,947	6	0.0	0.0	0.3
Ngae	12,189	1	0.0	0.0	0.3
Musir	8,702	-	-	-	0.2
Kui	6,268	1	0.0	0.0	0.1
Hor	8,893	7,156	80.5	4.7	0.2
Jeng	6,511	654	10.0	0.4	0.1
Nhahen	5,148	3	0.1	0.0	0.1
Yang	4,618	2,394	51.8	1.6	0.1
Yae	8,012	9	0.1	0.0	0.2
Xeak	2,745	1	0.0	0.0	0.1
Samtao	2,173	6	0.3	0.0	0.0
Sida	1,772	1,525	86.1	1.0	0.0
Xingmoon	5,834	3	0.1	0.0	0.1
Toum	2,510	-	-	-	0.1
Mone	217	5	2.3	0.0	0.0
Bid	1,509	710	47.1	0.5	0.0
Nguane	1,344	-	-	-	0.0
Lolo	1,407	1,190	84.6	0.8	0.0
Hayi	1,122	943	84.0	0.6	0.0
Sadang	786	-	-	-	0.0
Lavy	538	-	-	-	0.0
Khmer	3,902	1	0.0	0.0	0.1
Khir	1,639	1,628	99.3	1.1	0.0
Kri	739	1	0.1	0.0	0.0
Others	10,200	1,724	16.9	1.1	0.2
Unspecified	24,077	279	1.2	0.2	0.5
Total	⑥*4 4,560,265	⑦*5 152,848	⑧*6 3.4	⑨ 100	⑩ 100

1995年センサスデータより永田作成を一部改変。

*：データを使用しての集計。
*2：前同。
*3：SSS [1997b: 15]
*4：正式集計値は4,574,848人。[SSS 1997b:18]
*5：同、152,848人 [SSS 1997b:18]。
*6：同、3.3%。[SSS 1997b:18]。

る民族別人口（②）は統計院から得た分析可能なデータのみを用いており、これをもとに算出した全国に散らばる各民族人口のポンサーリー県への集中の度合い（③）および県人口に対する各民族人口の割合（④）について示したが、現在この種の資料が皆無であることを考えれば、この瑕疵はおいても当面は有意なものと考えてよいと思う。

これでみると、ポンサーリー県にはラーオ、プータイ、クム、フモン、ルー、コー、プノイ、ヤオ、ホー、チェン、ヤン、シーダー、ビット、ロロ、ハニ（ハ

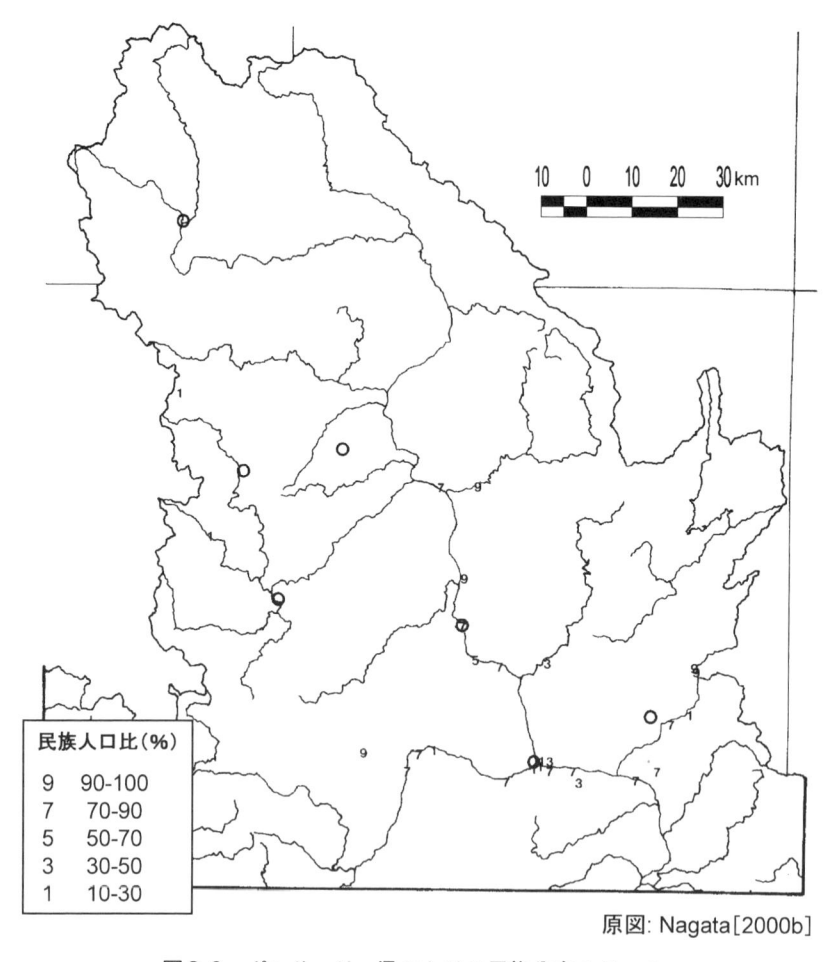

民族人口比(%)
9　90-100
7　70-90
5　50-70
3　30-50
1　10-30

原図: Nagata[2000b]

図2-9　ポンサーリー県における民族分布：ラーオ

ーイー)、クーの16の民族が分布[7]しており、図2-9から2-23では、原データ上の瑕疵が疑われるチェン[8]を除く15の各民族について居住集落の位置を地図上に示した。この分布図は、集落ごとに各民族の人口比率を5段階に分けて当該集落における民族の混成率がわかるようになっている[9]が、詳細については別稿にて発表の予定であるため、ここでは民族分布を概観するために図を掲載するにとどめる。

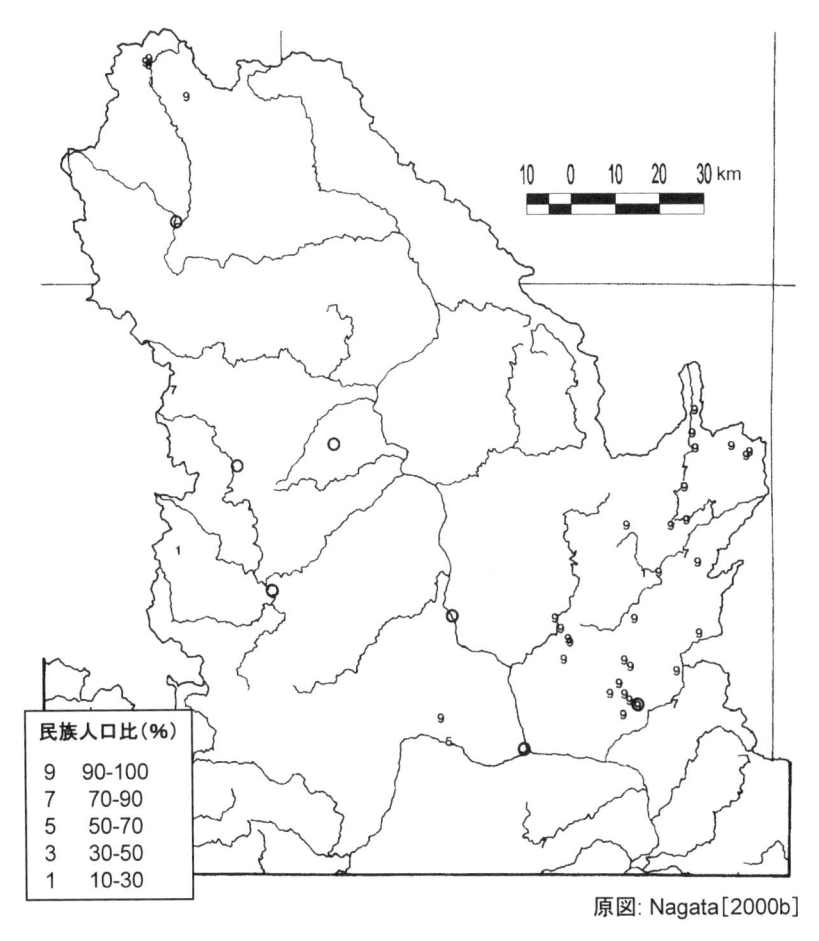

民族人口比(%)

9	90-100
7	70-90
5	50-70
3	30-50
1	10-30

原図: Nagata[2000b]

図2-10　ポンサーリー県における民族分布：プータイ

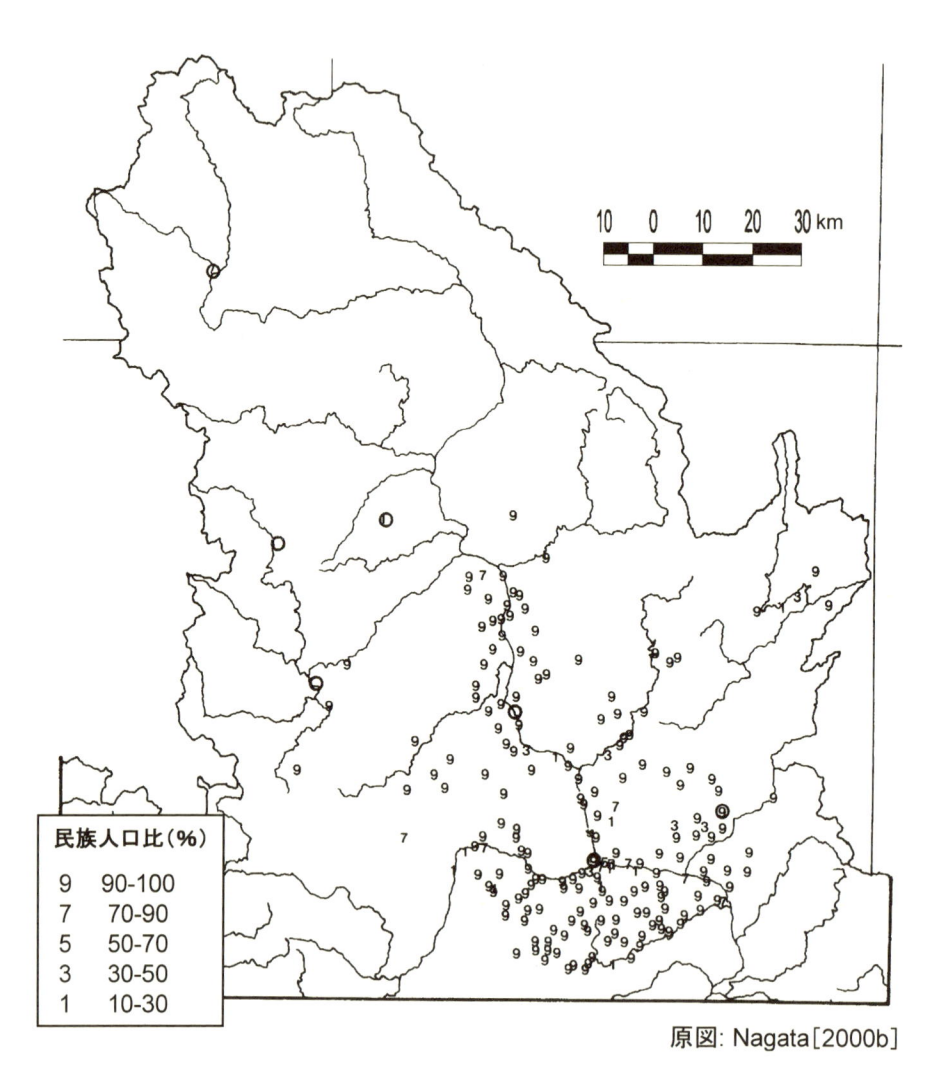

民族人口比(%)
9 90-100
7 70-90
5 50-70
3 30-50
1 10-30

原図: Nagata[2000b]

図2-11　ポンサーリー県における民族分布：クム

第2章 位置と風土　39

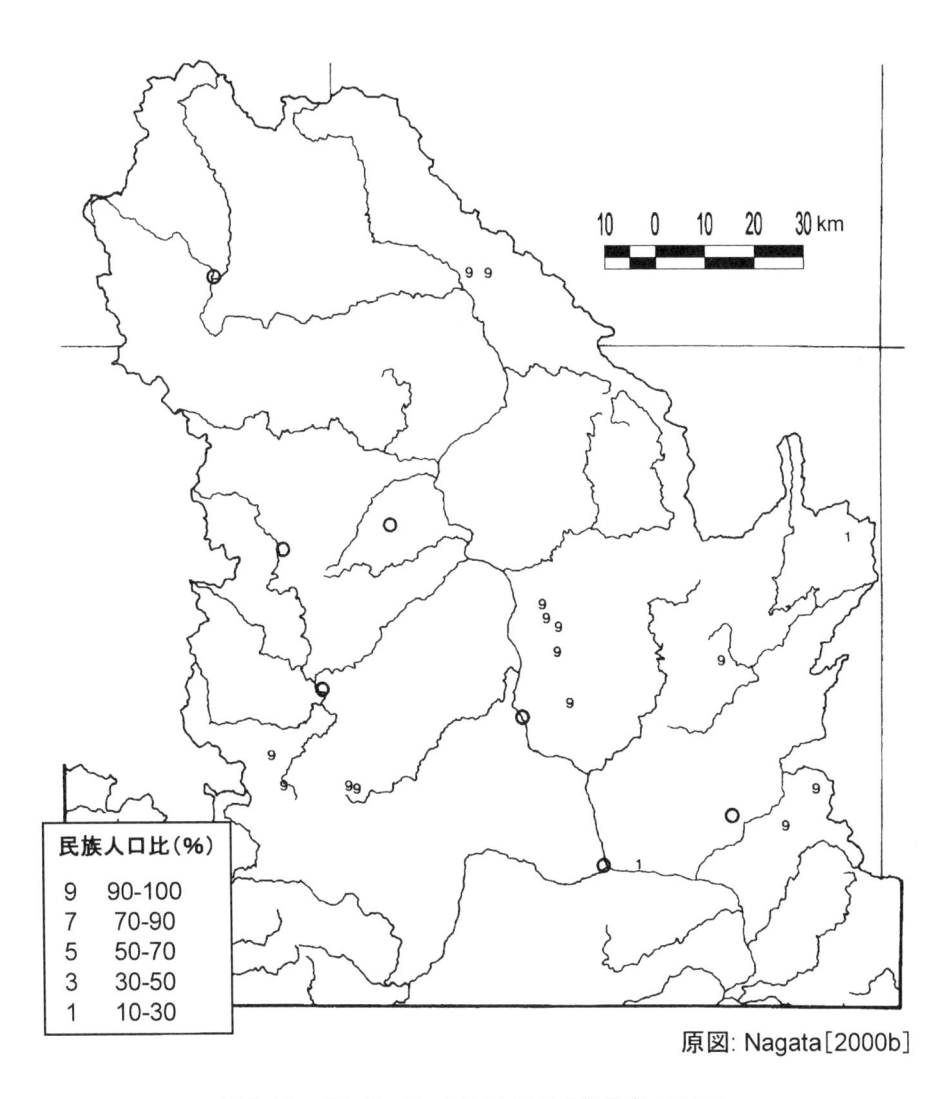

民族人口比(%)	
9	90-100
7	70-90
5	50-70
3	30-50
1	10-30

原図: Nagata[2000b]

図2-12　ポンサーリー県における民族分布：フモン

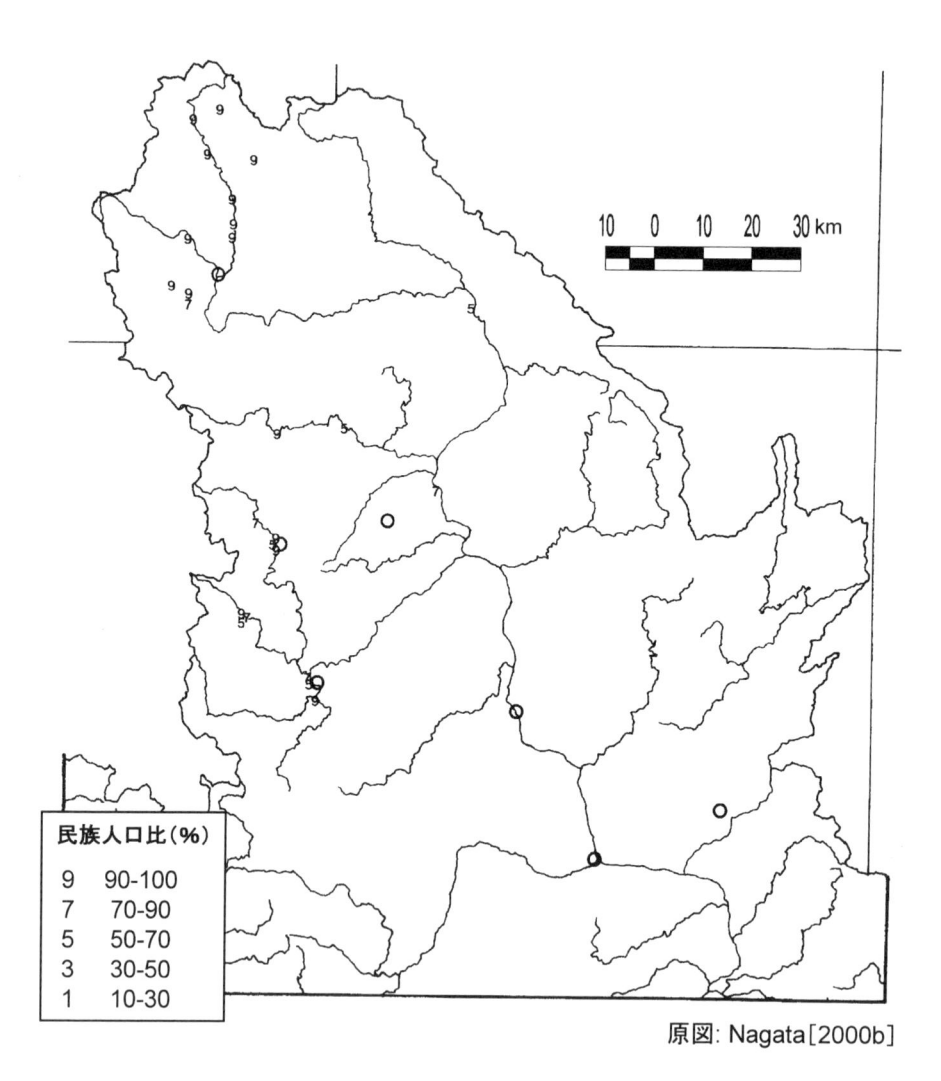

民族人口比(%)	
9	90-100
7	70-90
5	50-70
3	30-50
1	10-30

原図: Nagata [2000b]

図2-13　ポンサーリー県における民族分布：ルー

第2章　位置と風土　41

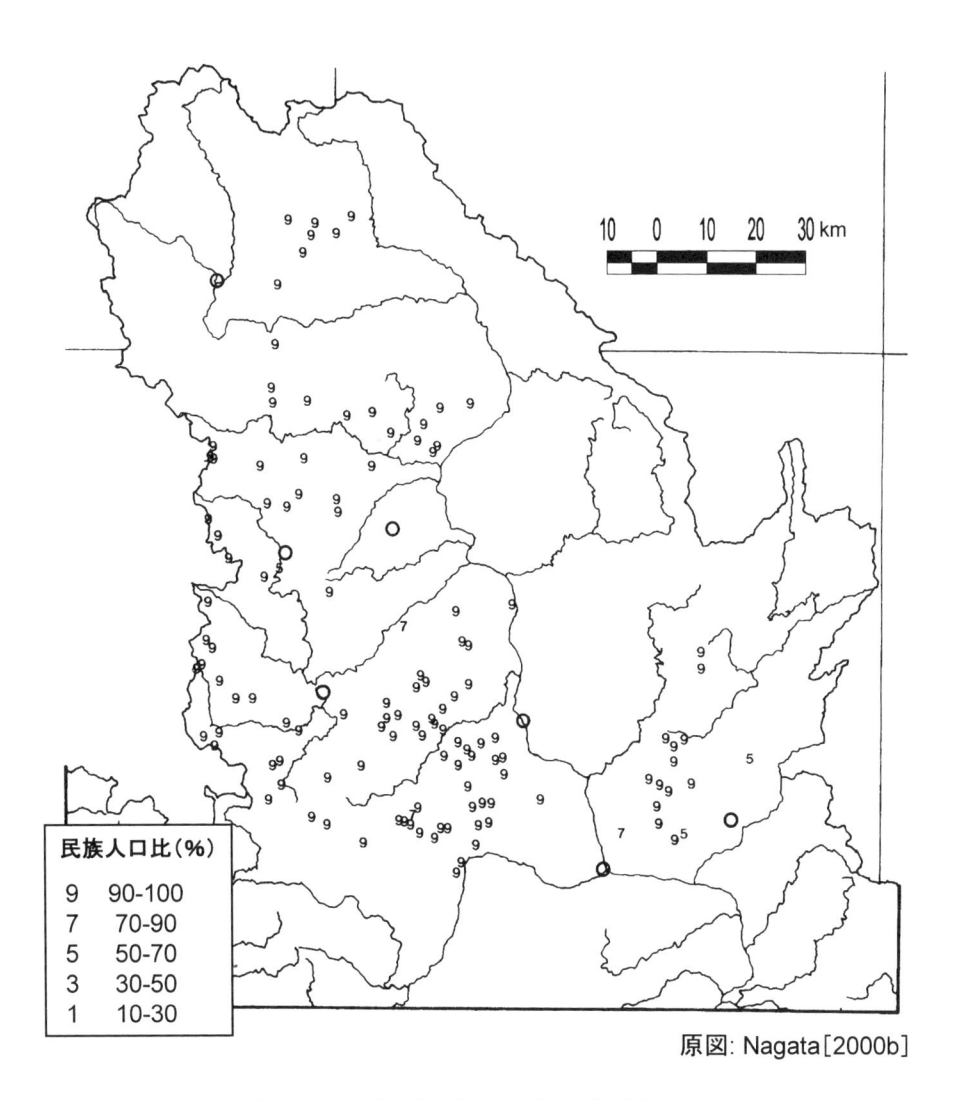

民族人口比（%）
9　90-100
7　70-90
5　50-70
3　30-50
1　10-30

原図: Nagata[2000b]

図2-14　ポンサーリー県における民族分布：コー

42

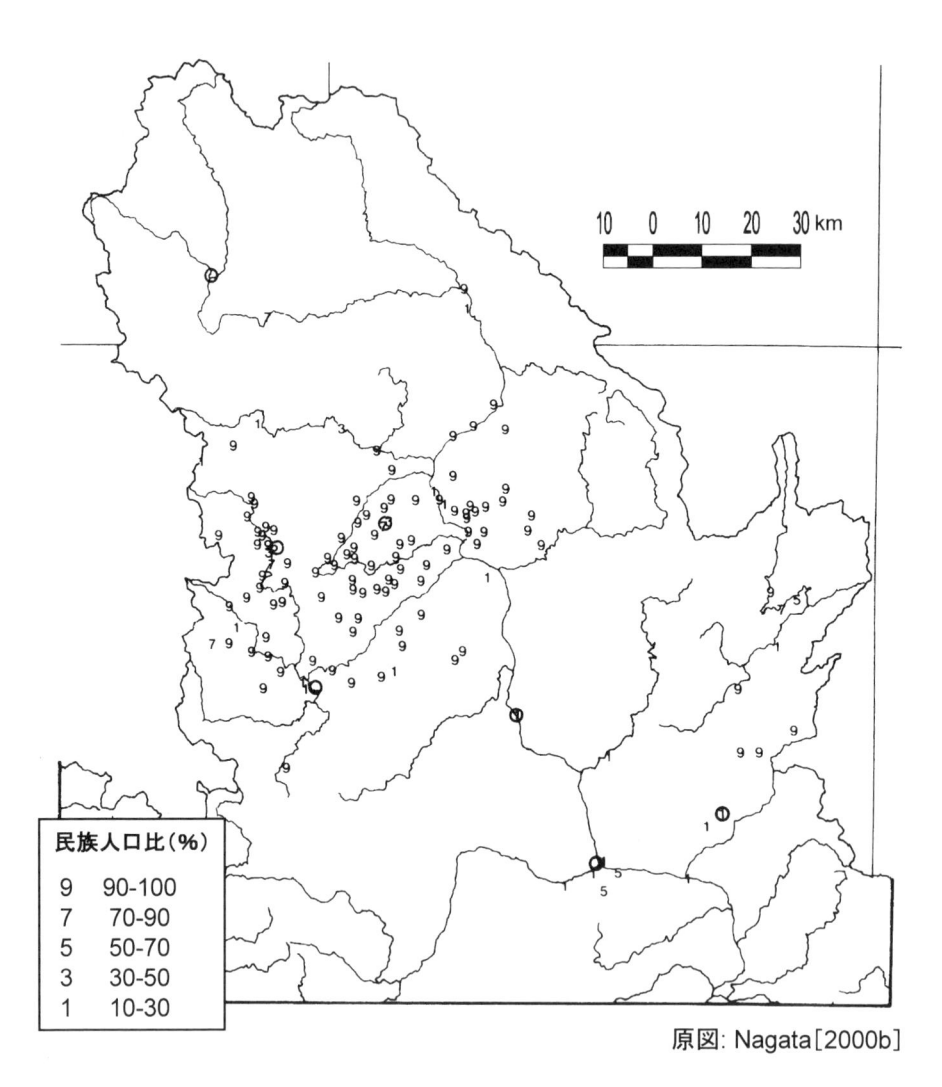

民族人口比（％）	
9	90-100
7	70-90
5	50-70
3	30-50
1	10-30

原図: Nagata[2000b]

図2-15　ポンサーリー県における民族分布：プノイ

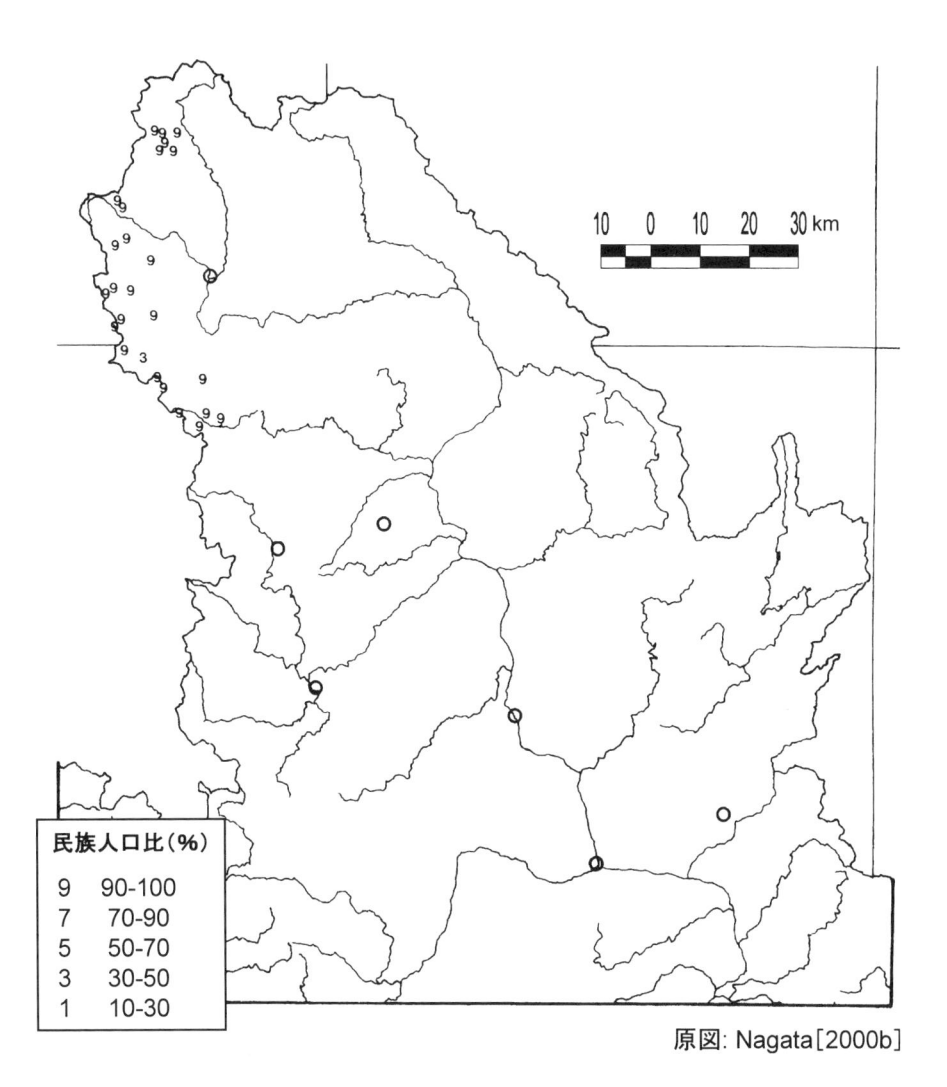

民族人口比（％）	
9	90-100
7	70-90
5	50-70
3	30-50
1	10-30

原図: Nagata[2000b]

図2-16　ポンサーリー県における民族分布：ヤオ

44

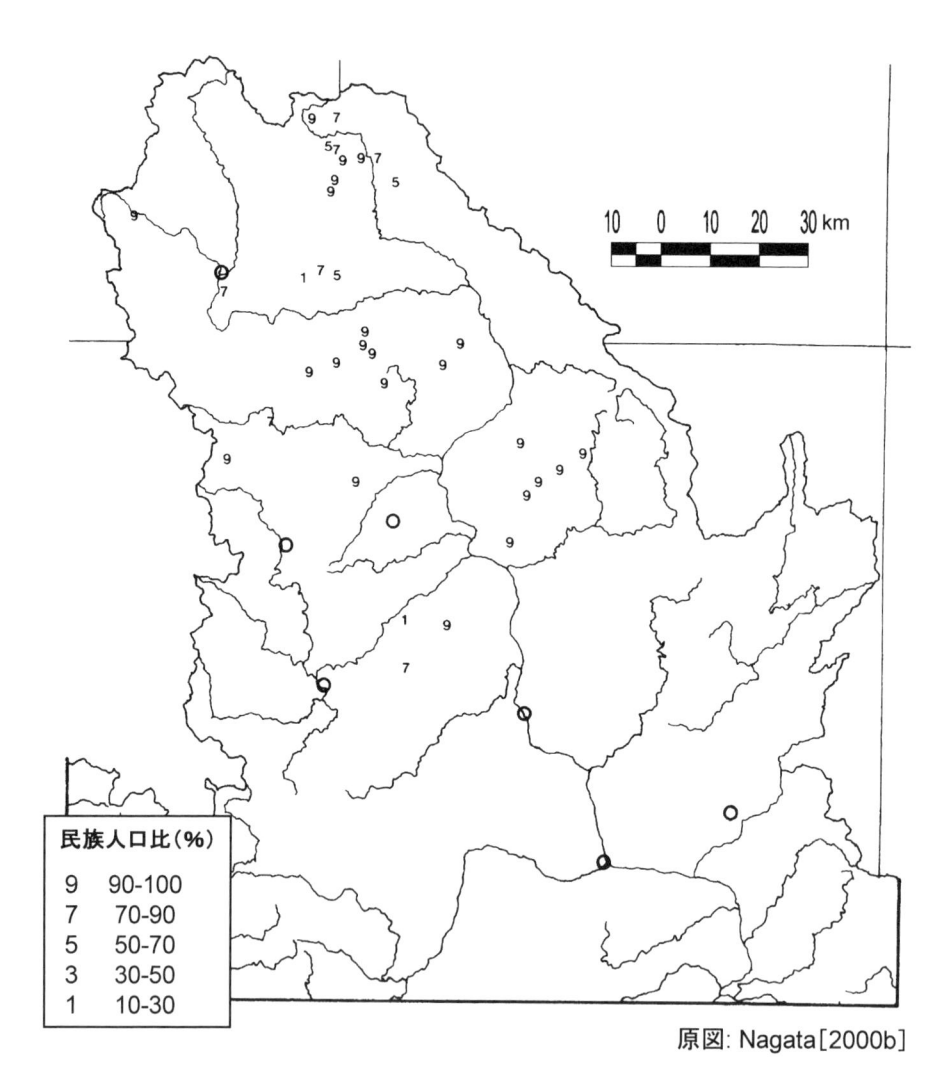

民族人口比(%)	
9	90-100
7	70-90
5	50-70
3	30-50
1	10-30

原図: Nagata[2000b]

図2-17　ポンサーリー県における民族分布：ホー

民族人口比(%)

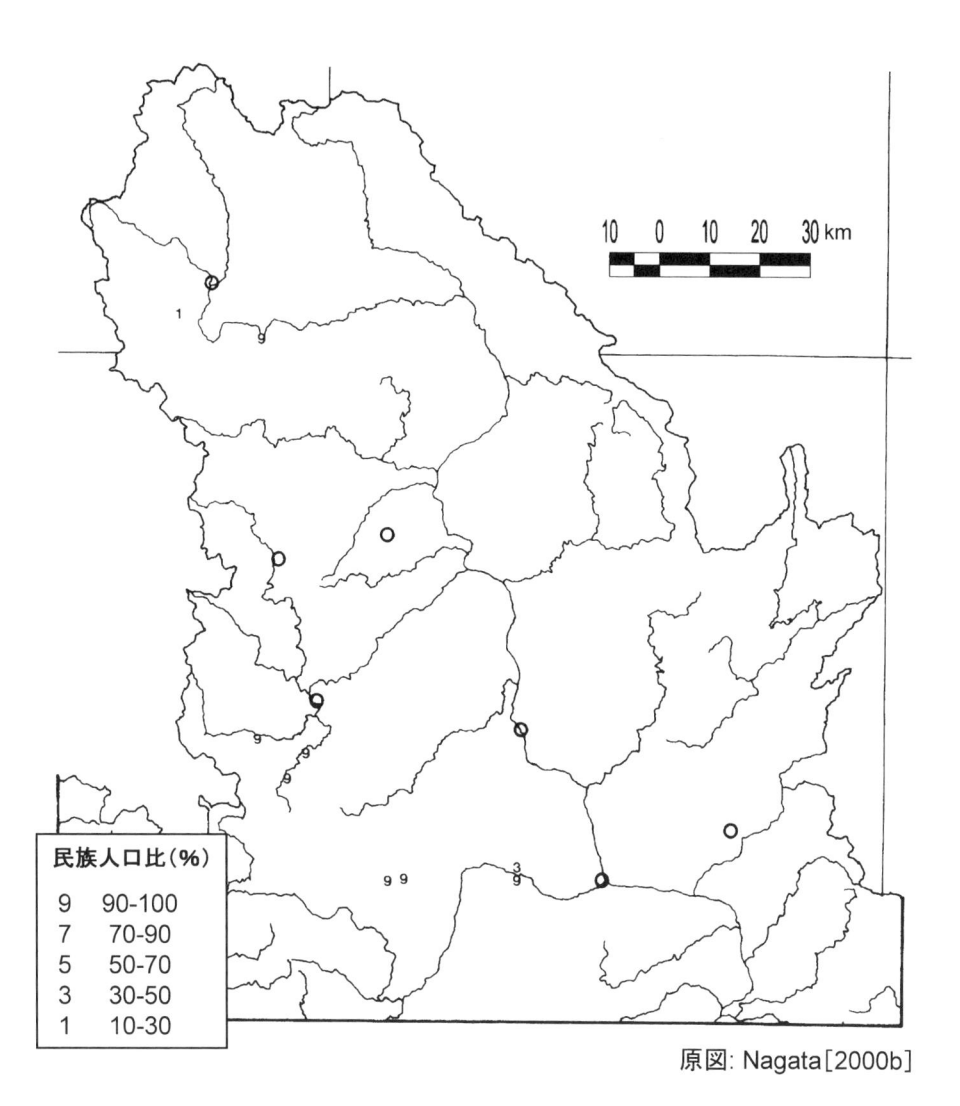

9	90-100
7	70-90
5	50-70
3	30-50
1	10-30

原図: Nagata[2000b]

図2-18　ポンサーリー県における民族分布：ヤン

民族人口比(%)

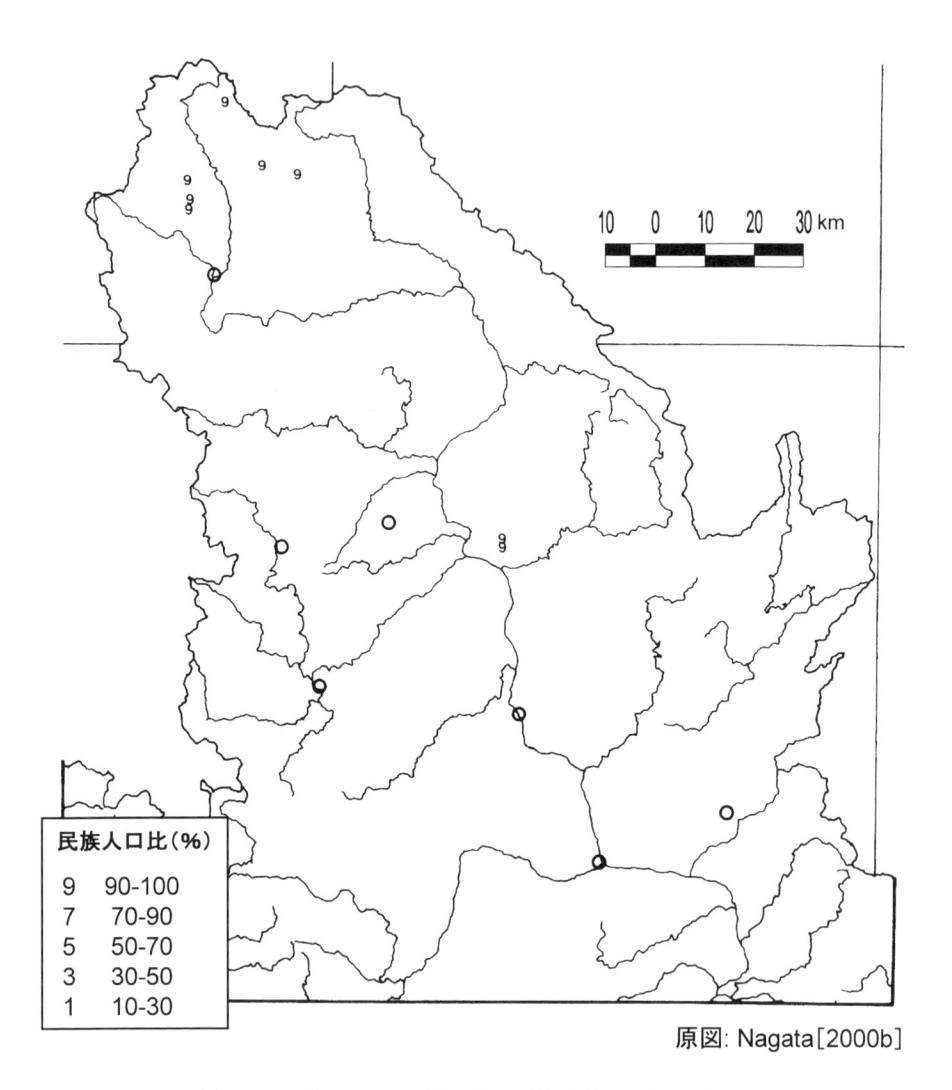

9　90-100
7　70-90
5　50-70
3　30-50
1　10-30

原図: Nagata[2000b]

図2-19　ポンサーリー県における民族分布：シーダー

第2章 位置と風土　47

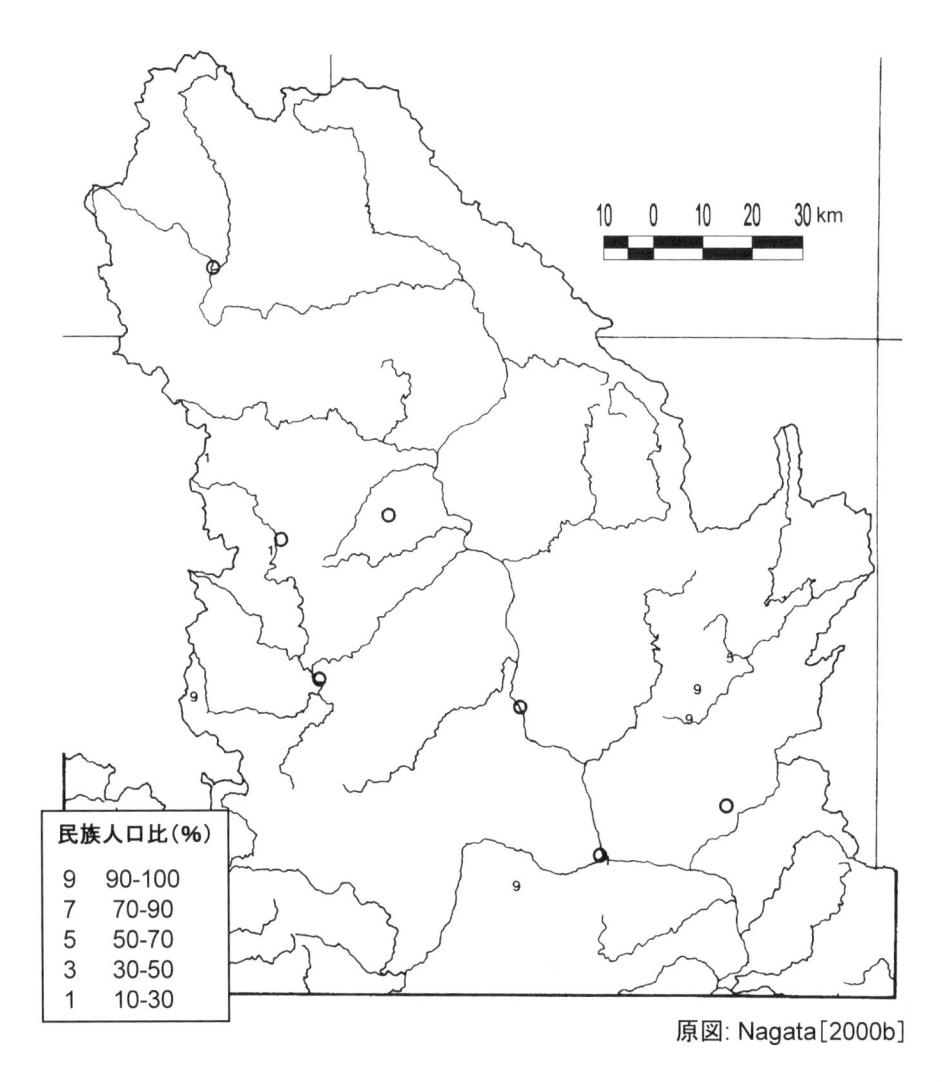

民族人口比（%）	
9	90-100
7	70-90
5	50-70
3	30-50
1	10-30

原図: Nagata[2000b]

図2-20　ポンサーリー県における民族分布：ビット

48

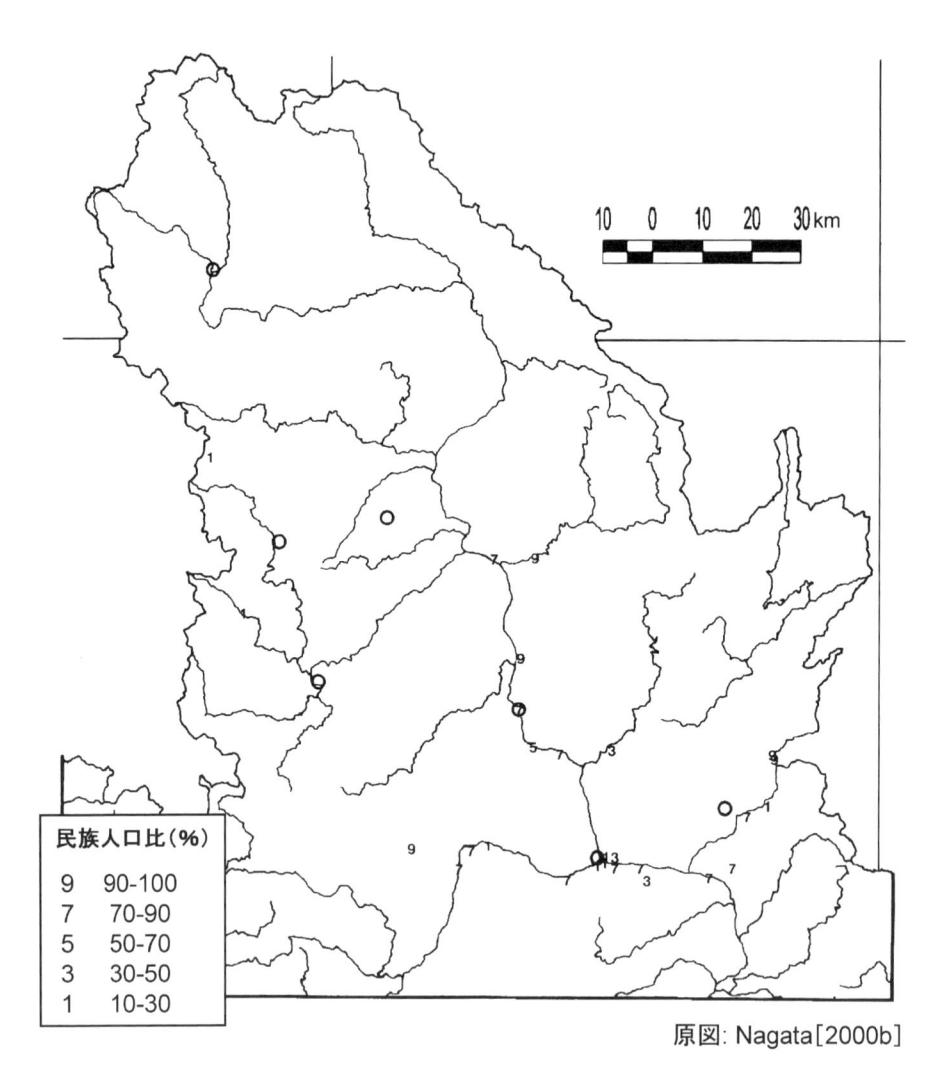

民族人口比(%)	
9	90-100
7	70-90
5	50-70
3	30-50
1	10-30

原図: Nagata[2000b]

図2-21　ポンサーリー県における民族分布：ロロ

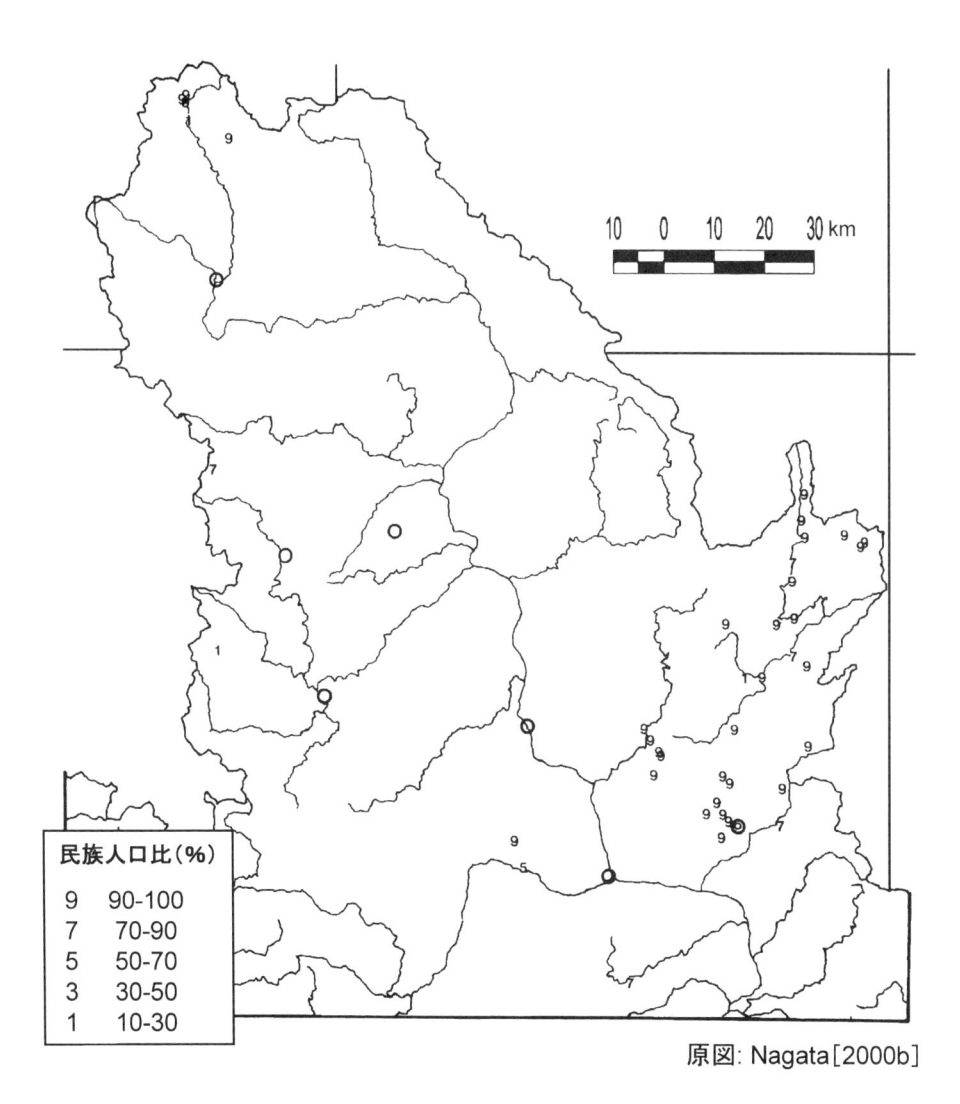

民族人口比(%)	
9	90-100
7	70-90
5	50-70
3	30-50
1	10-30

原図: Nagata[2000b]

図2-22　ポンサーリー県における民族分布：ハニ

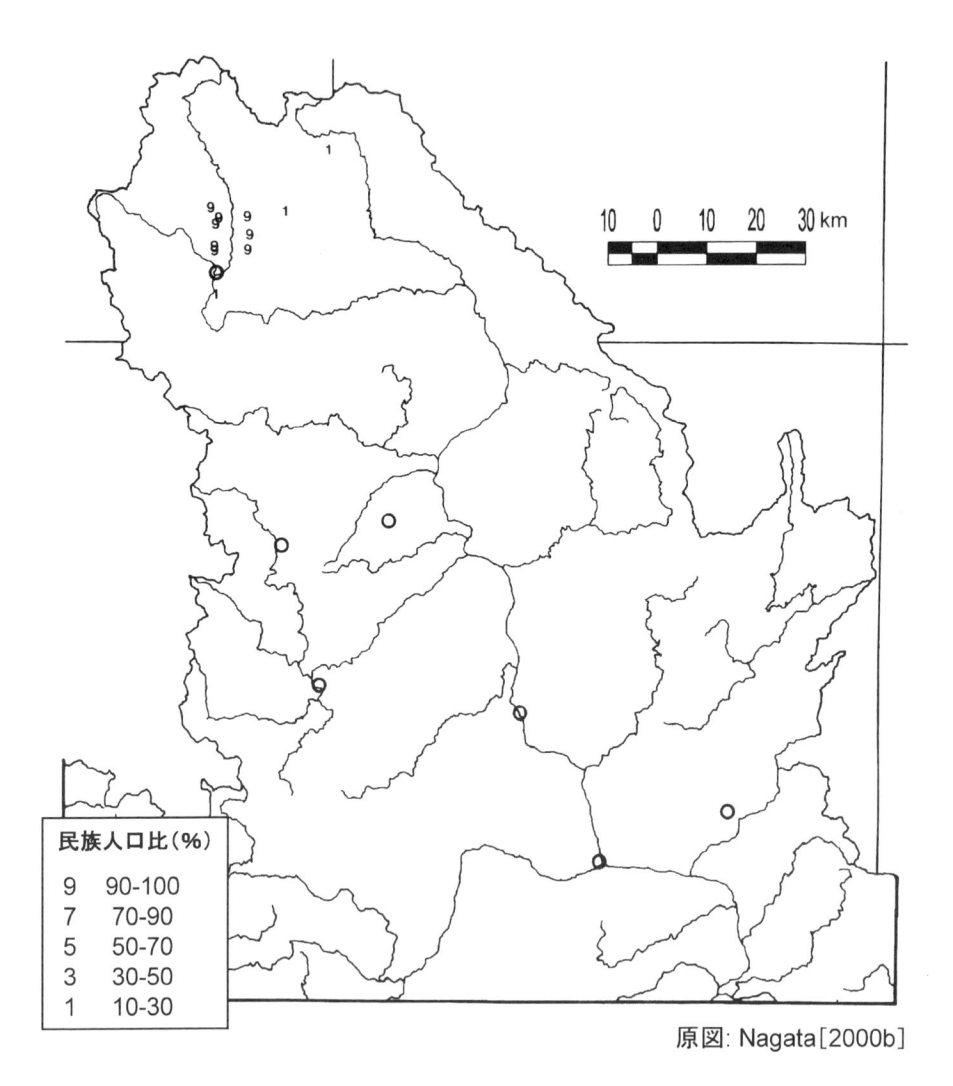

民族人口比（％）	
9	90-100
7	70-90
5	50-70
3	30-50
1	10-30

原図: Nagata [2000b]

図2-23　ポンサーリー県における民族分布：クー

2-2 調査地について

　本研究の主な調査地域であるラオス北部は、北部山塊の全体と重なるラオスの中でも特に山地が卓越した地域で（図2-24）、山地と山間の小規模な平野部に多くの民族が居住し、メコン河とウー川を中心とした水系の低地に沿って水田が展開されている（写真2-1）。農林行政上の区分では、北部はポンサーリー・ルアンナムター・ウドムサイ・ボーケーオ・ルアンパバーン・ファパン・サイニャブーリーの7県であるが、地形や気候を考慮すればシェンクアーン県も含まれると考えてよい[10]。

　本研究では、ラオス北部のうち特にポンサーリーとルアンパバーンの2県を調査の中心としており、ハイサーグラフからみると北端のポンサーリーは温暖夏雨気候（Cw）で、植生的には照葉樹林として知られる山地常緑林に属し（図2-25）、ルアンパバーンは熱帯サバナ気候（Aw）に属している（図2-3参照）。

写真2-1　ラオス北部の水田景観

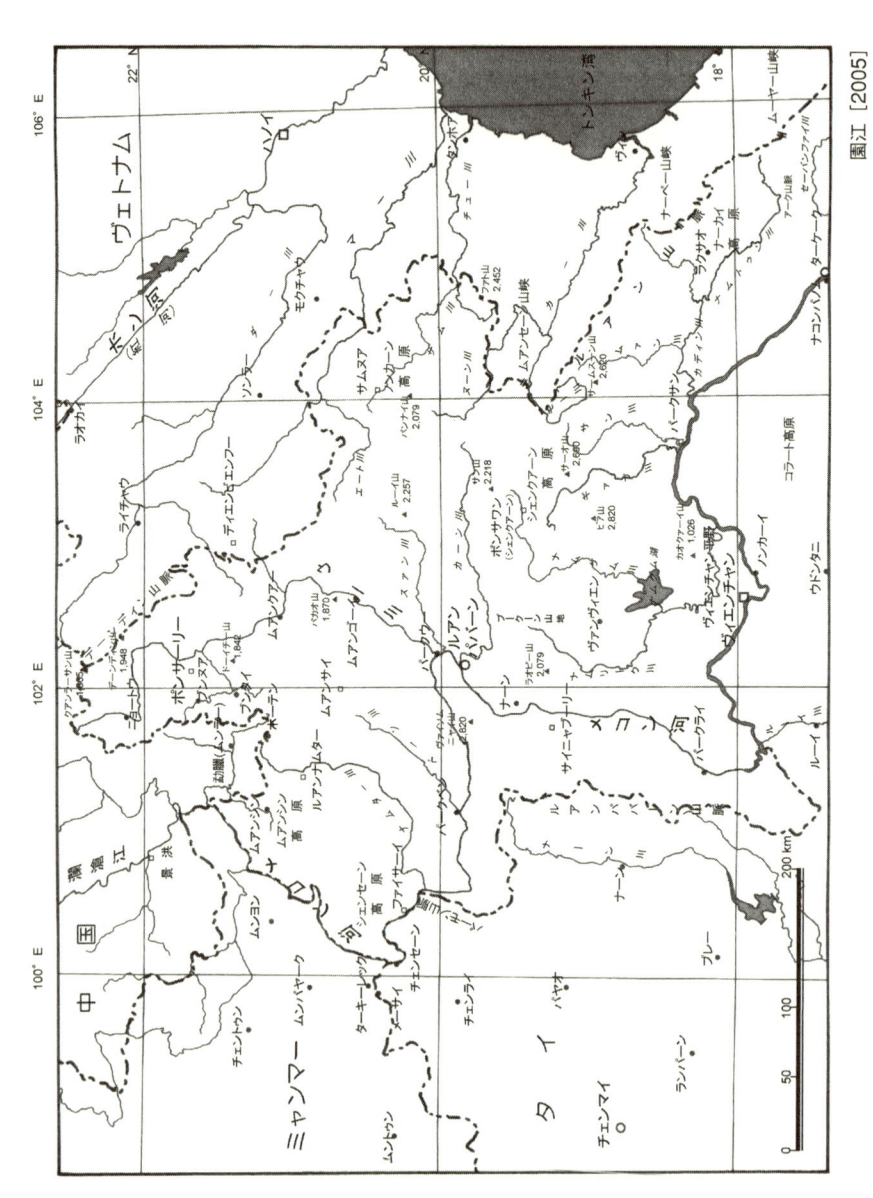

図2-24 ラオス北部とその周辺

第2章　位置と風土　53

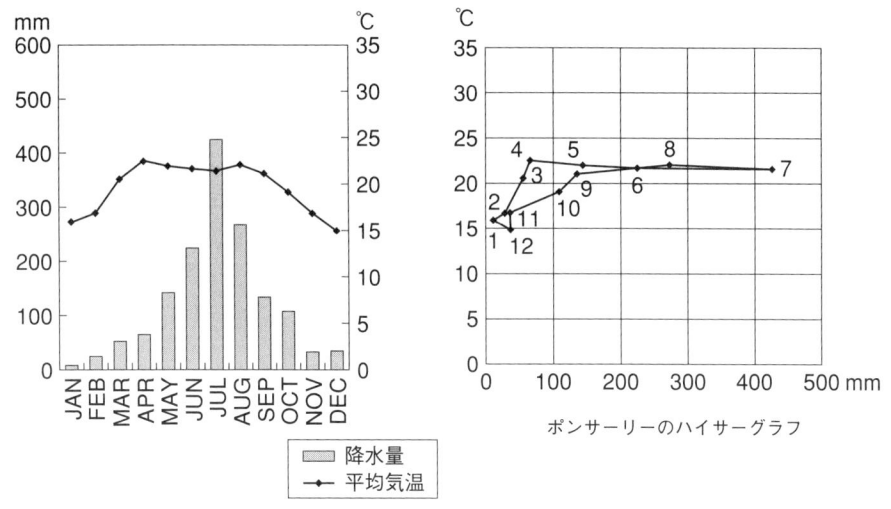

ポンサーリーの月別降水量と平均気温

ポンサーリーのハイサーグラフ

ポンサーリーにおける月別気温較差

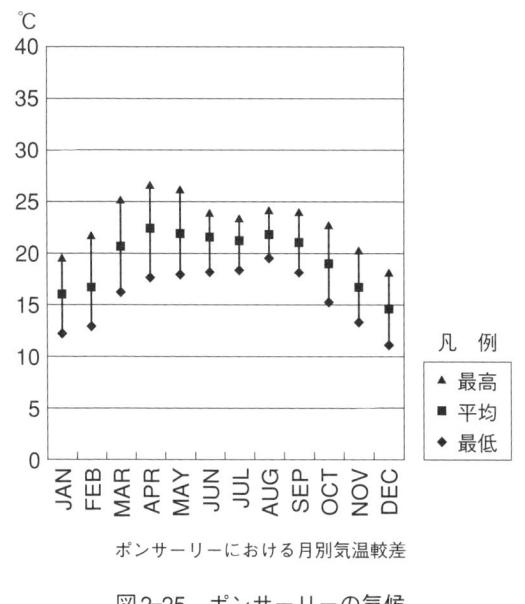

凡例
▲ 最高
■ 平均
◆ 最低

図2-25　ポンサーリーの気候
資料：農林省気象・水文局

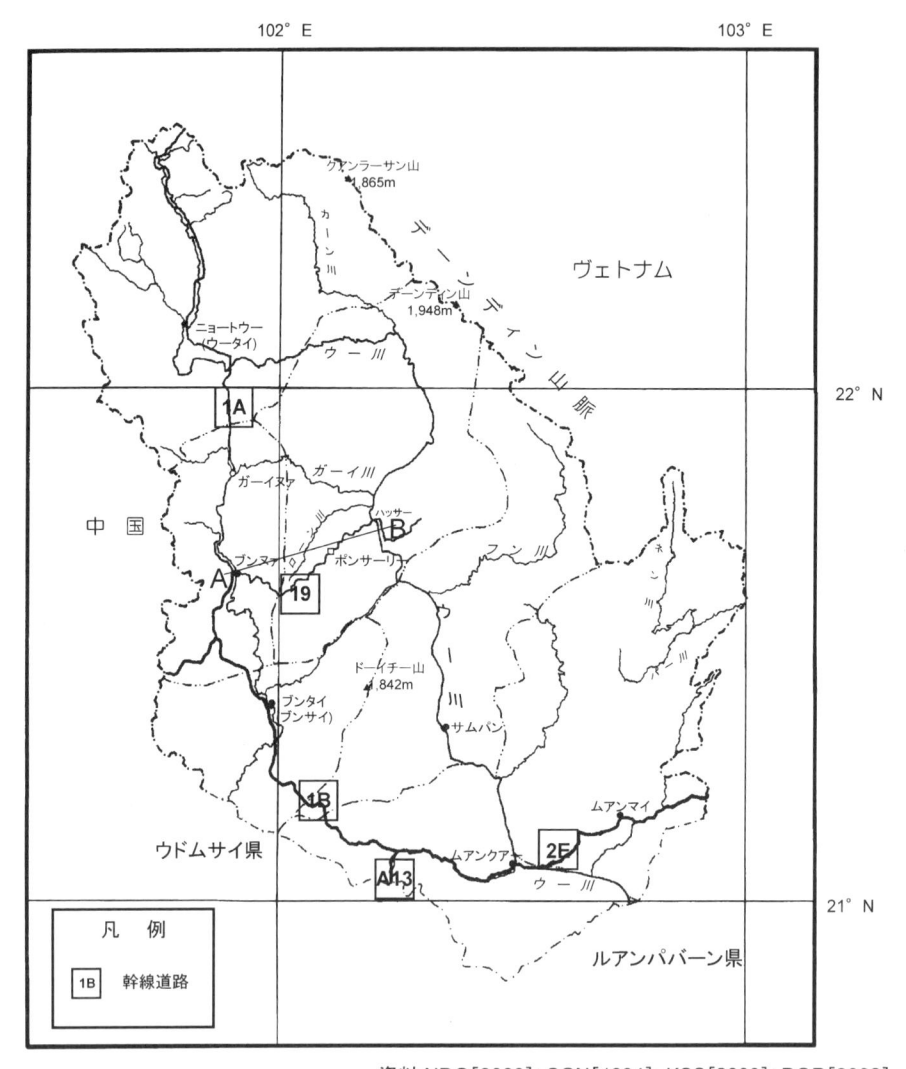

資料:NDG[2000]; SGN[1994]; KSS[2000]; DOR[200?]

図2-26　ポンサーリー県全図

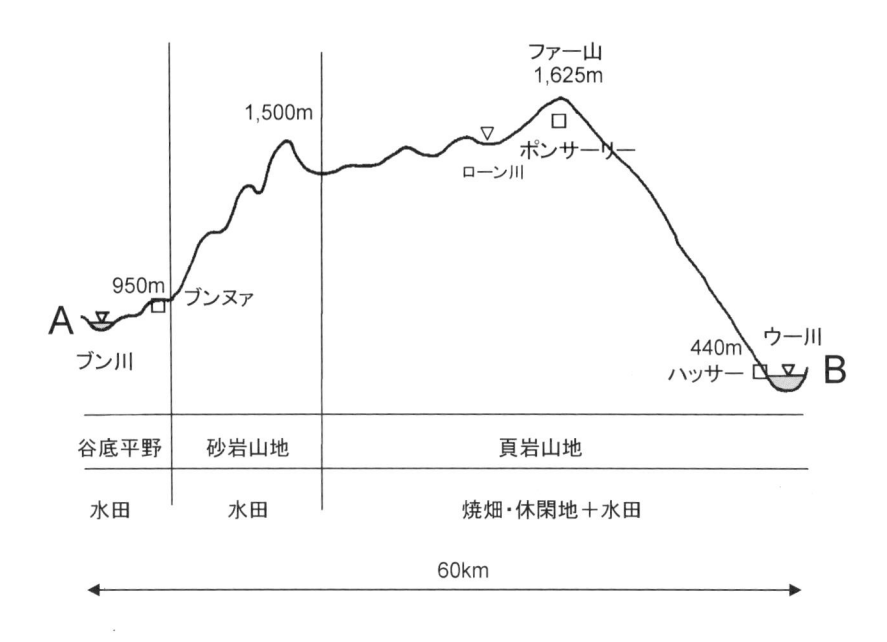

Laffort et. al. [1998:60]を一部改変。

図2-27 ポンサーリー地域横断図

　ポンサーリー県は県域面積16,270km²で、東をルアン山脈に属するデーンディン山脈を国境としてヴェトナム・ライチャウ省、西部は中国雲南省西双版納傣族自治州勐臘県（シーサンパンナタイ）（ムンラー）に挟まれ、南側でルアンパバーン・ウドムサイの2県と近接している。ラオス最北部のニョートウー郡旧ラーントゥイ区を水源として、ルアンパバーン県のパークウーにいたるウー川（448km）が、県の中央を南北に貫流している（図2-26; 図2-27）。

　現在は道路事情が改善されたため、周年北端のニョートウーへ陸路到達が可能であるが、数年前までは雨季の間ガーイヌァ以北へのアクセスは、一旦中国へ迂回するかウー川を遡上する必要があった。

　ウー川は、ラオス国内のメコン河水系中最大の支流であり、ムアンクアーの街で川沿いに出れば、朝に夕に大小の船が旅客や荷を積んで往来するのを目にでき、かつて、この水運を利用して雲南地域からルアンパバーンまでの交易が盛んに行われていたことを想起させる。

　ポンサーリーでは、山間小盆地にタイ系民族（特にルー）の古い集落が開け

（写真2-2）、水田稲作を中心とした農業が営まれている。ルーは水田稲作以外にも養蜂・製糖・機織など多彩な生産技術[11]を持ち、15世紀頃雲南南部にシップソーンパンナーと呼ばれる「王国」[12]を成立させた民族として知られている。山地部では、チベット－ビルマ系住民が他県と較べて突出して高い割合で居住しており、焼畑地において主に陸稲を作付けしているほか、採取した森林産物を市に持ち込み、タイ系民族との間の交流がみられる。

ルアンパバーンは、現在のラオスの原型となる王権が初めて首府を置いた揺籃の地であり、タイ系民族が先住の諸民族と交渉する中で「クニ」を支える基盤の構築にいち早く乗り出した要衝であると考えられる。タイ系民族の基層が水田農耕民であるならば、経済的基盤を水田稲作に求めたであろうが、その過程においては、住民構成上多数派を占める焼畑を主生業とした民族との間に盛んな技術的・文化的交流があったものと思われる。

写真2-2
ラオス北部におけるタイ系民族村落の景観（遠景）

ルアンパバーン県は県域面積16,875km^2、北東部でヴェトナムのライチャウ・ソンラー両省と国境を接するほかは、北西をポンサーリー・ウドムサイ、東部はファパン・シェンクアーン、南部でサイニャブーリー・ヴィエンチャンの国内各県に囲まれている（図2-28）。急峻な石灰岩性の台地と、県央で大きく蛇行するメコン河を中心にウー川・スァン川（150km）・カーン川（90km）からなる水系が独特の景観を形成し、古くから森林産物の集積地あるいは交通の要衝としての地位にあった。

スアン川は、ルアンパバーン県ルーイ山（標高1,616m）の北側の山脈からパ

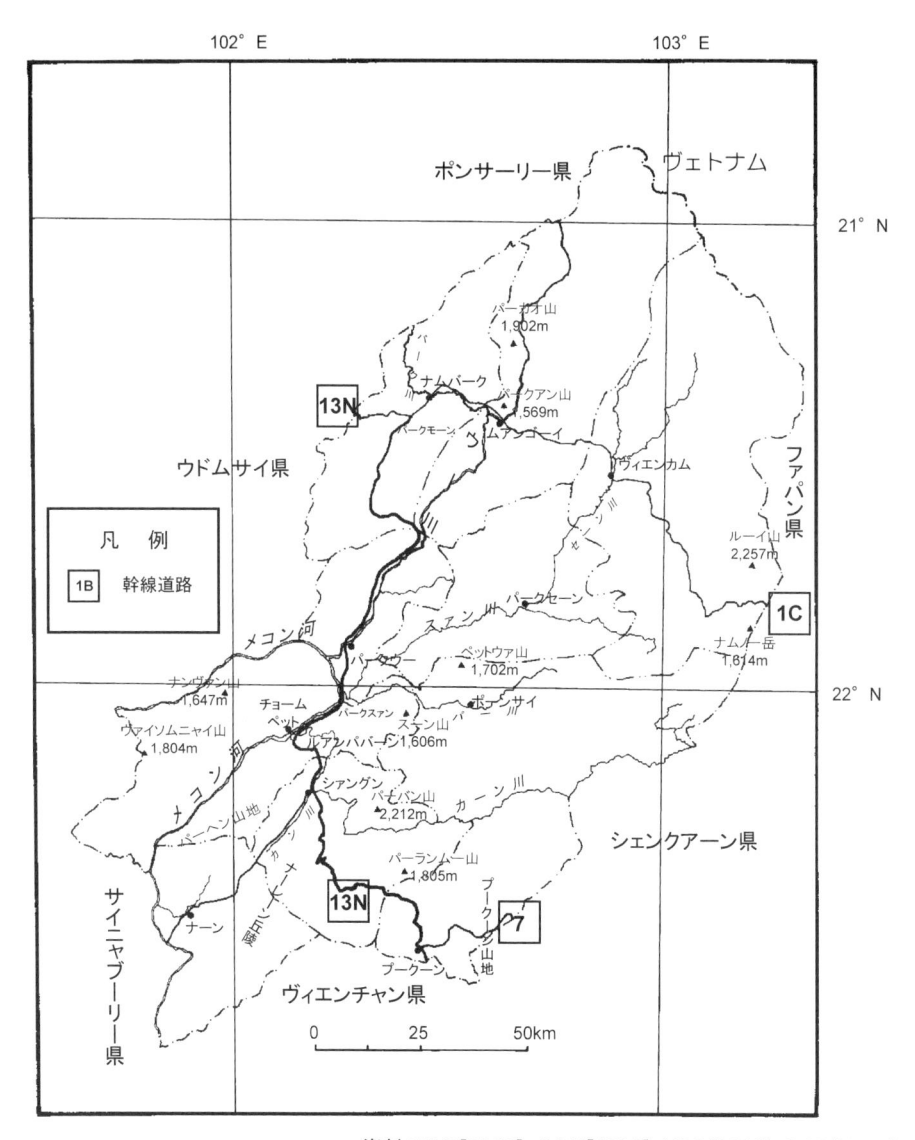

資料:NDG[2000]; SGN[1994]; KSS[2000]; DOR[200?]

図2-28　ルアンパバーン県全図

ークセーン郡を経て流れ、ルアンパバーンの北約20kmにあるパークスアン村で、一方、カーン川はシェンクアーン-ファパンの県境の山脈（標高1,580m）に発し、ルアンパバーン県のシェングン郡を流れて、ルアンパバーンの街でメコン河と合流しており、ラオス北部における雨季の陸路による交通事情が、つい先年までかなり劣悪であったことからしても、長い間水路交通の手段として利用されてきたと考えられる。

注
[1] この一部が、いわゆるジャール平原 *thong hai hīn*（Plaine des Jarres）となっている。
[2] 本研究全体では2004年に公布された49分類を基本に民族名を記述しているが、統計資料に関しては、1995年の第2回国勢調査以降、現在までのところ国勢調査の際に使用された47の民族分類が一般的である。この詳細については、補論7-2「ラオスの統計制度」に示している。
[3] 国勢調査ついては、補論7-2参照。
[4] 前註同様に農林センサスについては、補論7-2参照。
[5] 表中、カムアン県にコーの農家が2000世帯以上見られるが、永田は同県のコー住民数を500人以下としており［2000: 21］、また、一般的見地からもこのデータには疑問がある。
[6] これらの図表は、ラオス人民民主共和国国家計画委員会（現・計画・投資委員会）国立統計院から特別の配慮によって提供を受けた（1997年12月24日付承認第354/NSC号）第2回国勢調査のデータをもとに、大阪市立大学大学院創造都市研究科永田好助教授が『ラオス村落情報システム（LAVIS）』のポンサーリー編として作成・提供してくれたものである。本書への掲載にあたっては、カラー原図からの編集を行ったが、これを快諾してくれた同氏に対して、心より感謝する。
[7] ビット、ロロ、ハーイー、クーについては、村落内の民族人口3名以上または全村民に占める割合が1％以上、それ以外については民族人口10名以上または全村民に占める割合が10％以上を基準としているが、カターンでは県人口に占める民族人口割合（④）が1％を下回り、民族全体に占める県内居住人口（③）も10％を下回るため割愛した。
[8] Chazéeの報告でも、チェンの居住分布はアタプー県に限定されている［Chazée 1999: 92］。
[9] この民族分布図の全国版は、『ラオス村落情報システム（LAVIS）資料集』に所収されている［永田 2000: 77-123］。
[10] 実際、中等学校3年の地理教科書では、シェンクアーン県を北部に含めている［Sadāchit *et al.* 1997: 155］。
[11] 西双版納におけるルー（傣族）の生産技術についてはダニエルス［1990］に詳し

い。
[12] シップソーンパンナーにおけるルーの稲作については、加藤が政治権力と水利社会に関して行った詳細な分析がある［加藤 2000］。

第3章　農業と農村

3-1　ラオス農業の概況

3-1-1　農林業の概説

　ラオスは、GDPシェアの5割以上を農業が占める農業国であり、稲作を主な生業としている。農地の合計は100万haほどで国土面積の4％強である（表3-1）が、1995年の国勢調査によれば、労働人口の85.5％を農業人口が占めている。1999年の統計では稲作（収穫）面積合計は718,100haで全作目収穫面積の8割を占め、そのうち陸稲が153,700ha、乾季の灌漑水田は86,900haとなっており、収穫量は2,093,800トン［SSS 2001: 38-42］で、ラオスではこの年に国内自給を達成したとされている。

　ラオスで消費される米のほとんどは糯米であり、主食として自給的に取引されており、一人当り精米消費量は200kgを超える［山口 1997:328-329］。これに対し粳米は飯米用のほか、麺類の加工用などにも使われ市場性が高いが、作付面積でみると水田面積全体の7％程度である。品種でみると比較的大粒の在来品種が6割以上を占めており［SSS 2000b］、またフモンやタイ系の一部民族は独自の粳性陸稲を作っている。

　イネ以外の主な作物としては、トウモロコシ、ラッカセイ、ダイズ、タバコなどが挙げられるが、主用輸出品のひとつであるコーヒーは、南部のボラヴェン高原など現在約3万haに作付けられており、1940年代ごろからフランスによって導入されたロブスタ種 *Coffea canephora*（*robsta*）が中心に栽培されている。

　一部の民族は伝統的に焼畑地でケシを栽培（写真3-1; 写真3-2）しており、伝統的な換金作物として容認されてきた経緯があるが、近年では国際的な圧力もあって政府は撲滅を目指している。

　畜産は1998年でGDPの20％を占め、1戸当りの規模は小さいものの多くの農家が耕耘など役畜としての利用を含めた耕種との複合経営を行っており、水牛や牛といった大型家畜は、農村地域での貯蓄に替わる財産としての役割も持っている。

　1998年から翌年にかけてラオスで初めて行われた農林センサス[1]では、全国の家畜の飼養頭数はそれぞれ牛94万頭、水牛99万頭、豚103万頭、山羊9万頭、

表 3-1 1998/99 ラオス農林センサス概況

県 名	世帯					全県面積 (km²)	農地面積 (ha)	土地保有農家数
	全世帯数	農家世帯数*	稲作農家数*2	農業労働力*3	平均世帯規模			
ヴィエンチャン首都区	96,955	48,580	39,268	267,107	5.5	3,920	83,290	42,455
ポンサーリー	25,631	24,393	23,663	153,265	6.3	16,270	21,105	24,251
ルアンナムター	21,440	19,777	19,437	110,037	5.6	9,325	21,847	19,539
ウドムサイ	35,843	33,365	31,914	208,115	6.2	15,370	62,014	33,169
ボーケーオ	20,815	18,844	17,866	104,094	5.5	6,196	20,007	18,570
ルアンパバーン	62,023	55,720	51,600	334,503	6.0	16,875	98,137	54,791
ファパン	38,507	36,942	35,932	249,433	6.8	16,500	40,208	36,712
サイニャブーリー	52,348	49,402	47,216	286,652	5.8	16,389	61,046	48,534
シェンクアーン	30,855	28,081	25,629	190,290	6.8	15,880	38,733	27,273
ヴィエンチャン	50,175	43,672	40,446	257,073	5.9	15,927	73,119	41,657
ボリカムサイ	29,559	26,513	24,786	166,405	6.3	14,863	45,177	25,479
カムアン	52,406	43,618	39,803	247,228	5.7	16,315	54,934	42,051
サヴァンケナート	111,752	95,444	90,292	612,370	6.4	21,774	150,034	92,934
サラヴァン	45,380	41,320	40,107	260,685	6.3	10,691	84,507	40,914
セーコーン	10,493	9,720	9,357	64,845	6.7	7,665	18,202	9,525
チャムパーサック	89,434	70,233	55,857	412,716	5.9	15,415	146,686	67,627
アタプー	16,382	14,758	13,730	83,544	5.7	10,320	18,761	14,426
サイソムブーン特別区	7,999	7,619	7,281	49,882	6.6	7,105	9,936	7,281
全 国	797,997	668,001	614,184	4,058,244	6.1	236,800	1,047,743	647,188

*：0.02ha 以上の農地を保有、または、牛・水牛を2頭以上あるいは豚・山羊を5頭以上あるいは20羽以上の家禽を飼養している世帯。
*2：作付面積 0.01ha 以下の稲作農家を除く。
*3：農家世帯における 10 歳以上の男女。

写真3-1 タッピング後樹脂が析出した芥子坊主
ルアンパバーン県ルアンパバーン郡

第3章　農業と農村　63

土地保有				家畜・家禽							
				牛		水牛		豚		家禽(在来鶏)	
平均保有地面積(ha)	農地筆数	平均保有筆数	筆当り平均面積(ha)	飼養割合(%)	平均頭数	飼養割合(%)	平均頭数	飼養割合(%)	平均頭数	飼養割合(%)	平均頭数
1.96	74,726	1.8	1.11	19.0	5.1	18.4	3.6	9.8	3.1	61.1	3.7
0.87	44,165	1.8	0.48	22.6	2.5	47.6	2.5	64.0	3.1	76.9	12.2
1.12	33,146	1.7	0.66	25.2	2.8	42.7	2.8	64.2	3.1	68.5	14.2
1.87	72,898	2.2	0.85	26.0	3.5	44.0	2.9	67.4	3.7	78.4	19.3
1.08	35,935	1.9	0.56	21.5	4.0	30.8	3.0	62.8	2.9	83.8	17.4
1.76	132,732	2.4	0.74	19.5	3.4	34.2	2.9	53.6	4.0	75.4	19.3
1.10	118,958	3.2	3.4	28.9	3.7	53.9	3.1	82.3	4.5	83.4	23.2
1.26	115,073	2.4	0.53	22.9	4.3	40.2	3.3	57.8	3.1	81.1	25.9
1.42	73,787	2.7	0.52	58.8	5.8	54.7	3.0	77.5	3.4	87.0	20.7
1.76	92,660	2.2	0.79	34.5	6.1	33.3	4.0	40.6	3.7	72.3	22.5
1.77	55,693	2.2	0.81	26.7	4.8	33.4	3.9	43.6	3.1	81.8	19.1
1.31	69,706	1.7	0.79	29.0	3.8	56.0	3.4	23.5	3.5	44.3	16.7
1.61	159,755	1.7	0.94	48.8	4.4	67.8	2.8	42.6	2.3	72.9	15.8
2.07	80,610	2.0	1.05	39.0	4.1	60.0	2.7	54.3	2.3	77.2	14.9
1.91	24,473	2.6	0.74	20.8	4.0	45.9	3.7	63.2	3.7	76.1	15.5
2.17	142,772	2.1	1.03	30.2	5.5	60.2	2.7	44.6	1.8	72.4	19.6
1.30	21,319	1.5	0.88	9.7	5.8	55.4	4.8	28.0	3.5	44.5	23.1
1.36	16,685	2.3	0.60	54.0	5.9	63.2	4.1	69.8	3.8	84.2	20.5
1.54	1,365,093	2.1	0.92	29.8	4.4	46.8	3.3	52.8	3.3	73.4	18.0

資料：SSS［2000b］；［2001］

写真3-2　甘味料として販売される樹脂収穫後の芥子坊主
シェンクアーン県ペーク郡の市場にて

鶏967万羽となっている。このうちサヴァンナケートでは畜産が特に盛んで、牛20万頭、水牛18万頭、豚9万頭、山羊2万頭、鶏110万羽が飼われており、メコン河を挟んだタイとの間で大型家畜の国境貿易が行われている。ほとんどの家畜は耐病性の高い在来種で、飼養形態も刈跡放牧など粗放なものとなっている。乳牛の飼育は一般的でなく、役畜・肉用として中国南方系の黄牛が主である。役畜用の大型家畜には、水牛、牛、象が挙げられ、水牛は農作業用の牽引または輓引用に、牛は専ら輓畜として使用されるほか、象はサイニャブーリー県などの北部で木材運搬などに役立てられている。家畜衛生・輸入検疫などの整備はまだ不充分な面が多い。

また、ラオスでは国民一人当りの平均消費量で10kgを超えるほど好んで魚が食用にされる。自家消費用の小規模な漁は伝統的に行われてきたが、漁獲量の落ち込みもあって近年急速に養殖漁業が盛んになってきている。1998年の統計では自給を含まない漁業生産量は4.3万トンで、そのうちの約39％が養殖によっている［森本 1999: 3］。おもに養殖されているのはナイルカワスズメ *Tilapia nilotica* やコイ、ソウギョなどで、養殖のナマズやライギョなども市場に出回っているが、これらは主にタイから輸入されたものである。メコン河で獲れる天然の魚は高級品として扱われ、特に現地でパーブック *pā bu'k* と呼ばれる体長3メートル、体重300kgにもなるメコンオオナマズ *Pangasianodon gigas*（または *Pangasius gigas*）は珍重されている。

また、ラオス料理に欠かすことができない調味料である小魚で作られた魚醤 *pā dēk*[2] のほか、麹で漬けた熟鮨(なれずし) *pā som* といった発酵食品や塩干魚にも加工されている。

木材および木材加工品はラオスの輸出品のトップであり、全輸出額のおよそ3割を占めている。1996年でみると林産品輸出額は、総輸出額の38.9％、125百万USドルに上る。農林省による1996年の統計では、丸太による輸出は239百万m³、製材で178百万m³ となっているが、特用林産物も輸出額で林産品全体の半分を占めている［園江ほか 2002:838］。

ラオスでは、ビルマヒノキ *Fokienia* spp.、テチガイシタン *Dalbergia Oliveri*、メルクシマツ *Pinus merkusii* などの大木が残されており（写真3-3）、林業的には有望であるが、商業伐採は原則的に禁止されており、特にビルマヒノキは特殊なコンセッション制になっている。また、森林資源の減少もあって、チークやアカシアなどが農林省の指導により植林されている。また、最近では紙の原料となるカジノキ *Broussonetia papyrifera*（写真3-4; 写真3-5）や、安息香を取るトンキンエゴノキ *Styrax tonkinensis* なども、換金作物として積極的に植えられてい

写真3-3 渡河のバージを待つ木材運搬車
サイニャブリー県タードゥア

写真3-4 カジノキの樹皮を剥ぐ様子
ルアンパバーン県シャングン郡

写真3-5 集荷されたカジノキの樹皮
ルアンパバーン県ルアンパバーン郡

る。

　そのほかにも、森林は農村の生活に必要な薪炭材や竹、籐（ラタン）、キノコなどのほかさまざまな特用林産物の供給源として重要な役割を持っている。

　表3-2は、ラオス各県の土地利用概況を示したものである。ラオスで作付けされる主な一年生作物には、イネ、トウモロコシ、サツマイモ、キャッサバ、クズイモ、リョクトウ、ナガササゲといった一般作物、工芸作物としてサトウキビ、ラッカセイ、ダイズ、ゴマ、ワタ、タバコのほか、葉菜を中心とした園芸作物が挙げられる。一方、永年性作物としては、さまざまな果樹のほかコーヒー、チャ、ココヤシをはじめ、近年、絹の国内生産のために植栽が奨励されているクワノキ、北部の県で増加しているパラゴムに加えてカルダモンやショウガ等が市場向けに生産されてきている。

　また、地域ごとの特色をみるために、本研究の中心である北部のポンサーリーおよびルアンパバーン県に加えて中部メコン河沿岸のサヴァンナケート県の土地利用概況を表3-3から表3-5に示した。

　北部2県は、雨季作付面積にみる焼畑面積の水田に対する比率が高くなっている一方、雨季水田の灌漑面積でも共に8割を超え、限られた水田で重力灌漑や伝統的堰灌漑によって効率的に作付けを行っていることが示されている[3]。ポンサーリーでは、耕地の休閑率は0.4％と極めて低く、焼畑地での連作が進んでいるが、ルアンパバーンでは32.4％で水田と焼畑双方による農業生産が行われている。また、サヴァンナケート県ではセーポーン、ノーン、ヴィラブリーといったルアン山系の各郡で焼畑が一部行われているが、県全体の焼畑面積の比率は6.5％であり、8.2％ある休耕地は雨季の間灌水の悪い水田が、休耕または放棄さ

表3-2　ラオス各県における土地利用概況

県名	全県面積 (km²)	農地面積 (ha)								雨季耕地作付面積 (ha)				
		保有地計	土地利用							稲作				その他耕種作物
			耕地			その他				水田				
			一年生作物	休閑または休耕地	永年性作物	草地	林地	その他		水田計	灌漑面積	焼畑	計	
ヴィエンチャン首都区	3,920	83,290	60,728	9,515	3,963	2,103	3,975	3,006		51,223	37,853	3,148	54,371	2,948
ポンサーリー	16,270	21,105	20,142	77	787	2	54	43		5,278	4,458	13,189	18,467	1,545
ルアンナムター	9,325	21,847	19,943	495	205	6	718	480		7,730	7,480	10,859	18,590	985
ウドムサイ	15,370	62,014	39,574	17,215	885	368	3,454	517		8,637	9,744	25,493	34,130	2,010
ボーケーオ	6,196	20,007	16,648	1,150	1,235	49	774	151		8,373	7,155	6,663	15,036	1,214
ルアンパバーン	16,875	98,137	59,167	28,363	4,028	400	5,062	1,117		8,757	7,643	40,735	49,492	8,252
ファバン	16,500	40,208	37,633	412	1,525	48	75	515		9,928	9,935	17,372	27,301	9,227
サイチャブーリー	16,389	61,046	52,920	2,736	3,232	62	1,668	428		22,002	17,431	20,288	42,290	8,817
シェンクアーン	15,880	38,733	33,539	1,339	1,304	293	1,160	1,100		14,089	13,910	12,908	26,997	6,057
ヴィエンチャン	15,927	73,119	50,665	5,496	3,757	9,716	1,881	1,604		37,487	20,222	8,132	45,619	2,800
ボリカムサイ	14,863	45,177	36,514	4,390	1,390	246	1,641	996		24,873	16,565	5,778	30,651	2,300
カムアン	16,315	54,934	44,290	7,884	890	276	1,020	574		38,248	5,922	2,416	40,664	273
サヴァンナケート	21,774	160,034	109,248	9,819	3,147	2,068	23,386	2,365		96,872	22,120	6,750	103,622	1,328
サラヴァン	10,691	84,507	56,952	10,631	10,694	626	3,822	1,781		45,737	5,850	9,548	55,285	1,205
セーコーン	7,665	18,202	11,049	733	4,825	106	1,144	344		3,460	2,235	5,754	9,214	1,081
チャムパーサック	15,415	146,686	92,003	10,109	38,157	816	3,560	2,041		81,954	12,842	4,243	86,197	1,521
アタプー	10,320	18,761	16,274	969	872	36	466	144		11,926	368	3,103	15,029	543
サイソムブーン特別区	7,105	9,936	7,674	975	393	340	210	344		4,570	4,523	2,078	6,648	764
全国	236,800	1,047,743	764,963	112,308	81,289	17,561	54,070	17,550		481,144	206,256	198,457	679,605	52,870

資料：SSS［2000b］；［2001］

表3-3 ポンサーリー県における土地利用概況

郡 名	県域面積 (km²)	保有地計	農地面積 (ha)							雨季耕地作付面積 (ha)					その他耕種作物
			耕 地			土地利用 その他				稲 作					
			一年生作物	休閑または休耕地	永年性作物	草地	林地	その他	水田				焼畑	計	
									水田計	灌漑面積				
ポンサーリー		3,226	3,001	3	199	0	0	22	274	171		2,698	2,972	36
マイ		3,158	3,022	5	90	0	39	2	507	486		2,244	2,751	226
クアー		3,424	3,375	0	50	0	0	0	58	49		3,144	3,202	93
サムパン		3,504	3,470	0	34	0	0	0	31	81		3,285	3,316	196
ブンヌア		2,957	2,553	16	359	0	12	17	1,915	1,698		277	2,192	415
ニョートゥー		2,639	2,593	13	30	2	2	0	1,666	1,255		523	2,189	345
ブンタイ		2,197	2,129	40	25	0	1	2	827	717		1,018	1,845	234
全 県	16,270	21,105	20,143	77	787	2	54	43	5,278	4,458		13,189	18,467	1,545

資料：SSS［2000b］；［2001］

表3-4 ルアンパバーン県における土地利用概況

郡 名	県域面積 (km²)	保有地計	農地面積 (ha)							雨季耕地作付面積 (ha)					その他耕種作物
			耕 地			土地利用 その他				稲 作					
			一年生作物	休閑または休耕地	永年性作物	草地	林地	その他	水田計	灌漑面積	焼畑	計		
ルアンパバーン		10,763	5,976	2,135	1,788	0	861	3	1,831	1,006	2,322	4,153		1,545
シェングン		10,056	5,766	3,259	338	46	575	72	525	474	4,170	4,695		1,169
ナーン		7,896	4,795	2,443	219	29	358	52	1,276	1,153	2,712	3,988		599
パークウー		6,621	3,965	1,613	150	0	701	190	745	645	2,920	3,665		203
ナムバーク		13,590	7,878	4,316	484	0	910	2	1,996	2,188	5,316	7,312		290
ゴーイ		18,519	7,434	9,554	366	131	1,033	1	413	395	6,408	6,821		474
パークセーン		4,799	4,500	99	109	1	87	3	0	0	4,044	4,044		445
ポーンサイ		7,024	4,111	2,794	63	32	21	2	131	99	3,019	3,150		923
チョームペット		4,854	4,037	246	347	21	183	21	1,326	1,326	2,233	3,559		310
ヴィエンカム		8,401	6,640	1,360	93	31	277	0	319	254	4,966	5,285		1,095
プークーン		5,613	4,066	541	72	107	57	771	194	104	2,626	2,820		1,198
全 県	16,875	98,137	59,167	28,363	4,028	400	5,062	1,117	8,756	7,643	40,736	49,492		8,252

資料：SSS［2000b］；［2001］

表3-5 サヴァンナケート県における土地利用概況

郡 名	県域面積 (km²)	保有地計	農地面積 (ha)							雨季耕地作付面積 (ha)					その他耕種作物
			耕 地			土地利用 その他				稲 作					
			一年生作物	休閑または休耕地	永年性作物	草地	林地	その他	水田計	灌漑面積	焼畑	計		
カンタブリー		12,264	7,700	564	1,232	638	1,888	243	6,638	2,452	130	6,768		275
ウトゥムポーン		12,182	8,367	425	98	773	2,445	73	8,276	3,894	61	8,337		62
アーサパントーン		10,467	7,006	480	35	36	2,786	124	6,804	2,304	13	6,817		14
ピン		6,105	4,340	891	54	3	806	11	4,020	526	312	4,332		1
セーポーン		5,903	5,078	202	297	29	267	29	730	268	3,878	4,608		207
ノーン		1,762	1,621	28	113	0	0	0	220	19	1,333	1,553		31
ターパーントーン		4,557	3,336	695	15	18	435	58	3,289	135	5	3,294		6
ソンコーン		23,794	18,565	319	177	164	4,356	213	18,018	3,944	20	18,038		25
チャムポーン		19,608	17,644	1,208	44	74	585	54	16,605	4,498	0	16,605		27
ソンブリー		9,920	6,722	1,106	60	35	1,957	38	6,003	472	21	6,024		23
サイブリー		10,151	6,951	994	131	25	1,774	276	6,158	1,982	12	6,170		146
ヴィラブリー		4,223	3,257	478	224	49	213	1	2,340	295	822	3,162		14
アーサポーン		10,824	6,013	793	250	21	2,965	783	5,907	470	19	5,926		37
サイブートーン		11,891	8,910	845	353	41	1,482	261	8,323	456	3	8,326		441
パーラーンサイ		6,382	3,737	790	64	164	1,427	201	3,542	408	120	3,662		17
全 県	21,774	150,034	109,248	9,819	3,147	2,068	23,386	2,365	96,872	22,120	6,750	103,622		1,326

資料：SSS［2000b］；［2001］

れているためと考えられる。

3-1-2 稲作の概況

　1998/99年の農林センサスによれば、農業国ラオスでは全国797,997世帯の約84％にあたる668,001世帯が農業を営んでおり、614,184世帯が0.01ha以上の作付面積を持つ稲作農家である[4]（表3-6）。

表3-6 ラオス各県における稲作の概況 (1998/99)

地方	県名	農家* 農家世帯数	農家* 稲作農家数*2	農地面積(ha)	合計	稲作面積(ha) 計	雨季作 陸稲	雨季作 水稲	乾季作*3	品種別作付割合(%) 陸稲*4	品種別作付割合(%) 輸品種	品種別作付割合(%) 在来品種
北部	ボンサーリー	24,393	23,663	21,105	18,513	18,467	13,189	5,278	45	71.4	63.8	98.4
	ルアンナムター	19,777	19,437	21,847	18,936	18,590	10,859	7,730	346	58.4	73.4	97.0
	ウドムサイ	33,365	31,914	62,014	35,295	34,130	25,493	8,637	1,164	74.7	91.0	97.5
	ボーケーオ	18,844	17,866	20,007	15,112	15,036	6,663	8,373	76	44.3	89.0	98.3
	ルアンパバーン	55,720	51,600	98,137	51,286	49,492	40,735	8,757	1,794	82.3	91.9	95.6
	ファパン	36,942	35,932	40,208	28,836	27,300	17,372	9,928	1,535	63.6	88.6	94.2
	サイニャブーリー	49,402	47,216	61,046	44,510	42,290	20,288	22,002	2,219	48.0	96.6	80.0
	北部計	238,443	227,628	324,364	212,488	205,305	134,599	70,705	7,179	63.3	84.9	94.4
中部	ヴィエンチャン首都区	48,580	39,268	83,290	68,745	54,371	3,148	51,223	14,374	5.8	96.3	48.5
	シェンクアーン	28,081	25,629	38,733	27,321	26,997	12,908	14,089	324	47.8	81.8	99.3
	ヴィエンチャン	43,672	40,446	73,119	50,266	45,619	8,132	37,487	4,647	17.8	95.5	62.6
	ボリカムサイ	26,513	24,786	45,177	33,727	30,651	5,778	24,873	3,076	18.9	97.2	69.1
	カムアン	43,618	39,803	54,934	44,678	40,664	2,416	38,248	4,014	5.9	98.4	79.5
	サヴァンナケート	95,444	90,292	150,034	112,883	103,624	6,750	96,874	9,262	6.5	97.7	37.7
	サイソムブーン特別区	7,619	7,281	9,936	6,876	6,648	2,078	4,570	228	31.3	83.3	95.5
	中部計	293,527	267,505	455,223	344,496	308,574	41,210	267,364	35,925	19.1	92.9	70.3
南部	サラヴァン	41,320	40,107	84,507	58,977	55,285	9,548	45,737	3,692	17.3	98.2	61.5
	セーコーン	9,720	9,357	18,202	9,693	9,214	5,754	3,460	479	62.4	80.1	93.6
	チャムパーサック	70,233	55,857	146,686	93,819	86,197	4,243	81,954	7,622	4.9	94.7	67.8
	アタプー	14,758	13,730	18,761	15,632	15,029	3,103	11,926	603	20.6	72.5	95.2
	南部計	136,031	119,051	268,156	178,121	165,725	22,648	143,077	12,396	26.3	86.4	79.5
	全国	668,001	614,184	1,047,743	735,105	679,604	198,457	481,146	55,500	37.9	88.3	81.7

資料：SSS [2000b]

*：0.02ha 以上の農地を保有、または、牛・水牛を2頭以上あるいは豚・山羊を5頭以上あるいは20羽以上の家禽を飼養している世帯。
*2：作付面積 0.01ha 以下の稲作農家を除く。
*3：一部に陸稲を含む。
*4：雨季作のみ。

図3-1 ラオスにおける稲作生産の推移

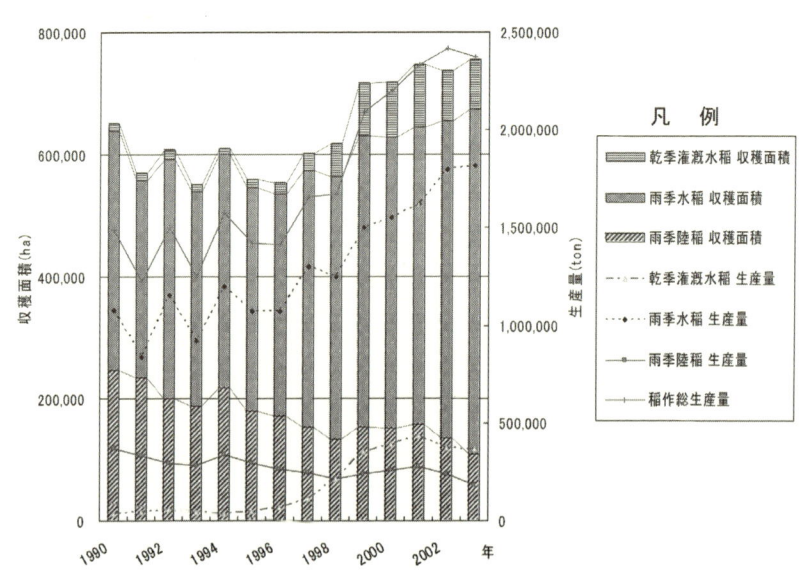

資料：KKP[1996]; PSOMAF[1999]; SSS[2001]; DOPMAF[2004]

第3章　農業と農村　69

　既に述べた通り、糯性の在来品種を中心とした作付けが行われており、糯品種の占める割合は全国の作付面積で88.3％、在来品種では同じく81.7％を占めている。糯品種の作付率は中部で特に高くなっている一方、在来品種の割合は低く、ヴィエンチャン首都区やサヴァンナケートでは5割を下回っている。
　ラオスの稲作は、主に天水と補助灌漑に依存した雨季水稲作と傾斜地における雨季の焼畑陸稲作、乾季灌漑水稲作のほかに乾季陸稲作[5]がごく一部で行われている。図3-1にみられるように、全国的には作付面積・収量ともに雨季水稲作が生産の中心であるが、特に北部では雨季陸稲作の占める割合が高くなっている。全般的にいって、糯品種および在来品種の作付比率は全体に高くなっているが、北部では焼畑陸稲作の割合が中・南部と比較して顕著に高く、特にルアンパバーン県では水稲の4倍以上の面積で陸稲作が行われており、生産量の面からもほぼ互角となっている。
　県別にみると、タイ系民族の農家世帯割合が50％を上回っているのはファパン、サイニャブーリー、シェンクアーン、ヴィエンチャン首都区、ヴィエンチャン、ボリカムサイ、カムアン、サヴァンナケート、サラヴァン、チャムパーサックの各県であり（第2章表2-1参照）、北部ではファパンとサイニャブーリーに加えシェンクアーン[6]の3県のみがタイ系民族の優勢地域となっている。北部各県では、これらタイ系農家世帯数が卓越する場合でも焼畑に対する依存度は高く、中・南部でのセーコーン県を除いて作付面積の20％程度以下とは様相が異なっている。
　糯性品種については、全国でみると作付面積の88％程度であるが、北部ではポンサーリー及びルアンナムターの両県でこの水準を大きく下回っている。この2県はチベット－ビルマ系住民の占める割合が際立って高く、彼らの粳性品種に対する強い嗜好を覗うことができる。
　これらの事実は、ラオス北部の稲作が民族別住民構成・「水田稲作」の両面でタイ系民族の文化的伝統に支配される地域ではないことを示しているものと考えられる。しかしながら、「タイ文化圏」はタイ系民族をキー・コンセプトとして多民族の文化的背景を持つ複合文化交流圏として想定されており、多くの民族によって繰り広げられるラオス北部における焼畑と水田の鬩ぎ合いは、「原初的（水陸両用）天水田」[佐々木 1988: 11-12]に支配される東南アジア大陸山地部の農業がラオス中・南部を含んだ平地の水田稲作地帯へ移行する以前の姿を示しているといえよう。
　表3-7は、（2003年）の稲作生産の概況である。全国の稲作（収穫）面積合計は756,317haで、そのうち陸稲が109,999ha、乾季の灌漑水田は81,360haとなっ

表 3-7　ラオスにおける稲作の生産概況（2003）

地方	県名	雨季作 水田水稲 収穫面積(ha)	雨季作 水田水稲 生産量(ton)	雨季作 水田水稲 収量(t/ha)	雨季作 陸稲 収穫面積(ha)	雨季作 陸稲 生産量(ton)	雨季作 陸稲 収量(t/ha)	乾季作 灌漑水稲 収穫面積(ha)	乾季作 灌漑水稲 生産量(ton)	乾季作 灌漑水稲 収量(t/ha)	合計 収穫面積(ha)	合計 生産量(ton)	合計 平均収量(t/ha)
北部	ポンサーリー	5,675	19,295	3.40	7,614	11,726	1.54	237	950	4.01	13,526	31,971	2.36
	ルアンナムター	8,073	24,219	3.00	6,976	10,060	1.44	335	1,540	4.60	15,384	35,819	2.33
	ウドムサイ	8,243	28,317	3.44	8,827	13,386	1.52	442	1,970	4.46	17,512	43,673	2.49
	ボーケーオ	12,227	42,794	3.50	4,107	7,503	1.83	344	1,310	3.81	16,678	51,607	3.09
	ルアンパバーン	11,155	39,042	3.50	24,953	37,430	1.50	1,800	7,740	4.30	37,908	84,212	2.22
	ファパン	11,449	44,170	3.86	11,038	24,975	2.26	1,645	6,090	3.70	24,132	75,235	3.12
	サイニャブーリー	23,534	87,075	3.70	17,597	33,514	1.90	1,333	5,100	3.83	42,464	125,689	2.96
	北部計	80,356	284,912	3.48	81,112	138,594	1.71	6,136	24,700	4.10	167,604	448,206	2.65
中部	ヴィエンチャン首都区	52,333	188,398	3.60	—	—	—	23,357	110,020	4.71	75,690	298,418	3.94
	シェンクアーン	16,380	52,438	3.20	7,472	12,944	1.73	165	495	3.00	24,017	65,877	2.74
	ヴィエンチャン	45,788	153,860	3.36	2,553	3,090	1.21	7,388	32,210	4.36	55,729	189,160	3.39
	ボリカムサイ	27,004	86,413	3.20	2,164	3,007	1.39	5,590	23,200	4.15	34,758	112,620	3.24
	カムアン	48,989	153,629	3.14	603	878	1.46	7,800	44,200	5.67	57,392	198,707	3.46
	サヴァンナケート	125,520	376,560	3.00	2,038	3,057	1.50	17,900	77,850	4.35	145,458	457,467	3.15
	サイムブーン特別区	3,244	9,733	3.00	587	821	1.40	35	105	3.00	3,866	10,659	2.76
	中部計	319,258	1,021,031	3.21	15,417	23,797	1.45	62,235	288,080	4.18	396,910	1,332,908	3.24
南部	サラヴァン	58,330	192,489	3.30	7,706	15,308	1.99	5,000	22,400	4.48	71,036	230,197	3.24
	セーコーン	4,101	13,123	3.20	3,799	5,699	1.50	318	1,330	4.18	8,218	20,152	2.45
	チャムパーサック	87,663	260,970	2.98	1,436	2,154	1.50	7,000	30,050	4.29	96,099	293,174	3.05
	アタプー	15,250	47,275	3.10	529	648	1.22	671	2,540	3.79	16,450	50,463	3.07
	南部計	165,344	513,857	3.14	13,470	23,809	1.55	12,989	56,320	4.19	191,803	593,986	2.95
	全国	564,958	1,819,800	3.30	109,999	186,200	1.58	81,360	369,100	4.15	756,317	2,375,100	2.95

資料：SSS［2004a］

ており、生産量は2,375,100トンとなっている。本章の冒頭に述べた1999年の全国の収穫面積および総生産量と比較して、乾季の灌漑水稲作生産量が減少しているにもかかわらず、全体の稲作生産量が増加しているのは雨季水稲作が収穫面積・収量共に増加したためであり、水稲に関しては二期作化よりも、雨季の補助灌漑が生産性向上に寄与していることを示している。

　図3-2から図3-6はポンサーリーを含むラオス主要県の稲作生産の推移を示している。ポンサーリー県では近年総生産量の減少が著しいが、これは焼畑面積の減少と呼応しており、ルアンパバーン県においても同様の傾向がみられる。他方表3-7と比較してみると、両県ともに雨季水稲の収穫面積はほぼ横這いで、収量面では全国平均であるヘクタールあたり3.3トンを上回っている。平均収量は北部全体でみるとヘクタールあたり3.48トンで、ルアンナムター県以外では全国平均より高く、前項で指摘した雨季灌漑率とあわせて、北部における雨季水稲作は、生産量そのものについては必ずしも充分といえないながら、基本的には高い生産性を持つことを示している。

　ラオスの穀倉であるサヴァンナケート県では、全国の稲作総収量の19.3％を生産している。しかしながら、図3-5からもわかるように生産の拡大に寄与しているのは専ら、雨季水稲作の面積的拡大で、収量そのものは全国でも最低水準にある。

　チャムパーサック県では、乾季灌漑水稲作が始められた1997年以降、一時的に総生産量は増加したが不安定な状態であり、雨季水稲の収量も全国で最低であることから、この時期の生産安定が先決の課題といえる。

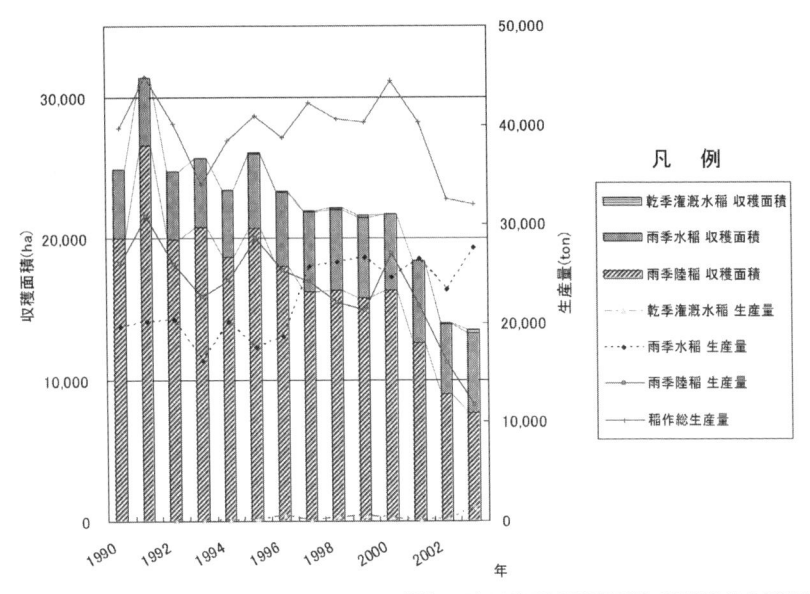

図3-2　ポンサーリー県における稲作生産の推移

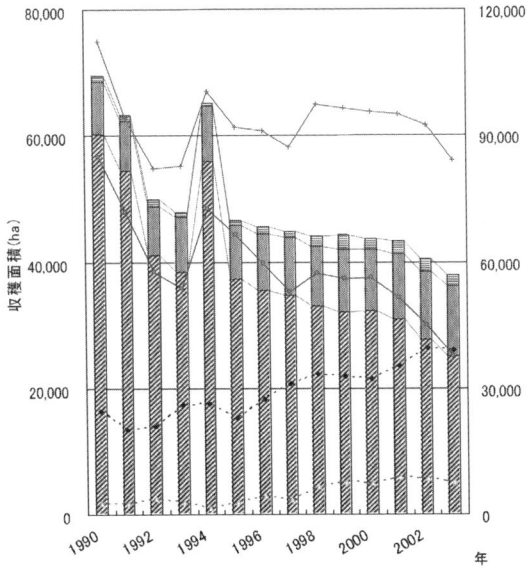

資料:KKP[1996]; PSOMAF[1999]; SSS[2001]; DOPMAF[2004]

図3-3　ルアンパバーン県における稲作生産の推移

資料:KKP[1996]; PSOMAF[1999]; SSS[2001]; DOPMAF[2004]

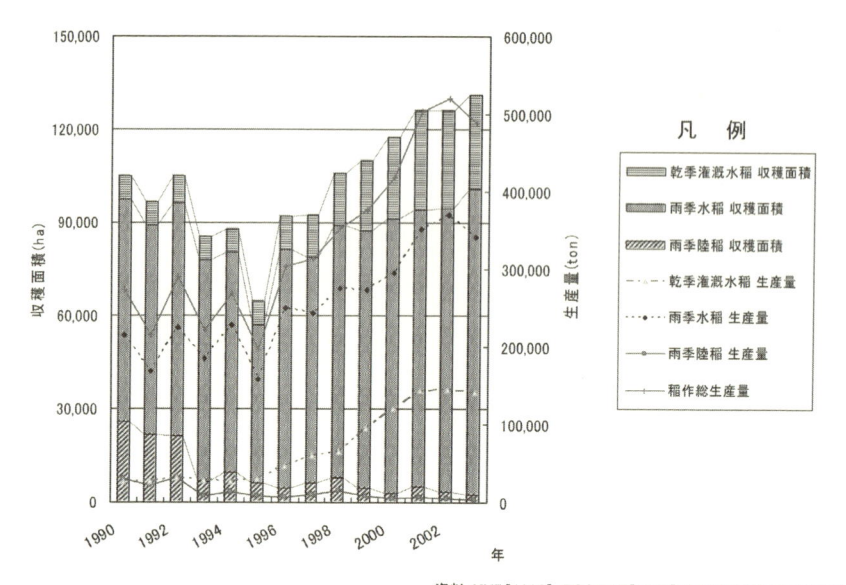

資料:KKP[1996]; PSOMAF[1999]; SSS[2001]; DOPMAF[2004]

図3-4　ヴィエンチャンにおける稲作生産の推移

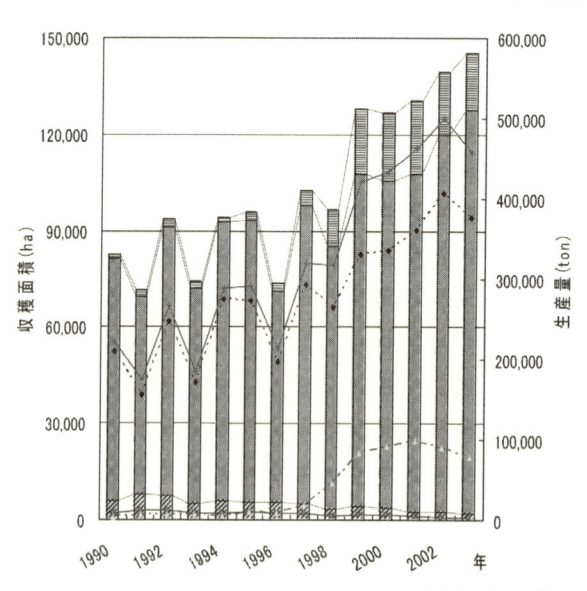

資料:KKP[1996]; PSOMAF[1999]; SSS[2001]; DOPMAF[2004]

図3-5　サヴァンナケート県における稲作生産の推移

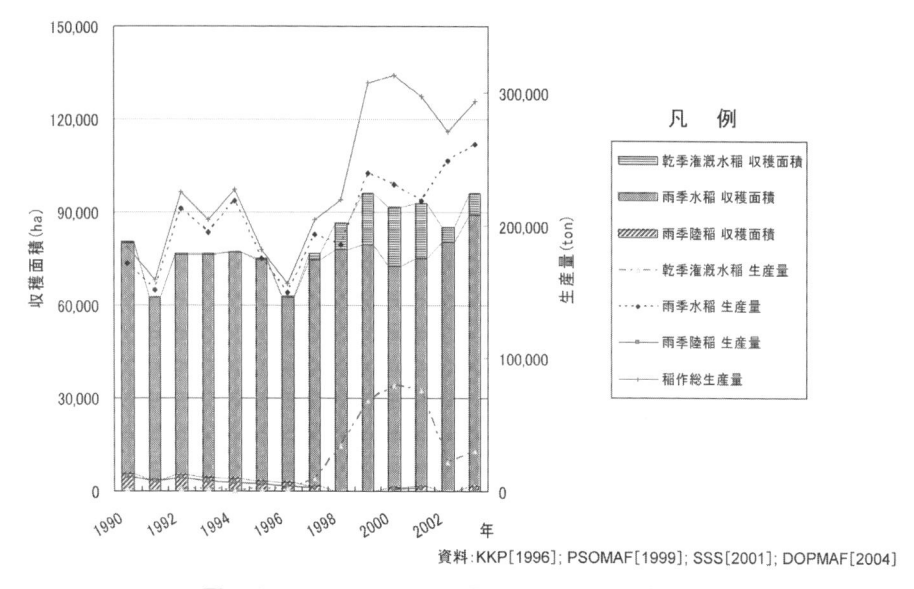

図3-6 チャムパーサック県における稲作生産の推移

資料：KKP[1996]; PSOMAF[1999]; SSS[2001]; DOPMAF[2004]

3-2　農村の輪郭と農作業：ルアンパバーン県を中心に

3-2-1　はじめに

　ラオスの農林業は、複雑な民族分布や地理的状況に加え、コーヒー・タバコなど一部少量の商品作物生産を除き、自家消費用の小規模生産に依存しており、これを一般化して語ることは難しい。

　ラオス中・南部では、ヴィエンチャン平野やチャムパーサック平野といった沖積平野と、玄武岩起源のボラヴェン高原を擁しており、19世紀半ばのフランス植民地時代から商品作物の導入が始められた。また、現在では中・南部の農業が灌漑設備や改良品種の普及によって近代的経営へ移行しつつあるのに対し、地形的観点からも比較的農業不適地である北部では、農業生産に対する資本と労働の投入は相対的に抑制され、結果として在来品種と伝統的な農耕技術が保存されてきたといえる。

　本節では、本研究の対象地域であるラオス北部の農村と農耕技術を概観することによって、農村の現状とそこで伝統的に維持されてきた農業、特に水田稲作の様相を明らかにすることを目的としている。

ラオス北部における稲作生産は焼畑を中心としたものであり、山間の小水系を基盤として行われている水田稲作は、タイ系民族が水田農耕民であるという一般的理解に馴染まない。しかしながら、逆説的ではあるが小規模であっても前節で指摘したような（土地）生産性の高い水田稲作を営んでいるのはタイ系民族であり、佐々木が指摘する「原初的（水陸両用）天水田」［1988: 12］から発して、山間の地形を利用した重力灌漑によって収量を確保し、不安定な焼畑の収穫を補償するための試行による「水田化」［1988: 10］の所産と考えることも可能である。

本研究の目的がラオス北部におけるタイ系民族に焦点を当てたものであるため、本節では、基本的にタイ系民族の水田稲作を論議の中心としたが、この地域における稲作生産に大きな割合を占める焼畑陸稲作についても一部言及した。

本節では特に、1996年7月から10月にかけて筆者がラオス北部ルアンパバーン県全県域で行った聞取り調査に加えて、その前後の期間に適宜訪問したポンサーリー、ボーケーオ、ウドムサイ、サイニャブーリー、シェンクアーンの各県での調査を中心として話を進める。

3-2-2　農村の概観

現在のラオスにおける地方行政組織[7]は、ヴィエンチャン首都区には市長、各県には県知事（ともに閣僚級）がそれぞれ1名、首相の指名により大統領から任命され、県に配置されている各省ならびに省庁相当機関の支局を指導・統括している。各郡には1名の郡長と1～2名の副郡長がおかれており、知事同様に郡内の行政全般を統括する。県副知事および郡長は首相が任命する。村では、1名の村長と規模に応じて数名の村役人（村落管理委員）が普通選挙によって選出され、所轄郡長の指名を受けて知事または市長により任命される。

以前は郡と村の間に区 *Tāsǣng* という区役所を持つ行政単位と区長の職があったが、現在では郡内を便宜的地区 *Khēt* に分けて各種行政サービスの単位としており、基本的に事務所はない。また、村の規模によっては、組 *kum*・団 *nūai* などの下位組織を持つところもある。

ラオスの総人口は1995年の第2回国勢調査当時4,574,848人[8]で、全国に11,640の *bān*（村）と呼ばれる集落が存在するが、大は人口3,527人・647世帯（カムアン県ターケーク郡サンティスック村）から小は人口7人・2世帯（ファパン県サムタイ郡ファイキャ村）とその規模[9]はさまざまである。人口密度は19.9人/km²［SSS 1997b、以下同］、全国の平均村落の規模は人口403.1人・66.1世帯で、世帯当たり員数は6.0人[10]と比較的小さい（表3-8）。

第3章 農業と農村

表3-8 ラオス各県の県勢

地方	県名	人口				人口密度(人/km²)		村落			世帯*	
		1995国勢調査			2003推計人口	1995	2003	村落数	平均規模(世帯)	平均規模(人)	世帯数	平均規模(人)
		計	男	女								
北部	ポンサーリー	152,848	75,890	76,958	189,700	9.4	11.7	662	37.8	230.9	25,005	6.0
	ルアンナムター	114,741	56,045	58,696	142,400	12.3	15.3	485	42.0	236.6	20,390	5.5
	ウドムサイ	210,207	104,303	105,904	260,900	13.7	17.0	803	41.2	261.8	33,090	6.3
	ボーケーオ	113,612	56,177	57,435	141,000	18.3	22.8	397	49.2	286.2	19,550	5.7
	ルアンパバーン	364,840	180,726	184,114	452,900	21.6	26.8	1,222	48.5	298.6	59,220	6.1
	ファパン	244,651	121,668	122,983	303,700	14.8	18.4	904	39.7	270.6	35,913	6.8
	サイニャブーリー	291,764	145,874	145,890	362,200	17.8	22.1	571	85.9	511.0	49,038	5.9
	北部	1,492,663	740,683	751,980	1,852,800	15.4	19.1	5,044	49.2	299.4	242,206	6.0
中部	ヴィエンチャン首都区	524,107	262,636	261,471	650,600	133.7	166.0	486	184.0	1,078.4	89,413	5.7
	シェンクアーン	200,619	99,860	100,759	249,000	12.6	15.7	506	57.9	396.5	29,298	6.8
	ヴィエンチャン	286,564	144,901	141,663	373,200	18.0	23.4	496	94.9	577.8	47,053	6.0
	ボリカムサイ	163,589	81,791	81,798	203,100	11.0	13.7	455	58.1	359.5	26,434	6.1
	カムアン	272,463	132,290	140,173	338,200	16.7	20.7	874	56.2	311.7	49,126	5.5
	サヴァンナケート	671,758	329,060	342,698	833,900	30.9	38.3	1,560	68.0	430.6	106,095	6.3
	サイソムブーン特別区	54,068	27,235	26,833	49,600	7.6	7.0	137	60.3	394.7	8,264	6.4
	中部	2,173,168	1,077,773	1,095,395	2,697,600	22.7	28.2	4,514	82.8	507.0	355,683	6.1
南部	サラヴァン	256,231	124,017	132,214	318,100	24.0	29.8	720	58.4	355.9	42,057	6.0
	セーコーン	64,170	31,587	32,583	79,700	8.4	10.4	278	34.1	230.8	9,487	6.7
	チャンパーサック	501,387	244,627	256,760	622,400	32.5	40.4	896	93.8	559.6	84,047	5.9
	アタプー	87,229	42,299	44,930	108,300	8.5	10.5	188	80.0	464.0	15,049	5.7
	南部	909,017	442,530	466,487	1,128,500	20.6	25.6	2,082	68.2	402.6	150,640	6.1
	全国	4,574,848	2,260,986	2,313,862	5,678,900	19.3	24.0	11,640	66.1	403.1	748,529	6.0

資料：SSS［1997a］；[1997b]；[2004a]

＊：個人世帯に限る。

　他地域に較べ極端に人口が集中しているために、ヴィエンチャン首都区を除いて、北部・中部・南部でこれを比較すると、北部で人口299.4人/49.2世帯、世帯規模は6.0人、人口密度は15.4人/km²、中部人口411.8人/65.9世帯、世帯規模6.2人、人口密度18.0人/km²で、南部では402.6人/68.2世帯、6.1人/世帯、20.6人/km²となる。ここから、村落の地域による世帯規模に差はほとんどないものの、北部では中・南部に比べ村落規模が顕著に小さく、人口密度は南部で高くなっているといえる。

　これをルアンパバーン県1,222集落についてみてみると、総人口・総世帯数はそれぞれ350,048人・58,877世帯で、人口密度は22人/km²、289人・48世帯

表3-9 ルアンパバーン県における郡別人口（1995）

郡名	人口			世帯	
	計	男	女	世帯数	平均規模
ルアンパバーン	63,333	31,603	31,730	10,558	6.0
シェングン	34,330	16,913	17,417	5,667	6.1
ナーン	28,334	14,061	14,273	4,693	6.0
パークウー	21,277	10,657	10,620	3,626	5.9
ナムバーク	47,523	23,452	24,071	7,556	6.3
ゴーイ	39,859	19,698	20,161	6,372	6.3
パークセーン	26,009	12,826	13,183	4,254	6.1
ポーンサイ	24,586	12,208	12,378	3,799	6.5
チョームペット	24,893	12,414	12,479	4,336	5.7
ヴィエンカム	38,948	19,148	19,800	6,207	6.3
プークーン	16,241	8,063	8,178	2,445	6.6
全県	365,333	181,043	184,290	59,513	6.1

資料：NSC［1995］

註）：1997年に発表された第2回国勢調査の最終報告書との間に齟齬があるが、郡別数値が示されたものがないため、参考として提示した。

表3-10 ルアンパバーン県おける農家世帯の概況（1998/99）

郡　名	世　帯					農　地		
	全世帯数	農家				総面積(ha)	保有農家数	平均面積(ha)
		農家世帯数*	平均世帯規模	農業労働力*2	稲作農家数*3			
ルアンパバーン	11,131	6,798	6.2	42,021	4,596	10,763	6,521	1.65
シェングン	5,588	5,249	6.1	31,835	4,798	10,056	5,024	2.00
ナーン	4,551	4,461	5.9	26,268	4,209	7,896	4,426	1.78
パークウー	3,896	3,767	5.1	19,351	3,652	6,621	3,742	1.77
ナムパーク	8,433	8,267	6.3	51,785	8,246	13,590	8,267	1.64
ゴーイ	6,462	6,175	6.1	37,644	5,949	18,519	6,093	3.04
パークセーン	4,282	4,192	5.9	24,677	4,163	4,799	4,192	1.14
ポーンサイ	3,876	3,757	6.4	24,113	3,665	7,024	3,718	1.89
チョームペット	4,537	4,345	5.8	25,005	4,020	4,854	4,315	1.12
ヴィエンカム	6,462	5,972	5.8	34,816	5,717	8,401	5,786	1.45
プークーン	2,805	2,735	6.2	16,988	2,585	5,613	2,708	2.07
全　県	62,023	55,720	6.0	334,503	51,600	98,137	54,791	1.79

資料：SSS［2000b］

*：0.02ha以上の農地を保有、または、牛・水牛を2頭以上あるいは豚・山羊を5頭以上あるいは20羽以上の家禽を飼養している世帯。
*2：農家世帯における10歳以上の男女。　　*3：作付面積0.01ha以下の稲作農家を除く。

（6人/世帯）からなる集落が標準的ということになる。一般的にいって男女比は同程度か、女子がやや多い（表3-9）。

ルアンパバーン県では、全世帯の89.8％が農家となっており、平均世帯規模でみても6.0で非農家世帯と比較して同規模である。（表3-10）

筆者は、1996年ルアンパバーン県内のプークーン郡を除く10郡について、基本的には「低地ラーオ」[11]と呼ばれるタイ系民族の集落を訪問し90カ村で聞取り調査を行った。また、この地域における、水田農業の伝統的な担い手と目されるタイ系住民の水田稲作技術との対比のため、当該地域において人口を二分している非タイ系[12]の中高地ラーオと呼ばれるモン－クメール系民族（ルアンパバーンを含む北部では特にクム）の焼畑陸稲耕作についても調査の対象とした。

表3-11は、ルアンパバーン県における農家世帯を民族別に概観したものである。タイ系民族世帯が多数を占めているのは、ルアンパバーン、ナーン、パークウー、チョームペットの各郡だけで、県全体ではモン－クメール系民族（クム、ティン[13]）世帯が49.1％に上り、タイ系民族（ラーオ、プータイ[14]、ルー、ユアン）の33.2％を大きく凌駕している。また雨季の稲作では、ユアンを除いたタイ系民族についても陸稲栽培面積が水田面積を上回っており、この地域における農業生産が非タイ系民族の陸稲栽培を中心とした技術によって維持されていることがわかる。

水田稲作が主生業であるといわれるタイ系民族は、一般に河川沿いなど比較的水利の便の良いところに塊村状に集落を構え（写真3-6; 図3-7）、家屋は基本的

表3-11 ルアンパバーン県における農家世帯の民族別概況

		世帯主の民族名								計*
		Lao	Phutai	Khmu	Hmong	Leu	Nhuane	Phounoy	Yao	Thin	
農家数*2		14,009	1,575	27,127	9,596	1,993	903	54	161	211	55,720
農家の平均世帯規模		5.6	6.6	6.0	6.7	5.4	5.2			6.4	
郡別農家世帯数	ルアンパバーン	3,227	172	1,301	1,557	141	381	20	0	0	6,798
	シェングン	602	0	3,236	1,129	19	245	19	0	0	5,249
	ナーン	2,581	18	1,002	237	0	251	0	161	211	4,461
	パークウー	951	13	951	964	887	0	0	0	0	3,767
	ナムバーク	1,373	312	4,272	1,476	833	0	0	0	0	8,267
	ゴーイ	2,010	492	3,262	369	41	0	0	0	0	6,175
	パークセーン	224	0	3,655	298	15	0	0	0	0	4,192
	ポーンサイ	132	250	1,898	1,437	13	26	0	0	0	3,757
	チョームペット	1,951	222	1,626	488	44	0	15	0	0	4,345
	ヴィエンカム	790	97	3,999	1,087	0	0	0	0	0	5,972
	プークーン	167	0	2,014	554	0	0	0	0	0	2,735
農家概況	農地保有世帯数	13,618	1,463	27,025	9,362	1,993	903		426		54,790
	平均農地面積(ha)	1.73	1.67	1.93	1.59	1.63	1.29		1.32		1.59
	作付割合(%)	76	72	63	80	85	96		97		
	合計農地面積(ha)	23,617	2,438	52,215	14,885	3,255	1,163		564		98,137
	雨季作付面積(ha)	12,855	1,528	29,663	10,122	2,325	783		465		57,741
	水稲	5,162	539	1,592	278	718	457		10		8,756
	陸稲	6,546	888	24,420	6,727	1,552	290		311		40,734
	その他	1,147	101	3,651	3,117	55	36		144		8,251
	乾季作付面積(ha)	1,982	110	406	581	204	81		3		3,367
	水稲	1,363	86	225	55	42	23		0		1,794
	その他	619	24	181	526	162	58		3		1,573
	家畜・家禽飼養割合(%)										
	水牛	2.6	2.6	18.7	53.3	4.5	2.1		34.2		
	牛	43.5	74.9	30.5	18.7	53.3	54.3		30.2		
	豚	36.3	68.2	58.6	67.4	39.9	24.0		60.4		
	家禽	74.3	87.1	72.7	80.9	72.2	89.4		95.6		

資料:SSS [2000b]

*:集計の結果、資料の数値との間に一部不整合あり。
*2:0.02ha以上の農地を保有、または、牛・水牛を2頭以上あるいは豚・山羊を5頭以上あるいは20羽以上の家禽を飼養している世帯。

写真3-6 北部ラオスにおけるタイ系民族の集落景観(近景)
ポンサーリー県ブンヌァ郡にあるルーの村落

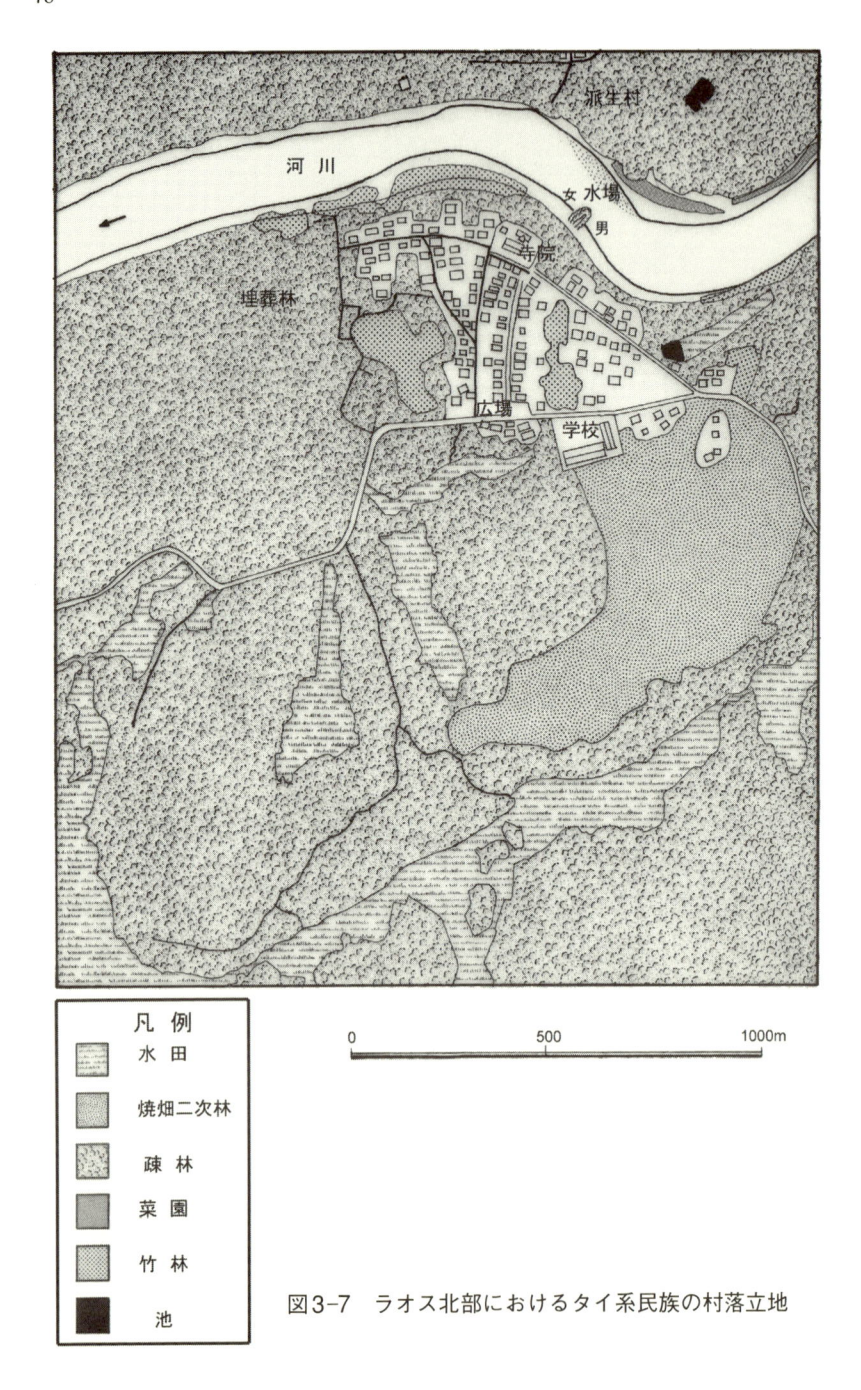

図3-7 ラオス北部におけるタイ系民族の村落立地

に高床で、階下は農具置き場や機織りに場所を提供するが、家屋の規模が大きくなると一階部分も煉瓦等で囲われ居住用に使われる。タイ系民族のうちでも特にルー、ユアン等の古い集落では家屋の規模も大きく、破風などの造作にも趣向を凝らしたものが多い（写真3-7）。

特に古い集落においては、家屋が密集していることから屋敷地は少ないがヤシ、マンゴー、タマリンド、バンレイシ等の果樹は集落内の随所にみられる。家屋の周囲でヴェトナム戦争とラオス内戦時の遺物である爆弾の薬莢等をプランター代わりに、ごく小規模にワケギ、ディル、コリアンダーなどの日常的に使われるハーブ類を作ることもある（写真3-8）が、この場合はニワトリなど

写真3-7 家屋の破風
造詣を施した大きな千木と、棟木と交差した鰹木状の棒が見える。（ルアンパバーン県チョームペット郡：ルー）

写真3-8 爆弾薬莢を利用したプランター
鎌などの農具地金としても、頻繁に利用される。

写真3-9 河岸での菜園
乾季に現れる肥沃な堆積地で野菜類の栽培を行う。
(ルアンパバーン県ルアンパバーン郡カーン川)

写真3-10 埋葬林の入口
埋葬林 *pā sā* と看板が標してあった。(ポンサーリー県ブンヌァ郡)

についばまれないように網などを張る。一般にレタス、ササゲ等の菜園 *sūan phak* は乾季の減水期に河岸、あるいは水田の畦畔等に作られる(写真3-9)ため、雨季には野菜が不足しがちである。農村では特に、普段からの非栽培植物の利用が多いが、この時期、不足した野菜は各種の野草や木の芽によって補われる[15]。

水田 *nā* / *thong nā* は、ほとんどの場合焼畑の場合と異なり、集落から比較的近い場所に立地する。作付されるのは主として糯品種であるが、詳しくは後述する。

タイ系民族の多くは上座仏教を信仰しており、伝統的な公共施設としての

意味合いを持った寺院が集落の中心部に布置されているのに対し、集落が古いほど学校や診療所といった行政サービス機関は周縁部に位置している。集落の外れには、多くの場合埋葬林 pā heo（ラオス一般では pā sā）と呼ばれる共同の墓地があり（写真3-10）、そこから、われわれの目には不連続に、集落は叢林へと移行する。

　周囲の森林は、焼畑に使われる疎林を含め県農林課[16]からの指導もあって、①保全林 pā sagūan、②水源保全林 pā pongkan、③再生林 pā somsai、④生産林 pā palit（または経済林 pā sēthakit）に分類されているが、これには焼畑農業を禁止している関係上焼畑地 thong hai の名称が恣意的に含まれておらず、井上が指摘しているように農林行政そのものが流動的で［1994: 113-114］、実際には概念や区分については集落ごとにまちまちである。

　タイ系民族の集落においてもほとんどの場合、陸稲やゴマなどの工芸作物を栽培する焼畑地[17]があり、集落の裏手から徒歩一時間以上の山地までに分布している。現在では土地配分上の規制があるため、一般には陸稲と工芸作物を交互に3～5年のローテーションで作付けが行われる。

　村人の主生業は、水田稲作とそれを補う陸稲を主とした焼畑にあると考えられており、籐、カルダモン、シェラック、ダマール樹脂などの森林産物の採集、あ

写真3-11　養蜂用巣箱
ルアンパバーン県ナムバーク郡（黒タイ）

るいは河川での漁があるにせよ、小規模でテンポラリーな副業にすぎないともいわれるが、実際にはこれらの活動が農村経済に果たす役割は小さくない[18]。また、ルーや黒タイは養蜂[19]（写真3-11）や製糖[20]（写真3-12～写真3-15）の技術を持っており、これらも貴重な物々交換あるいは現金収入の機会となっている[21]（写真3-16）。

一般的に、ラオスの女性（特にルーや黒タイなどのタイ系民族）は幼時より機

写真3-12 水車を利用した搾糖の様子
水力駆動横臥式双ローラー圧搾機。二段木栓歯車である。
（ポンサーリー県ポンサーリー郡：ルー）

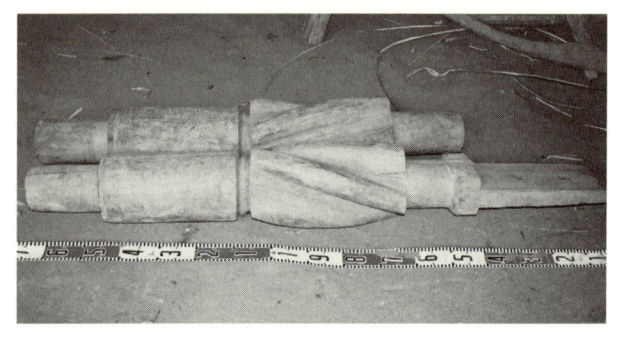

写真3-14
搾糖機 'it ō,iの歯車②
平行ウォーム（螺旋状）歯車をもつ水力駆動横臥式双ローラー。平行ウォーム歯車は、繰綿用の綿繰轆轤に広くみられる。
（ポンサーリー県ガーイヌァ郡：ルー）

写真3-13 搾糖機 'it 'ō̜i の歯車①
二段木栓歯車

写真3-15 搾糖機 'it 'ō̜i の歯車③
山形歯車の竪型双ローラー圧搾機。実際に使用する際には、水牛に牽引させる。
(ルアンパバーン県パークウー郡：ルー)

写真3-16 市での黒糖 nam ö̱i 販売
筒状のものなど、さまざまな形状がある。

写真3-17 綿轆轤 ʻīu fāi による繰綿の様子
ハンドルの付根に平行ウォーム歯車が確認できる。
(ポンサーリー県ポンサーリー郡：ルー)

織の技術を母親などから習い、自家消費用、あるいは販売用に主として木綿布（写真3-17）を織っており、集落によっては農村工業的に発展している[22]。また、集落によっては酒造、窯業、鍛冶、製塩などに特化しているが基本的には例外と考えてよい。

3-2-3 タイ系民族と水田稲作の技術

既に述べたように、ラーオをはじめとするタイ系民族は水田稲作を「伝統的に」主生業としてきたと考えられている。このことは、ラオス北部の稲作を考察する上で、改めて検討の余地があるが、ここでは取り敢えずこのまま論議を進める。

表3-12にルアンパバーン県における稲作生産の推移を示した。ルアンパバーンでは、全県の面積16,875km^2 [SSS 1997a: 22]に対して1998年の雨季水稲収穫面積[23]は9,530ha [PSOMAF 1999:27]、うち堰等による灌漑面積は7,862haである [PSOMAF 1999: 109]。乾季灌漑水田では受益面積を作付面積と看做すことが可能で、これが1,870ha [PSOMAF 1999: 109]であるにかかわらず収穫面積は1,568haになることを考慮すると、不安定な天水（第2章2-1-2参照）に頼っている雨季作の作付面積は実際には15,000haは下らないのではないかという感触を受ける。収量は雨季作・乾季作それぞれ籾重量で33,360トン・6,586トンで、収穫面積だけからみれば平均収量はヘクタール当りそれぞれ3.5トン・4.2トンとなっている [PSOMAF 1999: 47-48]が、この値については、特に雨季作について、聞取りで得た数値からみていささか高すぎる感触を受ける。

しかしながらこの生産量は、焼畑による陸稲生産57,451トン [PSOMAF 1999: 49]を大きく下回り、この地域における稲作農業が、むしろ陸稲によって支えられていることを示している。これは、聞取りを行ったほとんどのタイ系民族でさえ、常に水田と焼畑を同時に経営していることからみても明らかといえる。

表3-12 ルアンパバーン県における稲作生産の推移（1994～2003）

		1994	1995	1996	1997	1998	1999	2000	2001	2002	2003
雨季水稲	収穫面積 (ha)	8,772	8,449	9,113	9,300	9,530	9,900	9,800	10,255	10,670	11,155
	生産量 (ton)	26,316	22,942	27,400	31,000	33,360	32,800	32,200	35,290	39,480	39,042
	収量 (ton/ha)	3.00	2.72	3.01	3.33	3.50	3.31	3.29	3.44	3.70	3.50
雨季陸稲	収穫面積 (ha)	55,912	37,221	35,313	34,570	32,829	32,000	32,110	30,900	27,743	24,953
	生産量 (ton)	72,686	66,408	59,510	52,800	57,451	56,000	56,100	51,250	44,830	37,430
	収量 (ton/ha)	1.30	1.78	1.69	1.53	1.75	1.75	1.75	1.66	1.62	1.50
乾季灌漑水田	収穫面積 (ha)	392	742	1,140	880	1,568	2,300	1,800	2,100	2,010	1,800
	生産量 (ton)	1,435	2,715	4,290	3,340	6,586	7,700	7,380	8,700	8,380	7,740
	収量 (ton/ha)	3.66	3.66	3.76	3.80	4.20	3.35	4.10	4.14	4.17	4.30

資料：KKP [1996]；PSOMAF [1999]；SSS [2001]；DOPMAF [2004]

上記の収量では、籾収量をすべて合わせても97,397トンで、1999年の推定県人口406,000人［SSS 2000c: 18］に対し一人当り240kg[24]にしかならず、ラオスにおける精米の一人当り年間消費量が200kg［山口 1997: 328-329］に登ることを考えると、この不足分については、集落によって農家所得の40％を超える畜産・換金作物・の販売や［アジア人口・開発協会 1997:95］、森林資源採集などによって賄われていると考えられる。
　ラオスでも環境面等から昨今議論のある焼畑陸稲作については、いずれ検討の必要はあろうが、本節では、水田農業の技術を概観することを主たる目的としているので、それについて以下みてゆくことにする。

1）作付品種

　表3-13に、作付面積でみたルアンパバーン県各郡における稲作の概況を示した。既に述べたようにラオスでは一般に糯品種の稲が栽培されており、ルアンパバーン県全体でみると作付面積の91％に上っている。粳品種については、一部の民族を除くと多くの場合 khao pun と呼ばれる生ビーフンあるいは菓子類に加工されることが多い。表中ポーンサイ、プークーンの2郡で粳種の作付割合が高くなっているが、これは、タイ系農家に対してミャオ－ヤオ系およびチベット－ビルマ系農家の割合が高いためと考えられる。
　表3-13と表3-11の農家世帯の民族構成を比較すると、県内の全郡で雨季作陸稲は水稲を大きく上回っており、糯品種ならびに在来品種の栽培面積が圧倒的に多い。RD10、RD16[25]等の近代品種を作付けする乾季作の灌漑水田面積はいずれの地域でも小さく、パークセーン、ポーンサイ、ヴィエンカム、プークーンの4郡ではほとんど乾季作が行われていない。民族別農家世帯[26]についてみると、タ

表3-13　ルアンパバーン県おける稲作の概況（1998/99）

郡　名	農　家*		農地面積(ha)	合　計	稲作面積(ha)						品種別作付割合(%)		
	農家世帯数	稲作農家数*2			計	雨季作			乾季作				
						計	陸稲	水稲	計	陸稲	水稲	陸稲*3	糯品種	在来品種
ルアンパバーン	6,798	4,596	10,763	4,514	4,153	2,322	1,831	361	5	356	55.9	94.4	86.0
シェングン	5,249	4,798	10,056	5,133	4,695	4,170	525	219	0	219	88.8	89.1	93.3
ナーン	4,461	4,209	7,896	5,038	3,988	2,712	1,276	525	0	525	68.0	96.4	88.1
パークウー	3,767	3,652	6,621	3,775	3,665	2,920	745	55	0	55	79.7	88.2	97.2
ナムパーク	8,267	8,246	13,590	7,936	7,312	5,316	1,996	312	35	277	72.7	89.8	97.5
ゴーイ	6,175	5,949	18,519	6,889	6,821	6,408	413	34	0	34	93.9	97.5	100.0
パークセーン	4,192	4,163	4,799	4,044	4,044	4,044	0	0	0	0	100.0	98.0	100.0
ポーンサイ	3,757	3,665	7,024	3,162	3,150	3,019	131	6	0	6	95.8	81.8	95.7
チョームペット	4,345	4,020	4,854	4,113	3,559	2,233	1,326	277	0	277	62.7	94.0	92.5
ヴィエンカム	5,972	5,717	8,401	5,285	5,285	4,966	319	0	0	0	94.0	92.0	99.9
プークーン	2,735	2,585	5,613	2,834	2,820	2,626	194	0	7	0	93.1	81.5	99.5
全　県	55,718	51,600	98,137	51,286	49,492	40,735	8,757	1,794	40	1,754	82.2	91.2	95.4

資料：SSS［2000b］

*：0.02ha以上の農地を保有、または、牛・水牛を2頭以上あるいは豚・山羊を5頭以上あるいは20羽以上の家禽を飼養している世帯。
*2：作付面積0.01ha以下の稲作農家を除く。
*3：雨季作のみ。

イ系民族であるラーオ、プータイ、ルー、ユアンは、水田稲作を主生業にしているといわれているが、タイ系民族の農家世帯数が多数を占めるルアンパバーンやナーンなどの郡でも、雨季の陸稲作が卓越しており、ルアンパバーン県全体で陸稲に依存する割合は高い。一方、水田稲作がほとんど行われていないパークセーン、ポーンサイ、ヴィエンカム、プークーンの4郡では、クムを中心としたモン－クメール系民族の農家世帯が多くなっている。すなわち、ルアンパバーン県では、タイ系民族の稲作が基本的に水田と焼畑の双方に基盤を置いたものである一方、非タイ系諸民族は焼畑中心の稲作を行っていることがわかる。

　作付けされる在来品種については、各集落によってまちまちで、少なくとも2・3種類、多い場合には10種類近くが同時に植えられることがある。これは、食味等の面で劣っていると考えられるものでも、耐旱性、病虫害耐性等の面で選択されるためで、不順な気候条件等に対するリスク回避の側面を持っているといえる。

2) 農作業
2)-1 育苗：
①陸苗代：　播種 tok kā（特に陸苗代の場合 sak kā）は5月末から6月にかけて行われるが、陸苗代 tā kā bok では水苗代 tā kā nam よりも早い時期に播種される。理由は、陸苗代では雨季到来の雨を待つ必要が無く、また、より大きい苗を移植するためという。天水田では代掻きができる時期が降雨の始まりによって左右されるため、この影響を受けない陸苗代への播種が合理的と考えられている。

　5月初旬頃、本田の一部あるいは本田から少し離れた場所の草を刈り、良く均平してから150cmほどの掘棒 mai sak hūa を使って、10cm×10cmの間隔で一晩浸種した籾を一つまみおよそ20〜30粒ずつ点播する。播き穴の深さは中指長ほどであり、この際、特に灌水は行わない。

　掘棒に使われるのは、付近の疎林から切り出してきた材で、山刀を使って先を尖らせる他には、特別な細工は行わない。焼畑地での播種には鉄製の円錐穂先 lung をつけた掘棒や sīam と呼ばれる箆状掘棒（写真3-18）が用いられることがあるが、陸苗代播種のためには一般的でない。

　スズメ・鼠による食害のため、陸苗代の播種に使われる籾の量はヘクタール当り100kgと水苗代の40kgに比較して倍以上となる。特に、出芽期には鳥害が多くみられ、幼苗期にはカニによる根系への被害がある。

　収量において水苗代の場合と差が無いと認識されているにもかかわらず、陸苗代が好まれる理由は、丈夫な苗がとれ、成長が早いと考えられているためであ

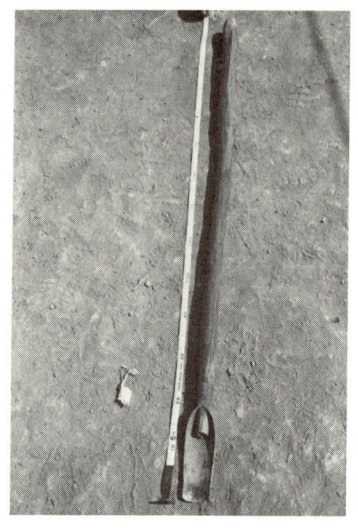

写真3-18 箆状掘棒 *sīam*
箆先は市場で購入し、自作の柄をつける。(ルアンパバーン県ルアンパバーン郡)

写真3-19 陸苗代
本田に接した疎林に作られたもの。

る。(写真3-19)

　水苗代の場合、播種は6月下旬以降になる。この時期を決定するのは既に述べた通り、降雨の始まりである。このため、1997年のように7月下旬まで降雨をみない場合、播種もそれにしたがってずれ込むことになる。水苗代の予措では、種子は浸水の後催芽させる場合があるが、これは陸苗代ではみられない。

②水苗代：　降雨後、水田の一部を水牛によって犂耕 *thai* する。これは表土の反転 *bak* を伴って普通2回で、その後杷掻け *khāt* が1回行われ、杷に取付けた *mai bō khāt* と呼ばれる竹製の器具によって均平される。これは、本田準備の際には余り用いられない。ハンドトラクターの普及度は、全国的に極めて低い（表3-14）。なお、犂については第5章で改めて詳細に検討する。

　耕起した部分に水を張り、播種して苗代とするか、15日から30日齢の苗を陸苗代から一次移植 *sam kā* し、二次苗代とする。一次移植は行われない場合もあるが、陸苗代からの二回移植がルーや黒タイの伝統的な農法であると考えられる。

　聞取りによれば、二回移植の利点として徒長防止、有効分蘖の増加があげられるが、インフォーマントによっては、単に習慣の問題であり、播種時期に代掻き

表3-14 ラオス各県におけるトラクター等の使用概況(1998/99)

県 名	農家世帯数*	稲作農家世帯数*2	耕耘・牽引動力			
			牽 畜		トラクター	
			使用農家数*3	(%)	使用農家数*3	(%)
ポンサーリー	24,393	23,663	3,868	15.9	105	0.4
ルアンナムター	19,777	19,437	3,789	19.2	1,117	5.6
ウドムサイ	33,365	31,914	7,375	22.1	1,485	4.5
ボーケーオ	18,844	17,866	2,634	14.0	6,798	36.1
ルアンパバーン	55,720	51,600	9,623	17.3	1,493	2.7
ファパン	36,942	35,932	17,834	48.3	429	1.2
サイニャブーリー	49,402	47,216	12,721	25.7	18,921	38.3
ヴィエンチャン首都区	48,580	39,268	5,199	10.7	32,703	67.3
シェンクアーン	28,081	25,629	14,056	50.1	994	3.5
ヴィエンチャン	43,672	40,446	6,933	15.9	26,327	60.3
ボリカムサイ	26,513	24,786	3,635	13.7	13,043	49.2
カムアン	43,618	39,803	25,318	58.0	10,505	24.1
サヴァンケナート	95,444	90,292	65,989	69.1	15,344	16.1
サイソムブーン特別区	7,619	7,281	3,107	40.8	1,084	14.2
サラヴァン	41,320	40,107	25,329	61.3	3,841	9.3
セーコーン	9,720	9,357	1,320	13.6	914	9.4
チャムパーサック	70,233	55,857	45,600	64.9	1,821	2.6
アタプー	14,758	13,730	8,987	60.9	762	5.2
全 国	668,001	614,184	263,317	34.5	137,686	19.4

資料:SSS[2000b]

*:0.02ha以上の農地を保有、または、牛・水牛を2頭以上あるいは豚・山羊を5頭以上あるいは20羽以上の家禽を飼養している世帯。
*2:作付面積0.01ha以下の稲作農家を除く。
*3:非自己所有を含む。

写真3-20 株播による水苗代
ここでは、一次移植は行われなかった。

を行うのに十分な水の確保が可能ならば時間的には無駄とみる向きもある。

　場合によっては本田内の一区画に設けられた陸苗代に水を引き、そのまま湛水させて二次苗代にすることもある。水苗代に対する播種方法としては、散播法 $kā\ vān$ と株播法 $kā\ nyat$[27]（写真3-20）がある。株播は、一つかみ100粒ほどの籾を20cm×20cmの間隔で置いてゆく。散播では、決して二次苗代は作られず約30日齢の苗をそのまま本田に移植するのに対し、株播では30日齢の苗を2～4株に分け、二次苗代に移植する。この場合の利点は、陸苗代における理由に加え、苗取り上の便宜がある。

　水苗代の苗は、陸苗代の苗に比べ根の張りが悪いといわれるが、それ以上に水苗代には、天水に頼る当地の水田にとって致命的な問題がある。というのは、本来陸苗代に播種可能な品種であっても、水苗代に播種後日照りなどで水が切れると、既に湛水条件に適応しているために枯死する可能性があるという点である。

　降雨の不足しがちな東北タイで調査を行った宮川は、「（東北タイにおける）天水田地帯では移植の可否が稲の生育よりもむしろ本田の水状態で決められる傾向にある。（中略）稲の生育が十分でも湛水がないかまたは水深が20cm以上の場合、田植は行われずに適当な水深になるのを待つために田植は遅延することになる。」［1991:26-27］と、報告している。

　これに対し、長田が指摘するよう「天水田の多い熱帯では、水不足などで本田の準備が遅れ、苗代期間が長くなり、不時出穂を起こすおそれが考えられる」［1995:29］ため、苗代日数が50日を超えるような状況は好ましくないと考えられるが、一方で、異なった苗代日数と1株苗数を組み合わせた比較収量試験の結果から、「不時出穂を起こしそうな老苗を移植する場合は、1株苗数をなるべく少なくするのが良い」［1995:32］としており、この点ラオス北部における二回移植法は合理性があるといえる。

　田中は、深水環境における二回移植栽培について「大陸部の二回移植法が（中略）深水田などの特殊な水文環境への適応形態」［1987:248］と指摘しているが、ここでは逆に、降雨開始時期の不安定性と、その後の降雨の不確実性という水文環境に起因する、苗代期間を過剰に長期化させないための技術と考えてよいかと思う。

　図3-8にラオス北部における苗代の類型を示す。

2)-2　本田への移植：

　苗代への播種後、本田が順次耕起される。耕起作業は苗代を作る際と同様に犂掻け2回で、その後杷掻けが1回行われる。普通、特に均平はされないが、ルー

第3章　農業と農村　91

図3-8　ラオス北部における苗代の類型

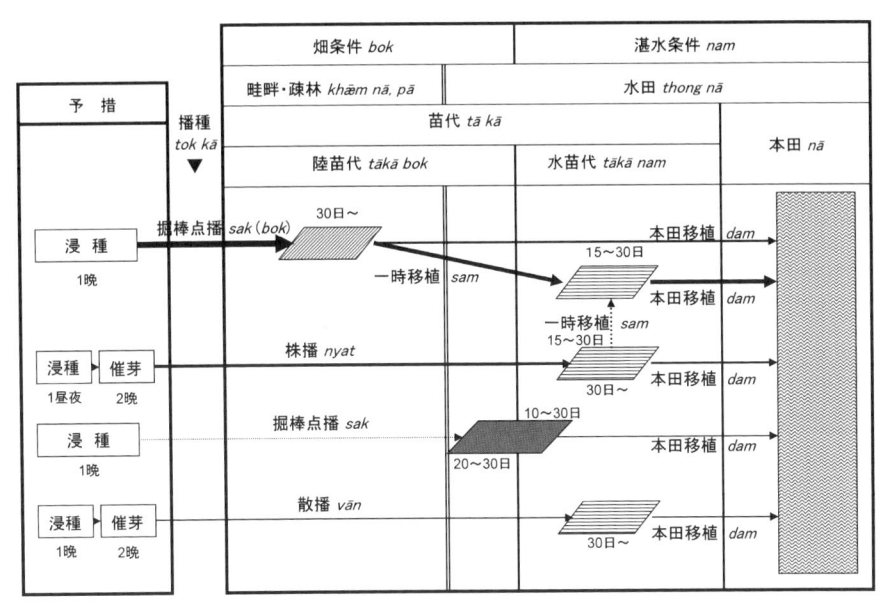

園江[1998:8]を一部改変。

写真3-21　竹製均平棒 bō khāt
特に本田用に作られ、苗代で使用されるものよりも大型になっている。
（ルアンパバーン県ナムバーク郡：黒タイ）

写真3-22 田植の様子
後退しながら挿し苗する。

写真3-23 苗の運搬
葉先を切り揃えた苗束を、運搬用竹竿 *mai khān* で刺して運ぶ。

表3-15 ラオスにおける暦注

十干	*mǣ mū'*	十二支	*lūk mū'*
甲	(一) *kāp*	子	*chai*
乙	(二) *hap*	丑	*pao*
丙	(三) *hwāi*	寅	*nyī*
丁	(四) *mǣng*	卯	*mao*
戊	(五) *pœk*	辰	*sī*
己	(六) *kat*	巳	*sai*
庚	(七) *kot*	午	*sangā*
辛	(八) *hūang*	未	*mot*
壬	(九) *tao*	申	*san*
癸	(十) *kā*	酉	*hao*
		戌	*sēt*
		亥	*khai*

や黒タイは本田の均平を行う場合もある（写真3-21）。耕起時には、前年に放置された稲藁や刈跡放牧による家畜の残渣がすき込まれる。

本田の耕起・均平がすべて終わった後改めて50日から60日齢の50～60cmに育った大苗を取り、竹ひごで10株ほど束ねてから先端を山刀で切り揃え、草丈30cmほどにして本田への移植 *dam nā* を行う。苗の先端を切る理由は、一義的にはこの時期既に苗はかなり育っているため、活着までの倒伏防止と作業上の便宜があり、農民たちには移植後の成長促進として認識されている。しかし、品種によっては最終的に草丈が150cm以上になるものもあって、この処理は逆に、金澤が指摘しているように、この時期の高温多湿環境下で徒長防止［1986:273］の効果が大きいと考えられる。

田植え作業（写真3-22）は一般的には女性によって行われ、男性は苗取りとその運搬を担うが（写真3-23）、明らかな分業にはなっていない。束ねられた苗は適宜水田内の随所に放られるが、この際田植の後見ともいうべき古老の指示によって、適正な量が配分される。挿し苗は一応の方向性を持つものの、基本的にはランダムに行われる。

労働投入は水田1ha当たり20～40人で一日分（朝8時～午後3時頃まで）の作業となり、これは主に近隣間で一種の結いによって相互に賄われている。ヴィエンチャンや南部と異なり北部ラオスでは雇用労働は全くといっていいほどみられないが、この種の労働交換の際、昼食と酒が水田の持ち主の負担となる。

2)-3 農耕に関する儀礼：

タイ系民族の農村では、主に太陰太陽暦による小暦 *Chula Sakkarāt: chō sō*[28] を基本として農作業を行い、西暦と同じ七曜日 *van* 以外にも十干 *mǣ mū'* と十二

表3-16 ラーオ暦の月名と各月の日数

月次	月名 *dū'an*	月日数	摘要
1	*chīang*	29	*dū'an 'āi*
2	*nyī*	30	
3	*sām*	29	
4	*sī*	30	
5	*hā*	29	正月 *songkān* は、5月 *dū'an hā* 白分6日から6月 *dū'an hok* 白分5日の間におく。
6	*hok*	30	
7	*chet*	29	閏日の閏年 *pī 'athikavān*（19年4閏）は30日とする。
8	*pǣt*	30	閏月の閏年 *pī 'athikamāt*（19年7閏）は2度繰返す *dū'an pǣt lun*。
9	*kao*	29	
10	*sip*	30	
11	*sip 'et*	29	
12	*sip sōng*	30	

Viravong［1970：12-13］を一部改変。

支 *lūk mū'* を用いた六十干支暦注 *phǣn mū'* を使用している（表3-15；表3-16）。特に、仏教と結びついた年中行事の多くは、1カ月を満月 *dū'an phǣng* までの白分 *dū'an 'ōk mai* ／ *khū'n* と新月 *dū'an dap* までの黒分 *hǣm* に二分した日付によって祭日[29]とされるほか、「丙 *hwāi*」および「辛 *hūang*」は一般に忌日とされ、生産に関する作業を慎む[30]とされている。

伝統的なタイ系民族の水田農耕では、田の精霊 *phī tā hǣk* および稲魂(いなだま) *khūan khao* に対する信仰がみられる。田の精霊は、地霊的なもので水田を司り、稲魂は稲の生育と豊穣に関わるとされる。

吉日（ルアンパバーンのルーでは金曜日。土曜・月曜が次善）を選んで本田の一部を1m四方ほどに竹ひごを星型に編んだ *tā lǣo* を付けた竹竿で斎囲とし、そのうちの一辺に *thūp khao hǣk* という竹編みの小祠（写真3-24）を設けて田の精霊を祀る。ここには花、ビンロウヤシ、紙巻き煙草、ロウソク・線香を供え、収穫までの間取り壊されず水田を守る。これは水田の持ち主、または集落の古老によって執り行われ、この後に田植えが始められる。また、鶏を供えて招魂儀礼 *sū khūan khao* を行って稲魂を招き、本田移植に先立ち当年の作物が鳥獣からの食害を被らずに豊かな稔りを迎えられるよう祈願する。

写真3-24 儀礼用小祠
奥が *tūp khao hǣk*、その周囲を *tā leo* で囲う。以前 *tā leo* は牛革・水牛革等で作られることもあった。手前には、葉先を切り揃えた移植用の苗束が見える。
（ルアンパバーン県ルアンパバーン郡）

現在、特にラーオの間では農耕に関する儀礼や慣習が急速に無くなりつつある。これについては後程考察するとして、播種の際には特別の儀礼はみられないものの、一部で尊属（特に父母）の命日にはこれを行わない、あるいは播種をした曜日と同じ曜日には移植を行わない（例えば木曜日に播種した場合、木曜を避ける）といった禁忌がみられる。理由としては、収量が落ちる、あるいは病虫害を被るという。

表 3-17　ラオス各県における水田の灌漑概況（1998）

県　名	総灌漑面積 (ha)		揚水灌漑				重力灌漑			溜池灌漑		
	雨季	乾季	堰数*	雨季	乾季	ポンプ数*	雨季	乾季	堰数*	雨季	乾季	溜池数*	雨季	乾季
ポンサーリー	4,809	1,054	3,474	4,331	854	6	45	25	11	388	175	2	45	—
ルアンナムター	8,514	4,171	—	1,355	—	8	2,690	2,690	25	3,343	890	9	231	34
ウドムサイ	11,804	1,393	780	4,638	599	28	176	117	58	6,331	501	3	190	—
ボーケーオ	6,867	597	70	1,936	500	—	—	—	36	4,477	84	7	437	12
ルアンパバーン	7,862	1,870	2,297	2,993	—	54	209	104	121	4,660	1,766	—	—	—
ファパン	9,301	1,868	2,150	4,129	—	69	830	300	35	2,975	1,298	1	656	—
サイニャブーリー	16,043	2,230	1,889	8,367	314	6	620	620	56	6,363	1,184	12	693	112
ヴィエンチャン首都区	36,978	13,262	3,000	4,608	100	80	22,955	10,797	3	220	106	5	9,055	2,200
シェンクアーン	15,145	1,567	1,495	6,242	430	2	73	—	50	6,970	955	17	740	15
ヴィエンチャン	22,067	8,436	208	9,299	13	41	8,640	7,351	31	3,642	1,022	7	1,040	30
ボリカムサイ	11,162	6,342	7	122	42	56	6,011	4,671	43	1,298	369	184	1,406	40
カムアン	16,243	6,172	—	1,200	1,200	136	11,061	4,373	16	2,637	447	5	250	110
サヴァンナケート	20,060	9,411	655	5,160	—	49	9,805	7,815	31	1,530	480	29	2,575	761
サイソムブーン特別区	3,092	1,479	69	52	20	20	1,252	952	15	1,520	372	1	50	40
サラヴァン	8,055	5,415	13	193	133	38	2,195	1,985	26	4,528	2,502	7	49	25
セーコーン	2,215	1,130	—	107	43	1	100	100	18	1,740	987	3	256	—
チャムパーサック	12,306	7,999	—	—	—	202	8,240	4,470	25	4,066	3,529	—	—	—
アタプー	4,370	604	4	214	46	9	1,210	503	23	2,872	56	—	—	—
全　国	216,893	75,000	16,111	54,946	4,294	798	75,513	46,873	623	59,560	16,722	285	17,673	3,379

資料：PSOMAF[1999]

*：単位（個）

2)-4　灌漑状況：

　ラオス北部では平野に乏しく、水田もほとんどの場合山間の窪地に沿って一筆一筆の小さな棚田状に作られるため、移植は低みから始められる。

　前節3-1で指摘したように、灌漑率そのものは高いものの、小規模な水系に依存した田越し灌漑が支配的であり、伝統的な灌漑システムや水利用組織はあまり見られない。これはひとつには、水田のほとんどがパッチ状に散在し、同じ水系を水源とする近接した水田が少ないために、個々の堰等の受益者間でこれを管理する技術や組織が発生しなかったためと考えられる。北タイに成立したユアンの国であるラーンナータイでは、発達した灌漑システム $m\bar{u}'ang\ f\bar{a}i$[31]を持っていたのに対し、ルアンパバーンを中心にラーオが成立させたラーンサーン王国では、これと極めて対照的である。

　ラオス各県における灌漑の状況について表3-17に示す。ラオス北部では伝統的な灌漑方法として、主にユアンやルーが堰 $f\bar{a}i$（写真3-25）を利用するほか、ヴェトナム・ライチャウ省ディエンビエンフーからルアンパバーン北部にかけて黒タイ[32]が大型の水車 $kong\ phat\ nam$（写真3-26）による灌漑を行っていることで知られている。また、田越しに水を汲む $kas\bar{o}$（タイ語〈シャム語〉では、$chong\ l\bar{o}ng$ と呼ぶ）と呼ばれる揚水柄杓（写真3-27）が、ミャンマー・シャン州までひろくみられる。

2)-5　その他の作業：

　乾季作の場合と異なり、ほとんど施肥は行われない。稲藁等のすき込みのほか

写真 3-25
ラオス北部における伝統的堰
ルアンパバーン県シェングン郡

写真 3-26 揚水水車
乾季水田灌漑用
（ヴェトナム・ライチャウ省：Tay）

写真 3-27 揚水柄杓
シャン州のもの。これは木製であるが、多くは竹の網代編。

表 3-18 ラオス各県における肥料・農薬の投入状況（1998/99）

県　名	農家世帯数*	土地保有農家数	肥料等投入状況（%）					
			肥　料				農　薬	
			非施用	有機肥料	化学肥料	有機肥料 化学肥料	非施用	施　用
ポンサーリー	24,393	24,251	94.5	0.2	4.7	0.5	90.6	9.4
ルアンナムター	19,777	19,539	91.6	5.0	2.0	1.4	97.8	2.2
ウドムサイ	33,365	33,169	93.3	4.7	0.6	1.4	97.9	2.1
ボーケーオ	18,844	18,570	87.4	8.2	2.3	2.1	96.2	3.8
ルアンパバーン	55,720	54,791	89.5	4.6	3.7	2.1	91.5	8.5
ファパン	36,942	36,712	83.8	13.1	1.2	1.9	93.3	6.7
サイニャブーリー	49,402	48,534	71.5	15.5	3.8	9.2	96.1	3.9
ヴィエンチャン首都区	48,580	42,455	23.1	10.7	42.6	23.6	78.9	21.1
シェンクアーン	28,081	27,273	56.3	27.2	2.0	14.6	89.8	10.2
ヴィエンチャン	43,672	41,657	62.2	7.5	13.1	17.3	75.3	24.7
ボリカムサイ	26,513	25,479	58.2	10.1	16.8	14.9	82.2	17.8
カムアン	43,618	42,051	37.0	27.3	10.7	25.0	85.9	14.1
サヴァンケナート	95,444	92,934	26.5	22.5	10.7	40.3	89.1	10.9
サイソムブーン特別区	7,619	7,281	79.6	14.9	1.4	4.1	87.2	12.8
サラヴァン	41,320	40,914	38.6	17.3	13.8	30.2	95.4	4.6
セーコーン	9,720	9,525	86.9	6.2	4.1	2.8	95.1	4.9
チャムパーサック	70,233	67,627	31.5	20.5	12.0	36.0	88.2	11.8
アタプー	14,758	14,426	61.2	30.1	4.0	4.7	89.7	10.3
全　国	668,001	647,188	65.2	13.6	8.3	12.9	90.0	10.0

資料：SSS［2000b］

*：0.02ha 以上の農地を保有、または、牛・水牛を 2 頭以上あるいは豚・山羊を 5 頭以上あるいは 20 羽以上の家禽を飼養している世帯。

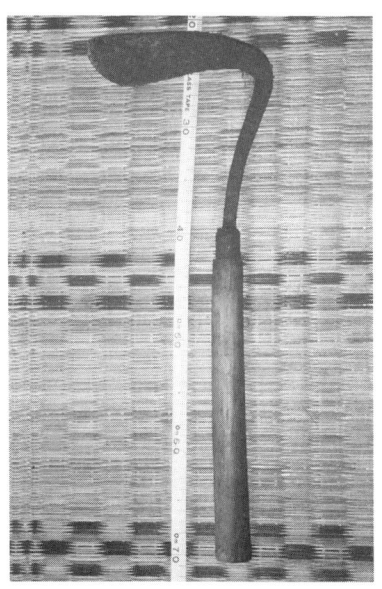

写真 3-28 除草用手鋤 væk
ルアンパバーン県パークウー郡：ルー

には、場合によって鶏糞・牛糞などの有機物が少量投入されるだけである。化学肥料等の投入は全国的にヴィエンチャン首都区を除いてまれであり、特に北部では有機肥料も含めて施肥の割合は極めて低くなっている。(表3-18)

　除草作業は移植後30日程度で、主として手取りによって行われる。畦畔では山刀、鎌などの器具が用いられることがあり、焼畑では$v\bar{a}ek$呼ばれる除草用手鋤(写真3-28)が用いられるのに対し、水田内ではほとんど使われない。2回目の除草がその後20〜30日で行われると、草丈も十分に得られ、雑草との競合に負けなくなるため、その後は行われない。生育期間中の病害虫等は、播種直後ではスズメによる種子の食害、陸苗代では幼苗期にカニによる根系への被害、ウンカやメイガなどがあるが、特別重要な生産阻害要因とは考えられておらず、いずれも積極的な防除策はとられない。表3-18にみられるよう、除草剤・農薬等はほとんど使用されていない。

2)-6　収穫・貯蔵・調整：

　11月を目前にした頃から早生品種の収穫が始まる。水稲の刈入れは鎌による株刈で、刈られた稲は畦畔や水田面に並べられ、そのまま2日から5日の間乾燥させた後束ねられ、順次穂を内側にして円錐状に積み上げて乳とし(写真3-29)、脱穀を待つ。稲架による乾燥はみられない。

　種籾は、水田の中から予めしいな等の少ない一画を選んだ後、充分に登熟させるため最後に刈り取られ、直ちに脱穀・風選が行われる。刈入れは、脱穀と平行して順次中生種・晩生種と断続的に行われ、最終的には12月中旬まで続く。

　脱穀は、伝統的には水田の一画を均平し、田面に水で練った水牛糞を塗付けて乾燥させた脱穀場を設けて行われる。脱穀場の周囲は藁縄を巡らせてあり、本来的には結界の意味があったと想像できるが、籾の飛散防止が図られている。かつては、竹筵を敷いてこれに代用することが場合によりみられた(写真3-30)が、現在ではほとんどの場合、整地した上にビニールシート等を敷いて行われている。ビニールシートは簡便なため、近年急速に普及し、伝統的な脱穀場の造成はみられなくなってきている。

　一人が木製のタタキ台 $ph\bar{a}eng\ t\bar{i}\ khao$ に稲巻棒 $kh\bar{o}n\ t\bar{o}n$ を用いて稲束を2・3度叩き付け(写真3-31)、おおよその脱穀を行った後打穀棒 $kh\bar{o}n\ t\bar{i}$ (写真3-32)で叩き、残りの籾を落としてから藁は放棄され、水牛等の刈跡放牧に供される。この後、籾は大きな団扇で風選され、雑嚢や籠に入れて屋敷地に運ばれる。

　屋敷地内には高床の穀倉(写真3-33)があり、吉日を選んで古老又は家長が主催して稲魂を招く儀礼が簡単に行われ、籾が貯蔵される。種籾はネズミ等から

写真3-29 脱穀場の様子
稲束を円錐形に積み上げ、頂部に花を飾って乳(ニュー)とする。

写真3-30 縦型タタキ台と脱穀用竹筵
丸太の形状を利用した槽型タタキ台。使用しないときは、脚をはずして収納する。
(ポンサーリー県ポンサーリー郡:ルー)

写真3-31 稲巻棒による打付け脱穀の様子
ルアンパバーン県ルアンパバーン郡

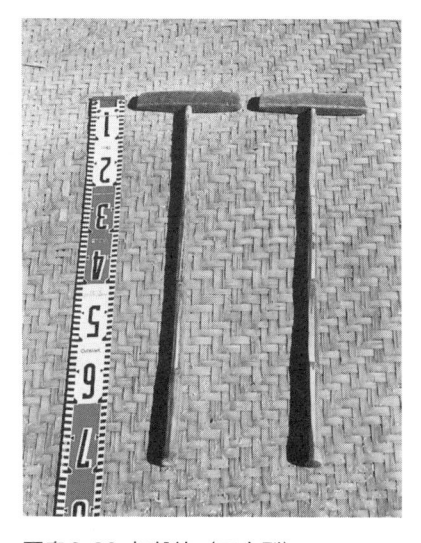

写真3-32 打穀棒(丁字型)
ポンサーリー県ポンサーリー郡:ルー

写真3-33 穀倉
高床式で、床下の柱にトタン板を巻いて鼠返しとしている。新米を収蔵した際につけた星型のターレオが見える。

写真3-34 籾貯蔵用竹籠
左は子割の竹、右は竹を開いて潰したもので網代に編んである。

第3章　農業と農村　101

の食害を防ぐため、一斗缶などに詰めて、多くは屋内に保管される。穀倉を持ち得ない場合、貯蔵は竹で編んだ大型の籠を水牛糞で目止めして（写真3-34）行われる。この籠は高床の階下に置かれ、回りを竹製の筵で囲う。

　一連の脱穀作業は、元来収穫祭的な色彩を持った結いによる労働交換であったが、灌漑の普及により、乾季作が浸透してくるにつれ、その準備のために作業は簡素化される傾向にある。

　必要に応じて精米が行われる（写真3-35～写真3-37）が、現在ではほとんどの場合集落内にディーゼルエンジンを使った精米機を備えた精米所があり、村人は随時そこを訪れて精米を行う。精米は多くの場合、糠が精米所の取り分となって料金の受け渡しはないが、そうでない場合100から150キープ（1997年当時10円程度）が籾一斗に対して精米料として支払われる。この場合の糠の所有については、多く依頼者に帰する。糠は、畜肉中もっとも高価な豚の飼料となる。

　乾季作、焼畑を含むラオス北部での稲作作業暦の例を図3-9に示す。

3-2-4　農具からみたラオス農業

　一部については前項において農作業の過程の中で触れたが、本項ではラオス農業を特徴付ける農具について個別に検討してみたい。

　ここでは筆者の調査に加え、ラオスと鹿児島地方における広範な資料に基づいて編纂された川野らによる秀逸な図録［1998］を参考にした。

1）耕具

　ラオスにおける農業生産の中心である水田稲作は、耕起－砕土－均平という地拵えの作業体系で成り立っている。この際、耕起に使用される犂（写真3-38）は、耕具の中でもラオス農業の中心的役割を担っており、また、本研究の課題であるタイ文化圏における農耕文化の様相を分析する上で、重要な意味合いを持っているため、耙（写真3-39）とあわせて第5章において詳しく検討する。

　また、このほか菜園などには鍬（写真3-40）が用いられるほか、一部では苗代の均平に朳（写真3-41）が使用される。耙（写真3-42）は、菜園における残渣除去のほか、鍬と併用する場合もみられる。

2）鎌と手鋤
①鎌

　ラオス北部の鎌は、刃と柄の接合方法の面からみると、刀身を柄に差込む挿入式と、筒状にした金属部に柄を差込む被せ式の二方式がみられる（写真3-43; 写

図3-9 ラオス北部における稲作作業暦

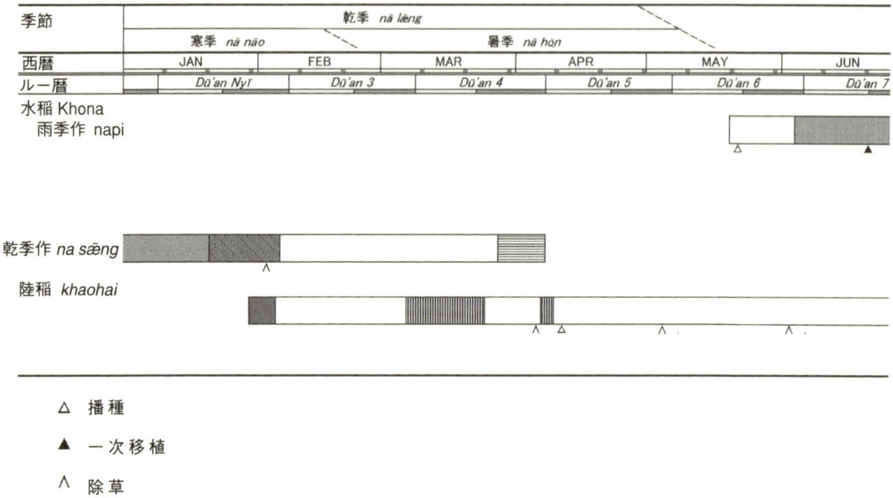

季節	乾季 nǎ lɛ̌ɛng					
	寒季 nǎ nǎo		暑季 nǎ hɔ̌n			
西暦	JAN	FEB	MAR	APR	MAY	JUN
ルー暦	Dü'an Nyī	Dü'an 3	Dü'an 4	Dü'an 5	Dü'an 6	Dü'an 7

水稲 Khona
　雨季作 napi

乾季作 na sæng

陸稲 khaohai

△　播種

▲　一次移植

∧　除草

写真3-35　足踏碓 kok
脱穀のほか、生ビーフン khao pun 用の製粉にも用いられる。

写真3-36　添水碓(バッタリ) kok nam
杵の後部を太いまま残して刳り抜き、水受けとしたもの。

第3章　農業と農村　　103

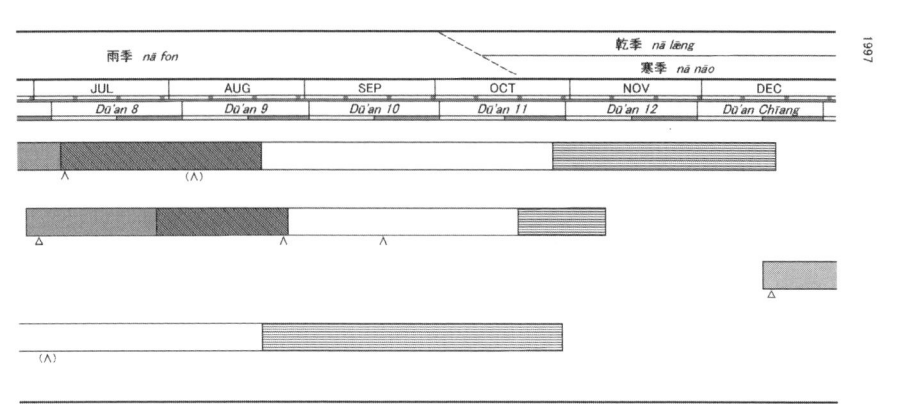

雨季 nā fon			乾季 nā lɛ̄ng		
				寒季 nā nāo	
JUL	AUG	SEP	OCT	NOV	DEC
Dü'an 8	Dü'an 9	Dü'an 10	Dü'an 11	Dü'an 12	Dü'an Chīang

1997

■ 水田犂耕（苗代での育苗期）　▨ 苗取と本田への移植　☰ 刈入・調整・貯蔵　■ 伐開　∥ 火入

写真3-37　水車 *kong phat nam* による脱穀の様子
本流に石を組んでしがらみとしている。車軸に直交する羽根が杵を押し下げ、水車が1回転で2回搗く。

写真3-38 犂
犂鑱(りへき)をもった枠型犂。(ルアンナムター県ナムター郡:黒タイ)

写真3-39 耙
ラオス全国で広く使われている而字型の耙(まぐわ)。北部のものに比べ大型である。(サヴァンナケート県カンタブリー郡)

第3章　農業と農村　105

写真 3-40　鍬
鍬先は市場で購入したもの（中国製）。(ポンサーリー県ポンサーリー郡)

写真 3-41　朳による本田の均平
シェンクアーン県ペーク郡

写真 3-42　杷
ポンサーリー県ポンサーリー郡

写真3-43 鎌 *kīao*
三日月形刃鎌であるが、刃の大きさに大小がある。
(ルアンパバーン県パークウー郡：ラーオ)

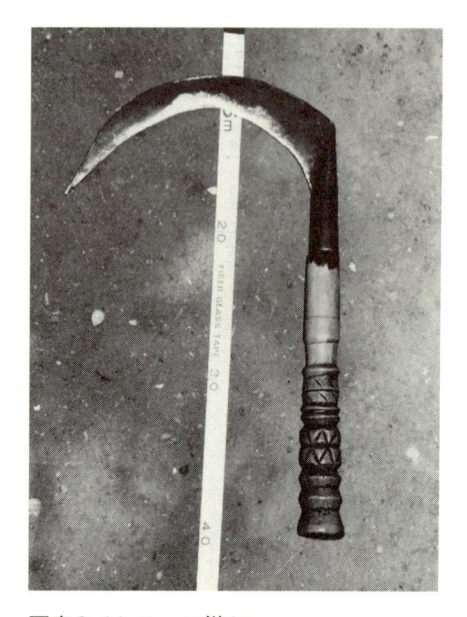

写真3-44 ルーの鎌 *kīao*
被せ式刃鎌
(ルアンパバーン県パークウー郡)

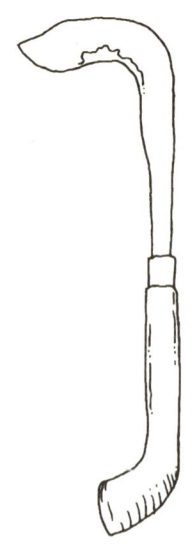

図3-10 ルアンパバーンにみられる鉤形鎌

真3-44)。ラーオは一般に挿入式を使用しており、$k\bar{\iota}ao$ と呼ぶ。ルーは被せ式鎌を使用し、これを $kh\bar{\iota}o$ と呼んでおり、ルー以外の民族は被せ式のものを $k\bar{\iota}ao\ nok\ kok$（オオハシ鎌）と呼ぶ。鎌に関する語の無気音・有気音の対立（k と k^h）はタイ語（シャム語）の「鎌」と「刈り取り」でもみられる。

　形状でみると、主にルーが使用している被せ式刃鎌は比較的一律だが、挿入式の鎌については刃の形状に三日月形のものと鉤形のもの（図3-10）とに分けて考えることができる。また、三日月形のものが刃鎌中心であるのに対し、鉤形については鋸鎌（写真3-45）もみられ、ミャンマー・インレー地方のチベット－ビルマ系民族であるインダーが使用しているもの（写真3-46）に類似している。

　このほか、刃の形状にかかわらず柄の長さに対して刀身がかなり小型のもの（写真3-47; 図3-11）がみられる。このタイプは、主に焼畑を中心に行っているクムなどの集落でみられ、起源については不明点が多いが、現在のところ、独自のものであることを示す材料は得られていない。しかしながら、後述するようにモン－クメール系民族は、もともと鎌を使用していなかったと想定され、これらの小型鎌は、本来水田に使用されていた鎌の焼畑地における、穂刈りまたは茎の高い位置で株刈りに対する適応型として考えることができる。

②穂積具・爪鎌

　ルアンナムターからボーケーオにかけて住んでいるミャオ－ヤオ系民族のランテン（藍靛瑶）_{てんらんヤオ}は、穂首刈りで陸稲の収穫を行う。補論7-2で挙げた民族分類上はイゥミェンに分類されるランテンは、ラーオファイとも呼ばれ、Chazée がルアンナムター県における集落に関して報告を行っている［1999:108-128］。写真3-48はルアンナムター県で使用されていた爪鎌で、水牛の角を削った薄板に剃刀の刃を挿入している。一方、写真3-49はボーケーオ県のもので、形状はかなり異なり、大型で木製の握りを持っている。

　また、ヤオ（イゥミェン）、フモンのほか、モン－クメール系民族の一部ではこれらの道具による穂首刈りがみられるが、これらはすべて陸稲に限られ、水田耕作を行っているモン－クメール系民族の場合でも水稲の収穫時には、鎌を使用する。

③手鋤

　L字型の鉄製刀身に竹または木製の柄をつけた除草具。中国西南部では小鋤頭と呼ばれ、渡部は西双版納（シーサンパンナ）の諸民族の必需品と報告している［渡部 1997:33］が、ラオス北部でも民族にかかわらず一般的に使用されている。これは、日本で

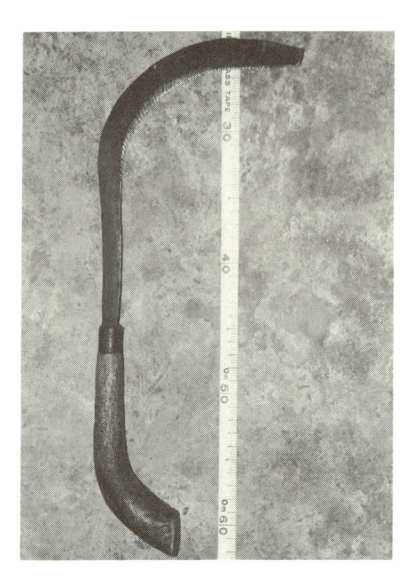

写真3-45 鋸鎌
クムが使用していた。
(ルアンパバーン県チョームペット郡)

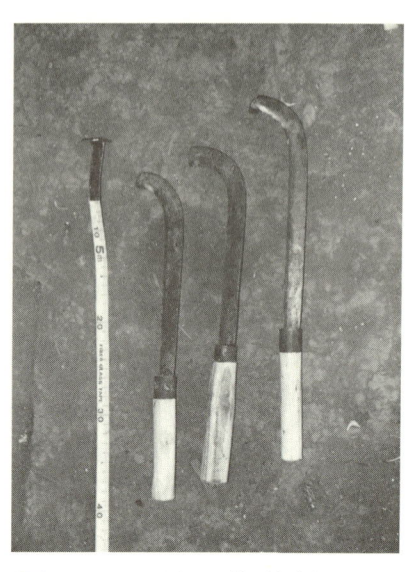

写真3-46 インダーの鉤形鋸鎌
ミャンマー・インレー地方

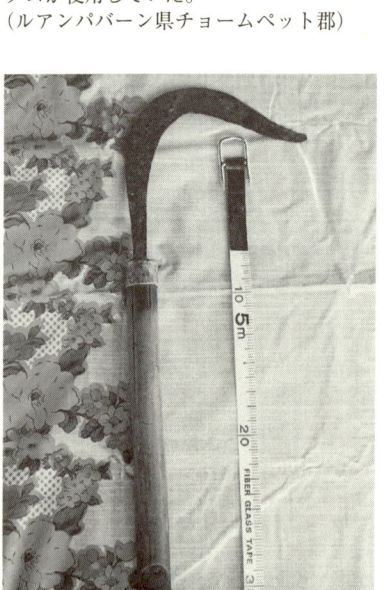

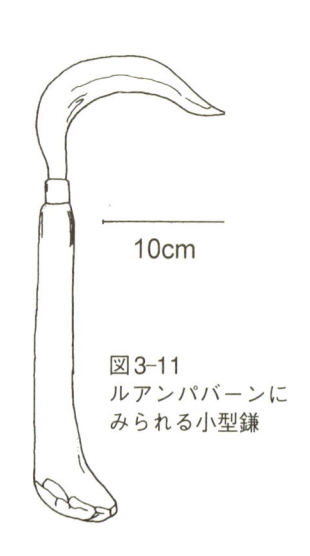

写真3-47 クムの三日月形刃鎌
相対的に刃が小さく柄が長い。
(ルアンパバーン県ヴィエンカム郡)

10cm

図3-11 ルアンパバーンにみられる小型鎌

第3章 農業と農村　109

写真3-48 爪鎌
水牛の角を細工し、薄い鉄製の刃がつけてある。
ルアンナムター県ナムター郡（ランテン）

写真3-49 穂摘具
ボーケーオ県ファイサーイ郡
（ランテン）

写真3-50 手鋤①
ルアンパバーン県ルアンパバーン郡（クム）

写真3-51 手鋤②
特に小型（全長約30cm）のもの。
（ポンサーリー県クアー郡：ルー）

写真3-52 手鍬③
鋤の様に前方に刃付けがしてある。
（ポンサーリー県ポンサーリー郡：ルー）

も鹿児島県の一部などで使用されているテグワやトゲベラといった小鍬(こぐわ)と同系の形状をしている［川野ら1998: 17-18］（写真3-50～写真3-52）。

ラーオ語では「クサギリ」の意味にあたる *sīa yā* または *vǣk* と呼ばれ、耕起には用いられず、主に焼畑地の除草に使用されるもので、水田ではほとんど使用されない。ウェークはクム語の *vêêr* あるいは刃物一般を示す *vèk* に起源するとみられ、焼畑農耕を起源としながら、早い時期に雲南からラオス北部にかけてタイ系民族の農業に取り込まれたものと考えられる。ルー語では *phā ngā*（曲鉈(なた)）と呼んでいる。

大小さまざまなサイズのものがあり、普通長方形の刀身側面から先端にかけた二方、または半月型の曲線面に刃がつけられており（写真3-50）、左右に払うように使用されるが、鋤のように先端だけに刃をつけたものもみられる（写真3-52）。全長で30～60cm、刃渡りで5～15cmと、大きさにはかなりの開きがみられる（写真3-51）。鍬(くわ) *chok*（写真3-40参照）は菜園以外ではほとんど使用されないが、フモンでは菜園のほか、一部焼畑地の除草にも使用される（写真3-53）。

3）その他の農具
①収穫籠：

ラオスの焼畑稲作を特徴付ける農具の一つに、収穫籠がある（写真3-54）。これは、主にモン―クメール系の住民が陸稲の収穫の際に限定して使用する小型の竹製籠で、竹と紐を組合わせて作ったベルトを使って下腹部に固定し、素手でし

第3章　農業と農村　111

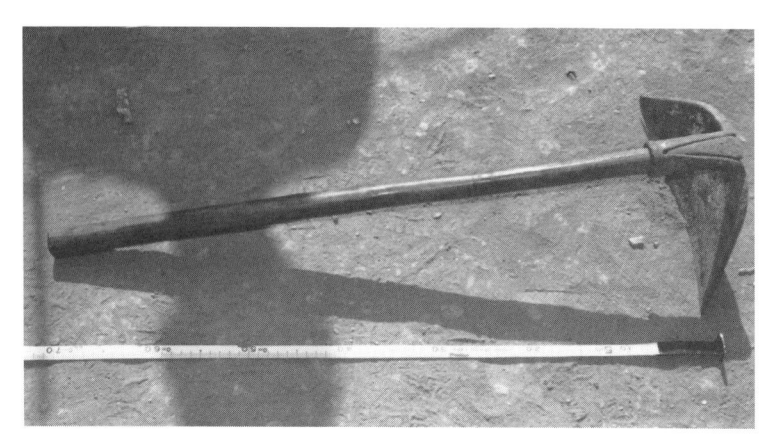

写真3-53　フモンの引き鍬 lāo
フモンが主に菜園で使用する。
鍬先は自家製。
(ルアンパバーン県ルアンパバーン郡)

写真3-54　陸稲収穫籠
大きさにはかなりのバリエーションがある。
(ルアンパバーン県ルアンパバーン郡：クム)

ごいた稲穂から落ちる籾を受けるのに用いる。ラーオ語では*salō*、クム語では*bêêm*と呼ばれるが、ヴィエンチャン以南に分布しているクム以外のモン-クメール系民族[34]の間でもよくみられる。

フモンやランテンなど、他の焼畑を中心に稲作を行う民族が、穂積具や鎌によって収穫をするのに対し[35]、東南アジアを広く見聞している古川が南部のセーコーン県において、この収穫籠を使用した収穫の様子を特別な関心をもって観察している［古川 2000:34］が、ラオス北部の山地斜面でみられる脱粒性の高い陸稲在来品種の収穫には、不可欠な道具の一つである。

ラーオ語では農業に関する基本語彙についても地域差（方言）が大きいにも拘らず、稲の収穫については、「鎌で稲を刈る*kīao khao*」とともに「扱いて籾を取る*hūt khao*」の語がほぼ全国的に使用されており、外来のものでありながらラーオの農業と密接に結びついた技術であることが考えられる。

田中は手だけでの穂摘み技術は、東南アジア島嶼部で行われている「マレー型稲作」において穂摘具の使用よりも古い収穫の方法であったことを想定しており［田中 1991: 349］、島嶼部では、現在よりも広い範囲で穂摘みが行われていたと示唆している［1991: 349］。このことは、東南アジア大陸部最古であるオーストロネシア語族系民族の文化が、クムをはじめとしたオーストロ-アジア語族のモン-クメール系民族によって引き継がれ、その後北方から移動してきたタイ系民族との密接な技術的・物質的交流によって定着したものであると想像できる。

②脱穀具

稲巻棒：

多くの場合乾燥後の稲束は、稲巻棒*khān tāng*（写真3-55）で巻き締めて打ちつけが行われる（写真3-31参照）。稲巻棒による脱穀は、雲南からカンボジアまで東南アジア大陸部のほぼ全域でみられ、鹿児島などにみられる「マッボ」と同様の形状で［川野ら1998:24］2本の

写真3-55 稲巻棒
2本の棒を水牛の革で繋いである。
ルアンパバーン県パークウー郡（ルー）

棒の先端と先端20数cmを水牛の革または紐で繋いである。ラオス中部以南では *mai kang* と呼ぶことが多い。

　Vespadaらは、タイの稲作文化を紹介する著書の中で農具についても言及しているが、稲巻棒 *mai nīp* を「東北地方で頻繁に使用される」［Vespada ed. 1998: 138］としており、1939年にタイの稲作事情を視察した森も、同様の打穀法を確認しているものの、水牛による踏付け脱穀が普通に行われる方法である［1940: 49-51］としていることから、タイ中部平原の稲作では、稲巻棒の使用は一般的でないものと考えられ、農耕技術上異なった文化的背景を持つ一例を示しているといえよう。

打穀板：

　ラオス北部でみられる打付け脱穀には、タタキ台 *phǣng tī khao*（中国では擯穀架と呼ばれる。）がしばしば用いられる（写真3-30; 写真3-31参照）。北タイのユアンは大型の竹笵（同、擯穀籠。）を使用することが知られているが、ラオス北部では確認していない。

　タタキ台は川野が「麦を中心に、トボシといわれる東南アジア系の赤米の脱穀に用いられていた」として西南日本での使用を報告しており、東南アジアとの関係を指摘している［川野1998: 92-95］。

　ラオスにおけるタタキ台の形状については、長方形の横型と縦型があり、打穀

写真3-56　縦型タタキ台
ルアンパバーン県シャングン郡（ユアン）

写真 3-57 槽型タタキ台
ウドムサイ県ベーン郡（ルー）

写真 3-58 簀の子状タタキ台
ルアンナムター県ナムター郡（黒タイ）で観察したが、ヴェトナム・ライチャウ省のThayも同様に簀の子状タタキ台を使用していた。

面が平面の板型（写真3-56）と左右が立ち上がった槽型（写真3-57）がみられる。また、打穀面が一枚板のものと簀の子状（写真3-58）になったものがある。簀の子状の打穀面を持ったタタキ台は、筆者の調査でもヴェトナム・ライチャウ省のThay（黒タイ）の集落でも観察され、川野は、ミャンマー・シャン州のシャンが、割り竹を簀の子に渡したタタキ台を使用していることを報告している［1998: 94］。

打穀棒・打穀棍：

　稲巻棒によっておおよその脱穀を行った後、打穀棒 $khān\ tī$ を両手に持った数名が両足で蹴り上げながら稲束を叩き[36]（写真3-59）、残りの籾を落としてから藁は放棄され、水牛等の刈跡放牧に供される。この後、籾は大きな団扇で風選され、雑嚢や籠に入れて屋敷地に運ばれる。

　打穀棒にはJ字型と鉤型のものがあり、丁字型が主に木製または竹製の棒に木製の頭部を装着して撞木形を呈している（写真3-32参照）のに対し、鉤型は竹を曲げたり、木を削るなどして作られている（写真3-60）。またルーは、より大

第3章 農業と農村　115

写真3-59　打穀棒による脱穀の様子
両手に丁字型打穀棒を持って、足で蹴上げながら脱穀する。
(ルアンパバーン県ルアンパバーン郡：ラーオ)

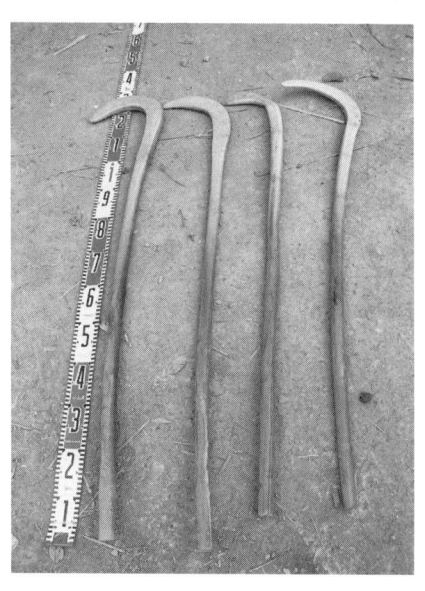

写真3-60　鉤型打穀棒
これは木製であるが、竹も同様に利用される。
(ウドムサイ県ベーン郡：白タイ)

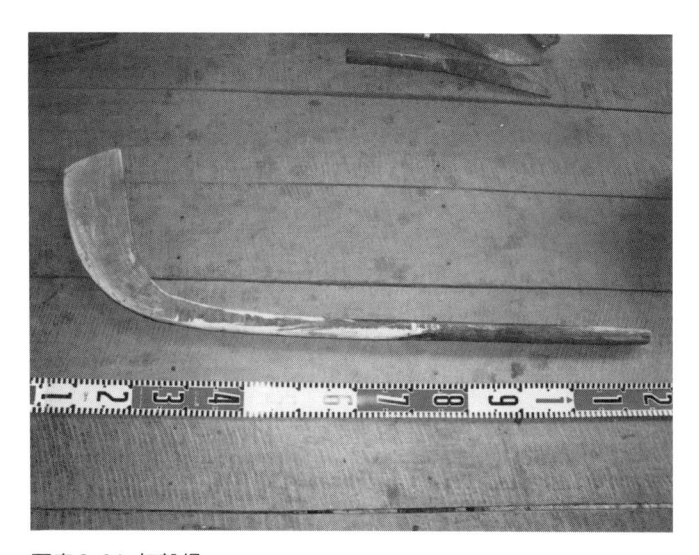

写真3-61　打穀棍
大型の頭部を回転させながら地面にある稲束を打つ。(ポンサーリー県ポンサーリー郡：ルー)

型で板状の頭部を持った打穀棍（写真3-61）を頻繁に用いるが、この場合連枷のように頭部を回転させながら地面に置かれた藁束を打ち付け、その後打穀棒を使用する。打穀棍の使用は、稲巻棒同様に重労働であるため、もっぱら男性が行うが、渡部の報告にみられる明瞭な男女の使用区分［渡部ら：1994 426］は想定されていない。

③風選具

　脱穀後の籾は、大型の穀扇（写真3-62）によって風選され、しいなや藁屑と弁別される。この際には籾の山を杷などで攪拌しながら行う場合と、スコップ状の器具で掬い上げて放って扇ぐ場合がある。穀扇の形状には丸型と雨滴型があるが、特に区別はされない。また、乳の積

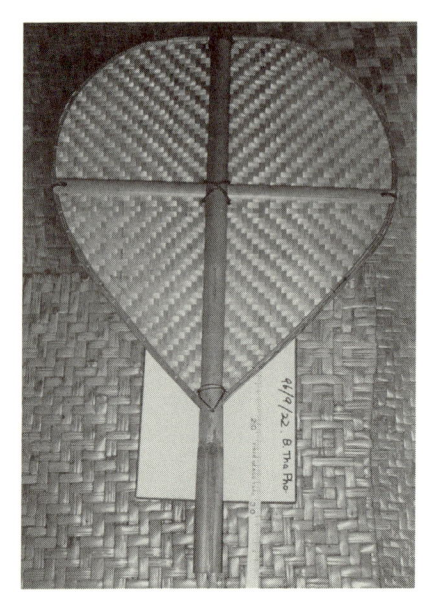

写真3-62 風選用団扇
ルアンパバーン県ポーンサイ郡（ラーオ）

写真3-63 穀扇で稲束を捌く様子
ルアンパバーン県ルアンパバーン郡（ラーオ）

写真3-64 風選用梯子
フモンが、焼畑地で使用する。
(ルアンパバーン県ルアンパバーン郡)

み下ろしの際には、穀扇を補助的に用いて稲束を均したり、攫（さら）ったりする（写真3-63）。通常、クムは陸稲を扱いて収穫するため、風選具は本来使用しなかったと考えられるが、水田で鎌による株刈りを行った場合は、穀扇を使用する。

一方、フモンでは穀扇の使用は見られず、陸稲の収穫後焼畑地に梯子を設け（写真3-64）、その上に登り、籠に入れた籾を降って風選を行う。

3-3 小括―技術の粗放性について―

ラオスの農業については、低投入－低生産の観点から技術の未成熟、あるいは粗放性といった観点から論じられるのが一般的である。確かに、一見したところタイのチャオプラヤーデルタにみられる浮稲をもって気候条件を克服するような専一な品種選抜、いわゆる「農学的適応」も、あるいは、チェンマイ盆地を細かに巡らした小堰灌漑による「工学的適応」も、ラオスにおいては行われては来なかった[37]。

しかし、それではこの地域における農業が本当に粗放なものであっただろうか。前節でみた限りでは、ラオス北部における水田稲作は、収量面から必ずしも

低生産性ではなく、小規模な重力灌漑が中心ではあるものの、完全に天水に依存する中・南部の低投入な産米林[38]とは、明らかに異なっている。

　不安定な水文環境に適応した育種技術や、次章で述べるよう多様な品種の作付けなどは、天候条件や病虫害のリスクからの選択的回避行動として考えることが可能であると思われる。希薄な人口と地形上の制約から、全体の生産量の増加には自ら限界があり、労働や資本財の過剰投入が却って生産性を低下させる結果を招来するとすれば、消極的な環境適応的技術はむしろ合理的行動であると推定が可能である。

　一例としては、刈入れ時期が集落全体で一致したのでは、労働交換による作業の手が間に合わず、稲の早晩生による結果的な「ずらし耕作」が労働力の不足を解消していることにもみて取れる。これは、サヴァンナケート等の近代品種が導入された灌漑水田で、不足労働を雇用によって賄わざるをえない状況などからも裏付けることができる。

　Tanaka [1993] や虫明 [1996] はラオスの農業に *thammasāt* という語を与えているが、これは本来「法然・法理」という意味から自然を意味している。自然との調和を匂わせる一見正鵠を射たこのキーワードは、現場の農民たちによって、「どうにもならない」という半ば自嘲的諦念を込めて語られることからみれば、人間の営みを過小評価する嫌いを持つことは否定できない。「割に合わない」とみて取り、積極的に自然や社会に介入せず、それでも実際には最小の労力で周到に危険分散を図っている農民の姿は、一時雲南・東北タイをも併呑したラーンサーン王国の面影に重なったとき、小盆地の水田稲作を経済基盤として成立した農業国のイメージよりもむしろ、ダイナミックな強かさに満ちている。

　注
[1]　この農林センサスについては、補論7-2で解説する。
[2]　タイではリキッド状の魚醤油 *nam plā* が一般的であり、ラオスでも *nam pā* と呼ばれ頻繁に使用されるが、伝統的なラオスの調味料としてはペースト状の塩辛である。
[3]　Taillardは、ヴィエンチャン県北部のヴァンヴィエンからルアンパバーンにかけて、伝統的な小規模灌漑の貴重な調査を行っており、「ラオス北部の渓谷や盆地では、何世紀にも亘って地域の自然と社会に根差した灌漑が伝統的に行われている」[1982: 15] と指摘している。
[4]　農林センサスにおける農家の定義は、0.02ha以上の農地を保有または、牛・水牛を2頭以上あるいは豚・山羊を5頭以上あるいは20羽以上の家禽を使用している世帯を指す。また、このうち0.01以上の稲作作付面積を持つものを稲作農家と定義している [KSSKP 2000: 2]。「農地の保有」という文言については、補論7-2に解説した。

5 筆者は、実際に目撃したことはない。
6 第2章2-2参照。
7 「地方行政法」および「改正憲法」(ともに2003)では、市 thētsabān の設置に関する規程が定められているが、現在のところ施行には至っていない。
8 当初拙稿で発表した際には最終の公式集計値が入手できなかったため、国立統計院の特別の配慮により提供された集計データを利用した［園江 1998: 2］が、今回公式発表に従い数値を改めた。なお、2005年末に『第3回国勢調査第一次結果報告』が発表されたが、本研究の補遺に間に合わなかったため、詳細は別稿に譲る。(補論7-2参照。)
9 この村落規模については、国立統計院より提供された暫定データによる。
10 戸数と世帯数は混同され同一のものとして扱われており、実際にはこれらを分離して把握することは困難である。これは1995年から集計が始められた村落統計簿 Pū'm Sathiti Pacham Bān において「ここで言う世帯数は戸数ではない。」［SSS 1996: 6］と改めて注記されていることを見ても明らかである。村落統計簿については、補論7-2に解説した。
11 ラオスの民族分類については、補論7-1に詳述した。
12 筆者が1996年7月に民族・宗教等を所轄するラオス建国戦線ルアンパバーン県支部で聞き取ったところでは、1994年時点で同県には21の民族集団が存在し、うち低地ラーオ115,029人（男/女：56,376/58,653）、中高地ラーオ116,773人（男/女：56,871/59,902）、高地ラーオ44,218人（男/女：21,847/22,372）、その他「外国人」856人（男/女：433/423）ということであった。総人口に関し1995年の第2回国勢調査と大きく食い違うことからも、参考値として扱う。なお、民族分類と第2回国勢調査については補論7-1および7-2に詳述している。
13 現行の49民族分類では、Pray に改称されている。
14 上記分類では、第2回国勢調査および農林センサス時に採用された47民族分類 Phutai から黒タイ Tai Dam、白タイ Tai Khāo などの民族を分けて Tai として再分類しており、ラオス北部における「プータイ」は事実上「タイ」と置き換えて差し支えない。この詳細については、補論7-1に示した。
15 東北タイに居住するラーオ（イサーン）による、非栽培植物の利用については、園江［1995］で論じた。
16 ラオスでは、各段階の地方行政単位に各省に相当する部局があり、県官房・郡官房がこれを統括している。農林行政の中央における所轄官庁は農林省であり、県農林課および郡農林事務所は直接に農林省の指揮・監督を受け、農林行政に係る事業を実施している。
17 渡部は、現在のタイ語（シャム語）では水稲カオ・ナーに対するカオ・ライの語は焼畑の陸稲に限って意味することが多いが、「本来ライの語は『山麓など平坦でない地形の圃場』を意味する」という、タイの歴史とタイ語に精通する石井米雄の個人的教示から、「平坦な低湿地か灌漑施設のある場所で栽培されるカオ・ナーに対して、平坦で

ないところの稲一般の呼称であったと考えられる」[渡部 1977: 15] としている。タイ語では一般に*rai*が一般作物などを含む常畑を意味し、特に焼畑を指す場合は*rai lū'an lōi*（直訳すると「浮動畑」）と呼ぶのに対し、ラオス語の同語である*hai*は焼畑のみを示している。ラオスにおける山地斜面での焼畑地は、陸稲以外を作付けている場合でも*hai*であるのに対し、集落裏手における陸稲栽培地は*sūan khao*と呼ばれることが多い。*sūan*の語は、園芸作物やトウモロコシ、サトウキビなどの工芸作物をはじめ、果樹などの樹木作物の園地も含めて示す語である。

[18] ラオスにおける特用林産物等の利用と取引についてはNooren; Gordon [2001] やYamadaら [2004] などに詳しい。

[19] 雲南における傣族の養蜂については、渡部 [1994: 77-78; 1997: 64] に詳しい。

[20] 製糖については、ダニエルスによる甘蔗圧搾機と製糖の技術に関する興味深い研究がある。これによると、タイ系民族の使用する甘蔗圧搾機のローラーに使用される歯車には①二段木栓型（写真3-13）②平行ウォーム（螺旋型）（写真3-14）③山型（写真3-15）があって、二段木栓は中国の漢族、平行ウォームはインドに起源が求められ、山型歯車についてはタイ系民族独自のものである可能性がある [ダニエルス 1994: 182-193]。筆者の調査では、ラオス北部に見られる繰綿用綿轆轤の歯車が平行ウォームのみであるのに対し、ポンサーリーの甘蔗圧搾機のローラーは二段木栓型と平行ウォーム歯車が主にみられ、ルアンパバーンでは山型歯車の使用が一般的である。また、北部で観察した甘蔗圧搾機は全て双ローラーであったが、ヴィエンチャンのヴィラチット・ピラーパンデート＝ラオス文化振興財団理事長邸では、ヴィエンチャン県南部のポンホーン郡に由来する一段木栓型歯車を持つ竪型三ローラーを目にしている。これは、第5章で述べる犂を中心としたタイ文化圏における物質文化の論議に重要な意味を持っており、今後検討の余地があるものの、筆者は技術史上の観点からこの問題を論じ得ないため、ここではこれ以上立ち入らない。

[21] 農家経済における農外活動の占める位置については、横山 [2001] が詳細に論じている。

[22] 農村工業としての手織物工業については、大野による研究 [アジア人口・開発協会 1997: 102-120]；[大野 1998] に詳しい。

[23] 水田に限らず、ラオスでは通常収穫面積のみが統計データとして入手可能であり、年次統計では作付面積を明示していない。一方で、第1回農林センサスには、収量統計がなく、作付面積と作付農家数のみがあげられている。

[24] 2003年のルアンパバーン県における全稲作収量は84,212トン [DOPMAF 2004: 9] となっており、中位推計人口452,900人 [SSS 2004a: 29] からみると一人当たり186kgの見当になる。

[25] 共にタイ国の農業・組合省米穀局*Krom Kān Khāo*で改良された品種でタイやラオスでは*Kō Khō* ＊（RD: Rice Department）と呼ばれる。＊は番号を示し、偶数番は糯品種、奇数番は粳品種である。

第3章　農業と農村　121

26　これらの民族区分については、補論7-1で解説した。
27　これはルアンパバーン以南にはみられない。nyatは本来「詰め込む・押し込む」等の意味に使われるが、この場合には代掻された地面に押し付けるといった意味であろうか。
28　ビルマ暦とも呼ばれ、西暦638年3月21日を紀元としている。現在の暦法では概ね4月13日を大晦日 van sangkhān lūang として1から2日の中日 mū' nao を挟み、元旦 van sangkhān khū'n となって新年 thalǣng sok pī を迎える。一般には、この期間全般をラオス新年 pī mai Lāo と呼んでいる。また、このほか仏暦 Phuttha Sakkarāt: phō sō もしばしば用いられ、この新年は正確には成仏涅槃会 Bun Visākhabūsā が行なわれる旧暦6月白分15日である。
29　各月の上弦・望・下弦・朔にあたる日を仏日 van pha と呼び、受戒日 van sin としている。普通上弦下弦を小戒 sin nǭi、望朔の布薩日を大戒 sin nyai と呼んで、寺院でそれぞれ在家戒（五戒）、布薩戒（八戒）を受けることになっているが、実際にはほとんどの場合、五戒 phancha sīlā を唱えて授戒が行われている。
30　一方で、「八の日」である mū' hūang は、河畔や街道沿いで市の立つ日とされる [Viravong 1970: 4]。
31　ラーンナータイにおける農業技術については、Tanabe [1994] に詳しい。
32　本章3-2-2註12で指摘したように、現行の民族分類では Tai に属し、ヴェトナムではほぼ同様の基準によって分類された民族を Thay と呼ぶ。
33　水牛は成畜で30万キープ程度、精肉価格でキロあたり800～1,000キープ程度なのに対し、豚は量目売りでキロあたり1,200キープ程度になる（1997年）。ルアンパバーンでは牛肉はほとんど消費されない。
34　Sulavan らはサラヴァン県のカトゥの陸稲収穫が、素手で扱いて行われることを報告している [Sulavan et al. 1994: 47]。
35　Simana は、地域を特定していないものの、クムの陸稲収穫に hèèp と呼ばれる穂積具が使用されることを報告している [1998: 22] が、筆者の調査では全く見られなかった。
36　渡部は、雲南省における調査で「L字形棒を左手に、T字形棒を右手にそれぞれ持ち、刈り取って堆積してある稲をL字形棒ですくいあげて、T字形棒で叩いて脱穀します。その際、稲をすくいあげるのに脚を使って補助します。」[渡部ら 1994: 425] と同様の技術を報告しているが、ラオス北部における観察では、丁字型と鉤型の打穀棒を併せた使用はみられなかった。
37　「農学的適応」と「工学的適応」の論議については福井 [1987] に詳しい。Tanaka [1991] はこれを「環境適応的技術 environmental adaptive technology」と「環境改変的技術 environmental formative technology」という観点で論じているが、特にラオスにおける論議では、こちらが現実的であると思われる。
38　「産米林」の呼称については、高谷らが詳述している [1972]。

第4章 ラオス北部における栽培稲の品種と稲作

4-1 はじめに

すでに述べてきたように、ラオスは稲作を中心とした農業国であり、全国798,000世帯の約84％にあたる668,000世帯が稲作を中心とした農業を営んでいる［KSSKP 2000: 13］。

1998から1999年に行われた、第1回農林センサスによれば、農地面積の全国合計は1,047,743haで、雨季天水田・雨季陸稲焼畑・乾季灌漑水田を合わせた延べ稲作面積735,104haのうち、乾季灌漑水田面積の55,479haには主として改良品種のみが作付けされていると考えられるが、雨季稲作面積の約77％を占める521,401haには在来品種が作付けされており、在来品種に対する依存度は北部において高い傾向がある［KSSKP 2000: 29-30］。また、第3章で述べたようにラオスでは一部の民族によって栽培されるもの、あるいは加工用に栽培されるものを除いては、伝統的に糯稲を主に自家消費用の飯米として栽培しており、糯品種の延作付面積は682,145haで粳品種の約13倍になる。

近年、ラオスにおいても農業と農村の変化が急速に進んでおり、灌漑や改良品種等の導入に伴い伝統的な作物・品種や農耕技術は消失しつつある［園江 1998］。ラオス北部では、焼畑と小規模な水系に依存した水田が連続的な稲作景観を構成し、水田稲作を補う形で焼畑陸稲作を中心としたイネの多様な栽培型が見られるが、野生稲に関しては比較的研究が進んでいるのに対し［Kuroda et al., 2003; Kuroda 2004など］、ラオス在来の栽培稲について品種・栽培環境・稲作技術などを複合的に論じた報告はほとんどない。

本研究は、複雑な地形に多数の民族の集落が点在し、それぞれの民族が稲作に関する固有の技術や品種を持っている一方で、相互の物質的・文化的交流によって独特な農耕文化複合が形成されている北部ラオスを対象としており、第3章では、ルアンパバーンを中心としたラオス北部の水田稲作の特質を技術的側面から論じた。本章では、この地域に作付けされている栽培稲の穀実形質と生態学的特性の分析を行い、すでに宮川［1991］や入江ら［2003］などによって報告されている隣接地域との比較により、この地域における稲作の特質を居住民族と栽培品種の特性と関連付けて考察する。

4-2 調査方法

4-2-1 調査地域の概要

　本章に関する調査は、ルアンパバーン県を中心に行った。すでに述べたようにルアンパバーンでは、山地斜面における休閑期間が2～5年の焼畑と、天水と小規模な水系に依存する比較的区画の小さい棚田で稲作が営まれている。山地が卓越しているにもかかわらず、水田適地である河谷の平地部は比較的標高が低く全体的に300m前後で、気候的には熱帯サバナ気候に属している。

　ルアンパバーン県内11郡の全農地面積は98,137haで、全県62,023世帯・推定人口約406,000人のうち、55,720世帯334,503人が農業に従事しており、稲作農家は約93％に当たる51,600世帯となっている［SSS 2000b］。栽培品種面では、県内全郡で雨季作陸稲は水稲を大きく上回っており、糯品種ならびに在来品種の栽培面積が圧倒的に多くなっている。

　第3章3-2で指摘したように、タイ系民族[1]の農家世帯数が多数を占めるルアンパバーンやナーンなどの郡でも雨季の陸稲作に依存する割合は高く、また、クムを中心としたモン－クメール系民族の農家世帯が多くなっているパークセーン、ポーンサイ、ヴィエンカム、プークーンの4郡では、水田稲作がほとんど行われていない。

4-2-2 現地調査と実験の方法

　本章に関する現地調査は、1996年8月から10月にかけて行った。また、1999年11月から12月には、北に接するポンサーリー地域において補足調査を行った。調査時のルアンパバーン県には、1,222の村に59,220世帯が居住しており［SSS 1997a: 23］、県内11郡のうち、保安上の理由からプークーン郡を除く10郡の90カ村を順次訪問して、栽培されているイネ品種の熟期、水・陸稲の別といった生態的特性に関する情報及び農作業の概要を聞取った。聞取りでは、延べ443の回答から177の品種名が得られた（附表1）。そのうち、56カ村では、農家に貯蔵されている籾を品種ごとに少量ずつサンプルとして提供を受けた。この際、他の調査地で同名品種があった場合、別系統として扱った。入手できたサンプルは167系統で、品種名は100種に及んだ（附表2）。ただし、提供を受けた完全籾が30粒に達しなかったものが29系統12品種あり、これらを除く138系統88品種を分析の対象とした。なお、ポンサーリー地域の調査で得られたサンプルは、14系統12品種であった。

　取得したサンプルについて、頴色（えいしょく）・芒（のげ）の有無・頴毛（えいもう）の有無・玄米色を観察し

た。さらに、30粒をランダムに抽出して籾の長さと幅を計測し、松尾の基準［1952: 9］に従い籾型の分類を行った。また、籾を2％のフェノール溶液に30℃で一晩浸漬後自然乾燥し着色反応をみて、籾型との関係を調べた。さらに、玄米のヨード・ヨードカリ呈色反応により糯・粳性の判定を行い、聞取り結果と対照した。

また、籾型などの穀実形質と早晩性・水陸稲の別などの生態的特性に関する情報の揃った128系統を用いて、クラスター分析を行った。各系統間の類似度を求めるために、ユークリッド距離を算出し、群平均法を用いて系統を大別した。クラスター分析はExcel Statistics 2000（Social Survey Research Information Co., Ltd.）を用いて行った。

4–3　結果と考察

表4–1に、測定した138系統の籾型・水陸稲の別・ヨード・ヨードカリ呈色反応・フェノール反応による調査結果を示した。

138系統の籾型を、松尾［1952: 9］によるa型（short type）、b型（large type）、c型（long type）の分類に従って区分したところ、127の系統がb型、11系統がc型であった（表4–1; 図4–1）。また、ポンサーリー県を中心に行った補足調査では、14系統のうち、c型1系統を除く13系統がb型であった。

表4–1　ルアンパバーンにおける栽培稲品種の穀実および生態的特性

特性		籾型		水稲/陸稲		ヨード・ヨードカリ呈色反応		フェノール反応	
		b	c	水稲	陸稲	−	+	−	+
系統数		127	11	50	88	132	6	81	57

	籾型	b		c	
世帯	水稲/陸稲	水稲	陸稲	水稲	陸稲
	系統数	48	79	2	9

	籾型	b				c			
世帯	水稲/陸稲	水稲		陸稲		水稲		陸稲	
	ヨード・ヨードカリ呈色反応	−	+	−	+	−	+	−	+
	系統数	48	1	79	0	1	1	5	4

	籾型	b								c						
世帯	水稲/陸稲	水稲				陸稲				水稲				陸稲		
	ヨード・ヨードカリ呈色反応	−		+		−		+		−		+		−		+
	フェノール反応	−	+	−	+	−	+	−	+	−	+	−	+	−	+	−	+
	系統数	48	42	0	1	74	5	0	0	1	0	1	1	5	2	2	2

園江ら［2004 : 187］

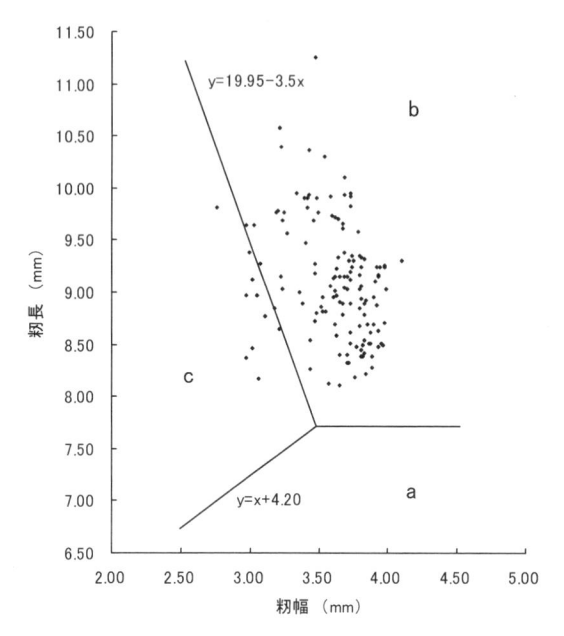

図4-1 のグラフ:
- 縦軸: 籾長 (mm), 6.50〜11.50
- 横軸: 籾幅 (mm), 2.00〜5.00
- 線: y=19.95-3.5x, y=x+4.20
- 領域: a, b, c

園江ら[2004:188]

図4-1　ルアンパバーンにおける栽培稲の籾長と籾幅との関係

　聞取りによると、138系統のうち水稲50系統、陸稲は88系統だった。籾型との間に顕著な対応関係はみられなかったが、c型で陸稲が多い傾向があった。ヨード・ヨードカリ呈色反応では、132系統が呈色せず、残り6系統が青藍色から濃紫に呈色し、農民による糯・粳性に関する認識と一致した。また、b型品種は水稲・陸稲のいずれでも、ほとんどがヨード・ヨードカリ反応に呈色せず、糯性とみられた。一方c型は、水稲・陸稲ともに粳性・糯性がほぼ半数ずつ現れた。
　宮川はラオスと隣接する東北タイの水稲に関する調査において、特に糯性品種がb型に偏っていることを明らかにしており［1991: 29］、浜田はルアンパバーンに東接したシェンクアーン県の調査において、標本数は少ないがb型に偏っていることを報告している［1959: 43］。また、入江らはミャンマーのシャン州において、b型品種が多いことを報告している［2003: 13-14］。タイ系民族である東北タイのイサーンや、シャン州のシャン[2]は、本研究の調査地域に居住しているラーオやルーなどに近い民族であり、文化的にも共通する点が多いと考えられている。ただし、シャン州は地形や気候などの自然条件的にも北部ラオスと共通部分があるが、東北タイにおける天水田稲作は低投入で、「産米林」と呼ばれる

景観を持った準平原の水文環境に成立しており、ラオス北部よりもむしろヴィエンチャン平野以南のメコン河に沿った南部ラオスの稲作に近い。

一方、松尾は現在のラオスを含む旧フランス領インドシナ地域の品種が、73％という高比率でc型であると報告している［1952: 11］。これに対して、今回の調査結果ではb型品種が多かったが、旧フランス領インドシナで収集されたサンプルでは、現在のヴェトナムやカンボジアのデルタ地帯の非タイ系の民族によって栽培されていた水稲粳品種が圧倒的に多かったことが推測され、水・陸稲ともに糯品種が支配的な本調査地と対照的結果を示している。

粳性6系統のうち、1系統を除いてはc型に属し、糯性とは逆に、粳性ではc型が支配的である傾向があった。宮川は、東北タイでは「モチ性のb型、ウルチ性のc型という対応」［1991: 29］が明瞭であることを指摘しているが、今回の調査結果から、ルアンパバーンでもこれと同様の傾向にあるといえる。

籾のフェノール反応についてみると、138系統のうち57系統が黒色または褐色を呈した（表4-1）。c型に属する11系統のうち、糯性6系統（陸稲5系統・水稲1系統）すべてがプラスの反応を示した。一方、粳性5系統のうち、水稲1系統と陸稲2系統がプラス反応、陸稲2系統がマイナスであった。b型についてみると、陸稲糯は79系統中5系統が呈色するのみで、フェノールにほとんど反応しないのに対し、水稲糯性では47系統中42系統がプラスの反応を示した。また、ポンサーリーにおける補足調査の結果では、陸稲品種は9系統あり、これらはすべてb型に属し、糯・粳性にかかわらずフェノールに反応しなかった。水稲では糯性5系統が得られたが、1系統がc型、4系統はb型に属し、全てフェノール反応を示し、水陸稲ともにルアンパバーンと同様の結果であった。

インディカ型の品種の多くはフェノールに反応するが、調査地域のイネ品種は、水稲に関しては糯・粳性を問わずインディカ型の特徴を示す一方、陸稲糯品種の多くはフェノールに反応せず、粒形がb型であることから、熱帯ジャポニカ（旧称ジャワニカ。）型の品種群に属していると考えられる。

表4-2に、頴の外観上の特長（頴色、芒の有無、頴毛の有無）と玄米色の観察結果を示した。頴色は、くすんだ黄褐色（表4-2のYB）を中心に褐色の縞（BT, DT）や斑紋（DP, RP）の入ったものが多く、また黄土色（YO）や赤褐色（RB）も見られた。3系統には芒が観察されたが、大多数の系統は無芒だった。頴毛は、水稲の一部で観察された。

玄米色は概して均一で、やや黄みを帯びた不透明な白色がほとんどだった（表4-2）。半透明な白系色（表4-2のS）が7系統あり、ヨード・ヨードカリ反応実験の結果、粳系統の玄米は、すべて白色系であった。玄米色が赤褐色または黒色

表4-2 ルアンパバーンにおける栽培稲品種の籾および玄米の外観上の特徴

(単位：系統)

水稲/陸稲	糯性/粳性	籾色[*1]												芒の有無			頴毛の有無				玄米色[*2]		
		BR	BI	BT	DI	DP	DT	GB	RB	RI	RT	RP	YB	YO	−	±	+	−	±	+	++	G	S	R
水稲	糯	1	1	2	1	7	1	0	0	1	0	0	33	1	47	0	1	5	5	35	3	46	1	1
	粳	0	0	0	0	0	0	0	0	0	0	0	1	1	2	0	0	0	1	0	1	0	2	0
陸稲	糯	6	1	17	1	5	10	1	4	4	0	11	20	4	83	0	1	67	4	12	1	69	0	15
	粳	0	0	0	0	1	0	0	0	0	0	0	3	1	3	1	0	2	0	1	1	0	4	0

園江ら [2004：189]

[*1]：BR; brown, BI; brown tip, BT; brown-striped, DI; dark tip, DP; dark-spotted, DT; dark-striped, GB; grayish brown, RB; reddish brown, RI; red tip, RT; red-striped, RP; red-spotted, YB; yellowish brown, YO; yellow ocher.
[*2]：G; gray group: gray, white, yellowish brown, R; red group: light brown, reddish brown, black, S; silver white.

写真4-1　竹筒飯 khao lam
白糯米に少量の黒玄米を混ぜて、竹筒にココナッツ水と一緒に入れ、火にくべて炊く。炊き上がり後、表面の焦げた部分を剥いである。白米のみのものもある。

を示す、いわゆる「赤米」は16系統だった。このうち、黒色の *khao kam* (赤銅米の意) と呼ばれる糯品種は、糯米に着色用として少量を混ぜて蒸すほか、製菓や醸造に広く用いられている (写真4-1)。

　穀実のサンプルを入手できた138系統の他に、聞取りによって情報が得られた品種を含む全177品種のうち、陸稲品種は99、水稲品種は53であり、水陸兼用種あるいは回答の異なる品種が25あった。ただし、標本の得られた138系統には明確な水陸兼用と見られる品種は含まれておらず、水陸兼用種の存否に関する検討は改めて行う必要がある。調査地域の一部民族 (ルーや黒タイ) の伝統的な水稲作では、陸苗代に播種後、水苗代へ一次移植を行うのが一般的である。また、同一品種を水文条件によって水田と焼畑地で使い分けるなど、水・陸稲の区分が明瞭でないことがしばしばみられる。渡部は、ラオスに近接する中国雲南省に住むチベット−ビルマ系民族のハニが「水陸未分化稲」を栽培していることを指摘している [1984: 41-44]。水・陸稲の別は、ラオス語では (*khao*) *hai*・(*khao*) *nā* と呼ばれ、区別されることもある[3]が、水陸兼用種については品種名からの判別はできない。これらの品種については、水田栽培の方が高収量であるとされているが、水田面積の不足や本田移植後の水不足によって、焼畑にも栽培

表4-3　ルアンパバーンにおける栽培稲品種の生態的特性による分類

(単位：系統)

早晩性	水稲		陸稲		水陸兼用種		計
	糯性	粳性	糯性	粳性	糯性	粳性	
早　生	29	3	58	9	0	1	100
中　生	49	4	119	2	2	1	177
晩　生	49	0	68	7	0	1	125
計	127	7	245	18	2	3	402

園江ら［2004：189］

される傾向があった。

　宮川は、水・陸稲の別、糯・粳性、熟期（早・中・晩）を組み合わせることによってイネの品種を12のカテゴリーに分類しているが、今回の調査での、聞取りのみによって情報を得た品種の含む402例をこれらの基準で分類すると、表4-3に示すとおり18の品種群に分類できた。これによれば、陸稲糯品種が群を抜いて多く、特に中生品種が最も多くなっている。また、総じて糯品種が中生から晩生の品種に偏っているのに対し、粳品種では早生が多く、特に水稲では晩生が少ない傾向があった。宮川は、東北タイの水稲品種群には、糯性の中生品種が圧倒的に多く、粳品種の熟期による分類は行われないとしている［1991: 28］。

　籾型、頴毛の有無、糯・粳性、フェノール呈色反応、水・陸稲の別等のいくつかの穀実形質と生態的特性に関してクラスター分析を行った結果、供試128系統は大きく2つのクラスターに分かれた（図4-2; 表4-4）。この際、表4-2で用いた頴色については、地色および模様に分け再分類した。地色の分類は茶（brown: BR）・暗褐色（dark brown: DB）・灰褐色（greyish brown: GB）・赤褐色（reddish brown: RB）・黄褐色（yellowish brown: YB）・黄土色（yellow ochre: YO）とし、模様については無地（plain: PL）・斑（spotted: SP）・縞（striped: ST）・端（tipped: TP）とした。

　クラスターAに属する系統の籾型が全てb型を示したのに対し、クラスターBに属する系統ではほとんどがc型で、b型の2系統についてもc型に極めて近い籾型であった。また、粳性4系統全てがクラスターBに属したのに対し、クラスターAに属する系統は全て糯性であった。クラスターAは3つのサブクラスターに分かれ、次のような特徴を示した。クラスターA-1は、水稲・フェノール反応型で頴毛を有し、クラスターA-2は、陸稲・フェノール無反応型で頴毛をもたない。クラスターA-3は1系統のみで構成され、有芒で、頴毛があり頴色は黄土色

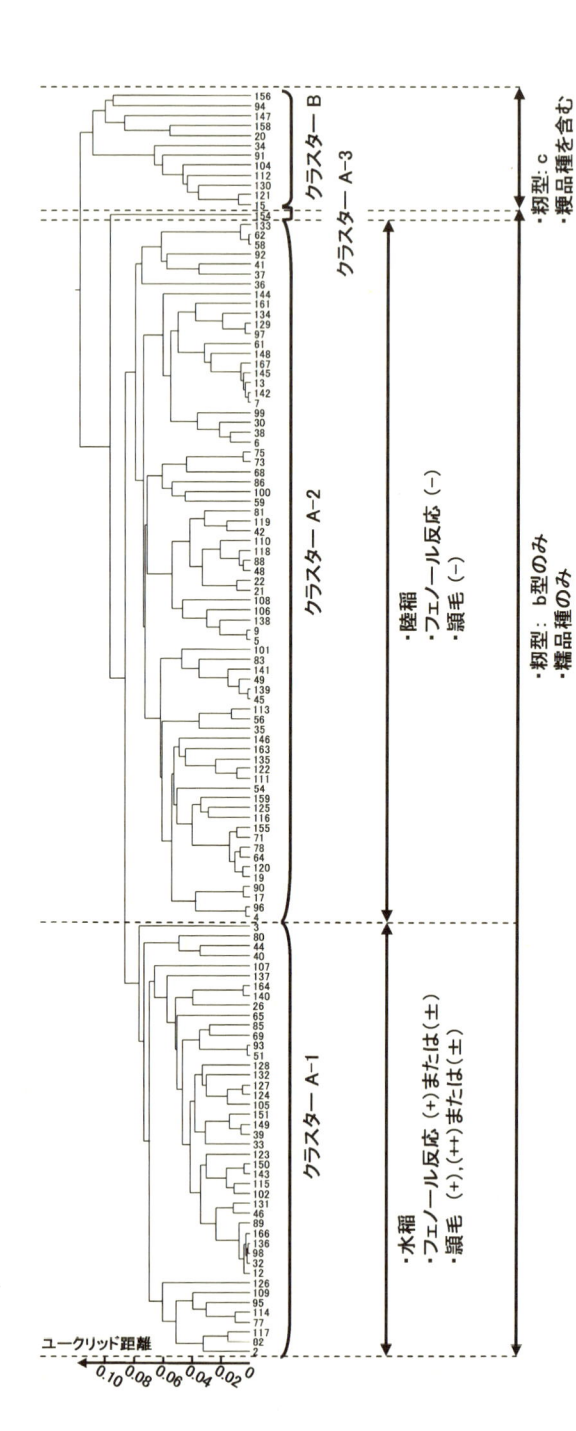

図4-2 ルアンパバーンにおける栽培稲品種の諸特性によるクラスター分析樹形図

表4-4 ルアンパバーンにおける栽培稲品種の諸特性によるクラスター分析の結果

(単位：系統)

クラスター	水稲・陸稲		早晩性			糯・粳性		籾型		フェノール反応		芒の有無			頴毛の有無			
	水稲	陸稲	早生	中生	晩生	糯	粳	b	c	−	+	−	±	+	−	±	+	++
A-1	41	3	9	21	14	44	0	44	0	0	44	43	0	1	0	4	37	3
A-2	4	67	20	33	18	71	0	71	0	71	0	71	0	0	66	2	3	0
A-3	0	1	0	0	1	1	0	1	0	1	0	0	0	1	0	0	0	1
B	2	10	4	3	5	8	4	2	10	2	10	11	1	0	3	1	8	0
計	47	81	33	57	38	124	4	118	10	74	54	125	1	2	69	7	48	4

クラスター	玄米の色[*1]			籾の地色[*2]				籾の模様[*3]				模様の色[*2]			芒の有無		籾長(mm)	籾幅(mm)	籾の長幅面積(粒大：mm²)	籾の長幅比
	G	R	S	BR	RB	YB	YO	PL	SP	ST	TP	BR	DB	RB	−	+				
A-1	43	0	0	1	0	43	0	32	7	4	1	3	9	0	32	0	9.40±0.06	3.63±0.03	34.12±0.28	2.61±0.03
A-2	64	7	0	0	4	58	4	31	16	17	7	16	8	0	31	0	8.96±0.07	3.69±0.03	33.01±0.26	2.49±0.04
A-3	1	0	0	0	0	0	1	1	0	0	0	0	0	1	1	0	9.28	3.07	28.56	3.04
B	1	7	4	5	0	10	2	5	0	7	0	1	6	0	5	1	9.03±0.13	3.02±0.03	27.27±0.33	3.01±0.07
計	109	14	4	6	4	111	7	69	23	28	8	20	23	1	69	0	9.13±0.05	3.60±0.02	32.86±0.24	2.59±0.03

園江ら [2004：191]

[*1]：G; grey group: grey, white, yellowish brown, R; red group: light brown, reddish brown, black, S; silvery white.
[*2]：BR; brown, DB; dark brown, RB; reddish brown, YB; yellowish brown, YO; yellow ocher.
[*3]：PL, plain, SP; spotted, ST; striped, TP; tipped.

という特徴は、この地域では特異な形質であると考えられる。

この地域のイネの系統は、籾型、水・陸稲の別、フェノール反応、穎毛の有無によって大別されること、早晩性はいずれの形質の品種・系統に対しても広範囲に分布することが明らかとなった。

第2章2-1-3で一部触れたように、ラオスでは、タイ系民族を低地ラーオ（*Lāo Lum*）、クムなどのモン－クメール系民族を中高地ラーオ（*Lāo Thœng*）、また、フモンを含むミャオ－ヤオ系やチベット－ビルマ系民族は高地ラーオ（*Lāo Sūng*）と呼び分けられることがあり、調査地域でも河岸の低地から丘陵地帯にかけて一定の住み分けがみられる（図2-8参照）。水系に沿った小規模な谷底平野などでは、タイ系民族による水・陸稲の複合的稲作が行われており、一方で標高600mを越える地域ではフモンの焼畑陸稲栽培が行われている。クムの生活圏は中間的位置にあって、しばしばタイ系民族との混成村を形成し、陸稲を中心とした稲作が営まれている。

調査地域の栽培稲のうち、サンプルの得られた品種の早晩性およびクラスター分析による分類を民族別に示した（表4-5）。いずれの民族でも早晩性に関する顕著な傾向はみられなかった。調査地域では、概して糯品種が広く栽培され、特に陸稲糯性を示すクラスターA-2に含まれる品種が多くみられた。比較的高標高地域に居住するクムは、陸稲を栽培する傾向が顕著にみられた。他方、タイ系住民の村落では、クラスターA-1の水稲糯品種も同時に作付けされており、特に混成村を含むラーオやルーの居住村でこの傾向が強かった。低地部に住むタイ系民族（ラーオ、ルー、ユアン、タイ[4]）は、一般に水田稲作を主生業としていると考えられているが、調査地域では陸稲と水稲をともに栽培していた。このことは、第3章で栽培技術の面から指摘した、この地域におけるタイ系民族の稲作が、品種面からも水田・焼畑の両方に基盤を置いていることを明らかにした。

クラスターBに属する系統は、c型（籾型）・フェノール反応型のインディカ的特徴を示す品種であり、インディカ的特徴を持ったクラスターA-1に属する系統と同じく、低地部に住むタイ系民族によって主に栽培されていた。インディカ稲は、東南アジア大陸部では、南方低地から北方山地部へ伝播したとされており［渡部 1977: 114-115］、また、浜田は、ラオスは南から北への稲の移行地域と考えられると指摘している［Hamada 1965: 535］。本調査地域でも、南方のインディカ系の遺伝的背景を持つ品種群が低地から浸透している可能性が考えられる。また、このクラスターには粳品種も含まれているが、これらの粳品種には、フモンを意味する*Lāo Sūng*や、*Phūtai*など民族名を冠したものがあり、これらの民族は特に粳品種を好んで栽培していることが窺える。

表 4-5 ルアンパバーンにおける栽培稲品種の生態的特性と民族の関係

(単位:系統数)

村落の居住民族[*1]	村落の標高[*2]				栽培稲品種の早晩性			クラスター分析による分類			
	L	M	H	不明	早生	中生	晩生	A			B
								A-1	A-2	A-3	
フモン	0	0	1	0	1	0	0	0	0	0	1
クム	5	2	6	2	6	4	5	1	14	0	0
クム/ラーオ[*3]	3	0	0	0	1	2	0	1	1	0	1
ラーオ/クム[*4]	8	1	0	0	2	6	1	2	6	0	1
ラーオ	31	26	1	7	16	30	19	28	30	1	6
ルー	25	0	0	0	6	9	10	10	13	0	2
ユアン	3	0	0	0	0	2	1	1	3	0	0
タイ[*5]	1	3	0	3	1	4	2	2	4	0	1
計	76	32	8	12	33	57	38	44	71	1	12

園江ら [2004:192]

[*1]:表7-3参照。
[*2]:L; ~350m, M; 351~500m, H; 501m~
[*3]:クム住民人口>ラーオ住民人口の村落。
[*4]:ラーオ住民人口>クム住民人口の村落。
[*5]:本文註5参照。

以上の結果から、調査地域においては、栽培稲の多様な品種・系統が栽培されているが、b型籾の糯品種が支配的であって、籾のフェノール反応では、無反応型が卓越するが、陸稲では無反応型が、水稲では反応型が多い傾向があった。また、頴色では、幅広い変異がみられたが、芒のある品種はほとんどなかった。頴毛についても変異が大きかったが、水稲では頴毛のある系統が、陸稲では頴毛のない系統が多かった。早晩性については、広い変異がみられ中生系統が多い傾向があった。クラスター分析の結果、この地域の在来品種・系統は、一部の特異な系統を除くと、3グループに大別された。即ち、水稲・b型・糯性・フェノール反応性で頴毛を有するクラスターA-1、陸稲・b型・糯性・フェノール無反応性・頴毛を欠くクラスターA-2グループ、及び陸稲・c型を中心としたクラスターBである。

調査地域ではクラスターA-2に属する陸稲糯性の熱帯ジャポニカ系品種が広く栽培されていたが、タイ系民族特にラーオやルーはクラスターA-1に属するインディカを遺伝的背景に持つ水稲品種を栽培し、本調査では例が少なかったが、Chazeéらの指摘にもあるように、フモンは陸稲粳品種に対する嗜好が強い [Chazeé 1999: 113など] ことが示された。

この地域のタイ系民族のうちでも、ラーオやルーは水利の便がよい河岸の低地に居住しているため、相対的に水稲栽培の割合が高い一方で、フモンの集落は河川と接しない山地に位置することが多く、陸稲が作付けの中心となると考えられ

る。クムの集落は、山地から低地にかけて散らばっており、基本的には陸稲糯性品種を栽培の中心としているが、特にタイ系民族との混成村では水稲栽培の比重が高くなっていた。

　これら、今日の北部ラオスにみられる栽培稲の利用は、この地域における稲作が当初熱帯ジャポニカ型の水陸兼用種によって焼畑と小規模な水田で行われていたものであり、その後、南下を続けたタイ系民族が熱帯低湿地起源のインディカ系水稲を獲得し、低地において水田稲作を拡大した結果と考えられる。

　熱帯ジャポニカの稲は、肥料を十分にやり栽培全般をきちんと管理する高投入型の稲作には適応せず、むしろより粗放あるいは低投入型の稲作に適応している［佐藤 1996: 147］のに対し、低ストレス下において急速に成長するインディカ型稲品種の適応戦略［佐藤 1996: 128-143］は、水田稲作において生産性を向上させるのに適したものである。

　このことは、タイ系民族が当初から水田稲作を生業としていたのではなく、本来、焼畑中心の「原初的天水田」型の稲作を行い、勢力拡大の過程で盆地や河岸の平野に至って水田化を展開することで、集落の拡大と低地化を促したものであることを示唆している。

本章に関する謝辞

　本章の研究に関して、一部実験では東京農業大学国際食料情報学部講師宮浦理恵氏に特別のご配慮をいただいた。また、煩雑な分析シミュレーションを根気よく行ってくれた京都大学大学院農学研究科の山本宗立氏、データ入力等では隅谷真君と内野里美さん（ともに元・ラオス国立大学）の手を煩わせた。深く感謝する。

注

[1]　これらの民族区分については、補論7-1で解説している。
[2]　ラオスではニョー *Nyō* と呼ばれ、民族分類上はラーオに属している。また、タイではタイヤイ *Tai Yai*・ギョー *Ngaw* などと呼ばれる。
[3]　第3章3-2で詳述した。
[4]　第3章3-2註12で指摘したように、「タイ」の民族名は2000年以前の資料では「プータイ」と表記されている。この詳細については、補論7-1に解説した。

第5章　ラオスにおける犂の形状と農耕文化

5-1　はじめに

　農業の生産環境は、農具の形態を規定する。一方、耕具は「それぞれの（農耕）文化の形成に規定的といってよい文化財」［熊代 1969: 10］である。環境と文化、あるいは技術の系譜が複合した結果、耕具を含む農具は地域によって多様なバリエーションを見せる。東南アジア地域はインドと中国という二大文明圏の狭間にあって、双方から有形・無形のさまざまな影響を受けてきており、農具についてもその例外ではない。

　本章では、農耕文化の具象表現の一つとしての耕具のうち、特に犂について形状を分析するとともに犂とその関連する使用法について検討し、ラオスにおける犂耕を伴う農耕の文化的影響に関する考察を行った。また、農耕に関連するタイ系民族の語彙面からも農耕技術の起源と伝播の背景を探ることを試みた。

5-2　ラオスにおける犂の形状と分布

5-2-1　はじめに

　アジアの犂はインド亜大陸と華北で発達したものである。これらは犂床 – 犂身 – 犂柄が一体で、犂身に犂轅を差し込む犂鑱を持たないインド犂（図5–1）と、枠型有鑱の中国犂（図5–2）としてそれぞれ分化を遂げた。東南アジアにおいては、インド亜大陸と華北の乾燥地の犂耕が湿潤地の稲作と結合したが、この結合は技術的には必然性がないために、東南アジアにおける犂の分布をより複雑なものにしたと考えられる［飯沼；堀尾 1976: 23–26］。

　アジアにおける犂の系譜についてはHopfen［1960; 1969］、Chancellor［1961］、家永［1980］、応地［1987］などに詳しい。また中国・雲南省における農具の分布については渡部［1994; 1999］や尹［1999］が、中国・四川省東部では渡部［2003］、渡部ら［2003］が詳細な報告をしている。さらに八幡［1965］は、ヴィエンチャン以南のメコン河沿岸地域の調査を軸にラオスにおける数少ない農具に関する報告を行っており、「印度要素と中国要素」という観点からイン

応地[1987:180]より作成

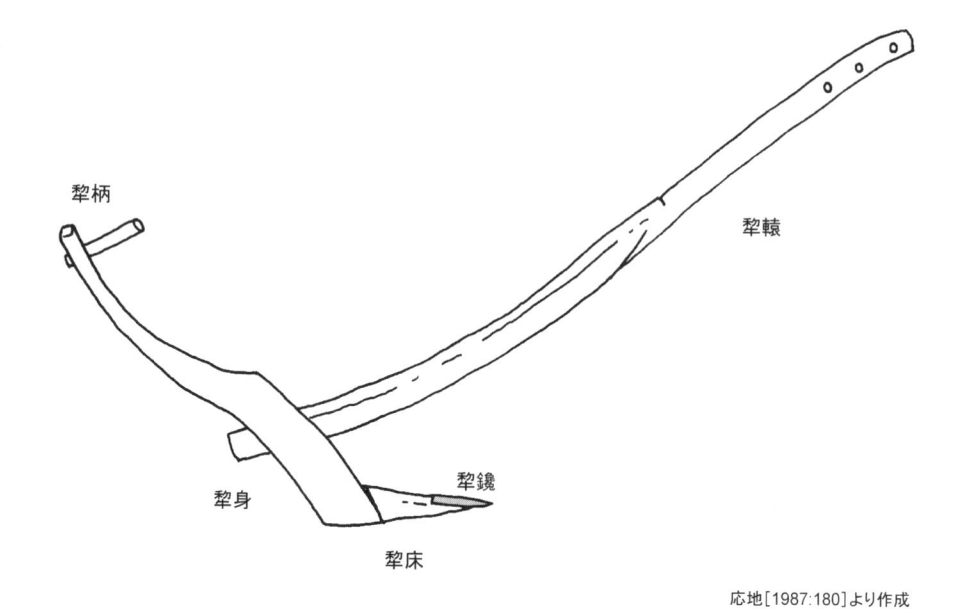

図5-1 インド犂の事例

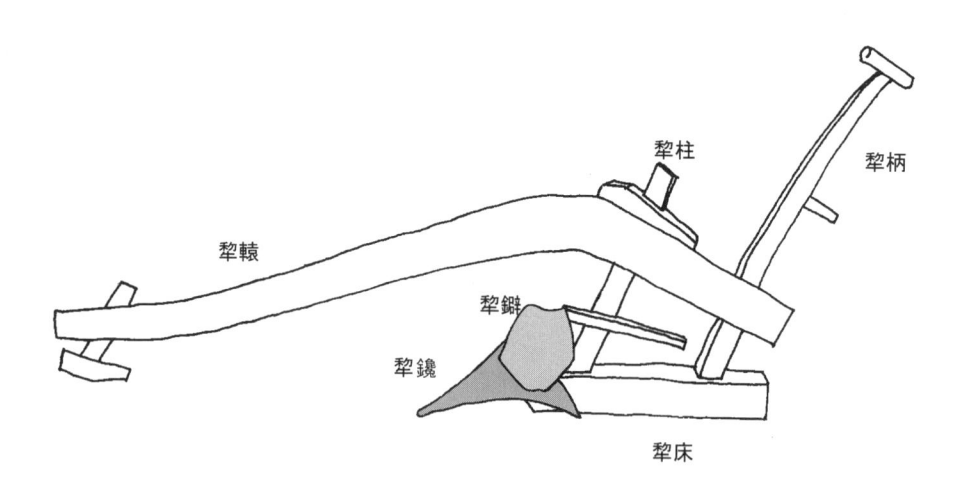

森[1937:144]を一部改変。

図5-2 中国犂の事例

ドシナにおける物質文化を俯瞰したうえで、犂の形状とその系譜について言及している。しかし、中国と東南アジア大陸部を跨ぐラオス北部における犂を含めた農具に関する系統だった調査報告は見られず、東南アジアにおける犂の分布と系譜を論じる上で、いわば「失われた鎖」となっている。

東南アジアにおける犂の形状と分布については、これまで主に「中国的－インド的」という二つの大きな文化的影響の濃淡から論じられてきた。本章は、これに加えて、東西方向に展開するタイ文化圏を東南アジア大陸山地部の物質文化の基盤と想定することにより、東南アジア大陸部の犂を中心とする農具の地域的多様性を再検討しようとするものである。そのために、主としてタイ文化圏の核心域であるラオス北部（ルアンパバーン以北）とその周辺域における農具や農作業体系を整理、検討し、農耕文化の面からタイ文化圏の特徴と広がりを検証するとともに、東南アジア大陸部の犂の形状と分布における中国華北的要素やインド（マレー）的要素、さらにタイ文化圏の影響を考察した。

ラオスにおいても、近年、農村社会と農業の変化は急速に進んでいる。改良品種等の導入に伴い、農耕に関わる技術は漸次近代的なものに置換されているのが現状であり、伝統的農具の消失も時間の問題といってよい。本章は、ラオスにおいて今日、見ることのできる犂を中心とする農具を対象として、「文化財」としての記録を後世に残すことも意図したものである。

5-2-2　農業の地域差と民族

ラオスにはタイ－カダイ系、モン－クメール系、ミャオ－ヤオ系、チベット－ビルマ系の4言語グループを中心とした49の民族が住んでいるとされる[1]。この分類についてはさまざまな論議の余地が残されているものの、ここでは現在ラオス政府の公式見解である分類を基本に民族を考えることにする[2]。

第3章で述べたように、ラオスの稲作は、北部では水田よりもむしろ焼畑に依存しており、メコン河およびその水系に沿って点在する山間小盆地や谷底平野で、天水と小規模な水系に依存する比較的小区画な棚田によって水田稲作が営まれている。これに対して、中部のメコン河沿岸地域の準平原では、産米林と形容される東北タイと同質な低投入の天水田を中心とした稲作生態がみられ、北部とは様相を異にしている。

繰り返し述べてきたが、ラオスの民族は居住標高によって、低地ラーオ *Lāo Lum*、中高地ラーオ *Lāo Thœng*、高地ラーオ *Lāo Sūng* と呼び分けられることが多く、この分類も言語グループ上の分類と生活・生産環境を併せて示す概念としては、必ずしも不合理とはいえない。一般にいわれるよう、タイ系民族が伝統的

に水田農耕民であるかはともかく、ラオスにおける水田稲作の主な担い手はタイ系民族である。実際のところ、ラオスにおける農業生産はヴィエンチャン以南のメコン河沿岸地域において、広く営まれている低地ラーオと呼ばれるタイ系民族のラーオやタイの水田稲作によって支えられている。

ラオス国民の中心となっているタイ系民族は、第2回国勢調査の結果によれば全人口4,574,848人の66.2％を占める約303万人とされる［Sisouphanthong et al. 2000: 33］。図5-3は、永田による47分類法に基づいた詳細な民族分布図［永田 2000: 77-123］をもとに、タイ系6民族の居住分布地域を示したものである。現在の49分類法では、タイ系民族は47分類法のプータイからタイとタイヌァを分離した8民族となっているが、国勢調査の結果によるプータイの分布は大きく中部のメコン河沿岸からヴェトナム国境にかけてと北部のファパン県からポンサーリー県の西部を中心とした地域に分けられる。このうち、北部に居住しているのが主に黒タイ、赤タイといった49分類でタイに属するグループであるのに対し、中部地域ではヴェトナム国境の一部にタイテン、タイムーイといったタイが少数分布しているのを除き、居住民の多くは49分類法に規定される「プータイ」である。またタイヌァは、2,354人が主にポンサーリー県とルアンナムター県の一部に分布している［SNLSS 2005: 16］。

第2章2-1-3でも一部指摘しているように、タイ系民族が全国に広く分布しているのに対し、チベット－ビルマ系民族のほとんどはポンサーリー、ルアンナムターの北部2県に集中しており、フモンとヤオについては中部以南には居住分布がない。モン－クメール系民族は、ヴィエンチャン周辺数県を除き南北に分かれて居住している。（表2-1参照）

一方、第3章3-1では北部各県の稲作が、中・南部とは異なりタイ系農家世帯数が卓越する場合でも焼畑に対する依存度は高く、（表3-6参照）ラオス北部の農業が、ラオス中・南部を含む東南アジア大陸低地部の水田稲作地帯へ移行する以前の、タイ系民族と非タイ系民族の文化的交流の過程を示している可能性について指摘した。

5-2-3 調査地と調査方法

本章に関する調査は、筆者が旧文部省アジア諸国等派遣留学生として情報・文化省ラオス文化研究所訪問研究員であった1996年6月～1997年12月の間、およびそれ以降2001年までにラオス教育振興財団の協力を得て、断続的に各地で実施した。

調査は、1997年まではルアンパバーン県を中心に行った。また1998年12月～

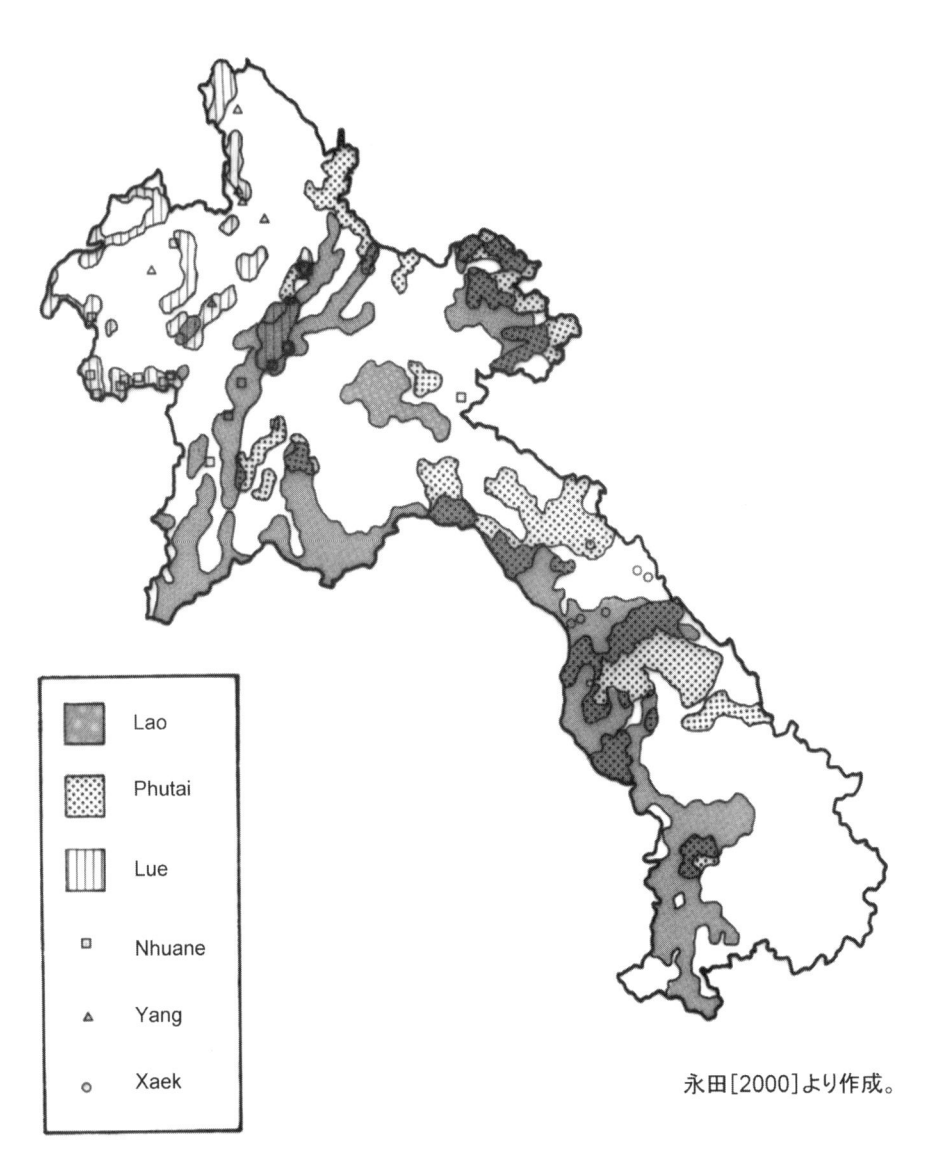

凡例:
- Lao
- Phutai
- Lue
- Nhuane
- Yang
- Xaek

永田［2000］より作成。

図5-3　ラオス国内におけるタイ系民族の居住分布

1999年1月³ならびに1999年11〜12月⁴の調査では、ルアンパバーン県とポンサーリー県を中心に調査を行った。さらに、上記の期間以外にもラオス北部を中心にいくつかの地域において適宜情報を収集した。

各村落を順次訪問し、実際に使用されている犂を含めた農具を観察・測定するとともに、その使用方法・手順など関連する情報を聞取った。インフォーマントがラーオ以外の民族の場合でも調査全体にはラオス語を用い、必要な語彙については別途聞取った。

ラオスにおける犂の使用は専ら水田稲作と密接な関係にあり、焼畑を含めた畑地に使用されることは殆どない。本章では、農業に犂を使用している民族のうち、主としてタイ文化圏の中核をなすタイ系民族によって営まれる水田稲作に焦点を当て、ラオス国内でみられるラーオ・ルー・プータイ・ユアン・黒タイ・赤タイ・白タイ・ヤン・プアン・タイテンの使用している犂に関し考察した。また、チベット－ビルマ系のプノイは、水田に加えて焼畑地でも犂を使用することが知られているほか、水田稲作を生業としているといわれるモン－クメール系のラヴェーの犂について考察した。新谷はオードリクール André G. Haudricourt の指摘を踏まえ、ミャオ語（フモン語）に *rab voom / rab khais* という犂を示す語の存在について検討しており [1999: 156]、フモンが独自の犂を持っている可能性を否定できない⁵が、確認の機会が無かった。

ラオス国内に住んでいる主要なタイ系民族のうち、セークとタイヌァについては、調査機会がなくこれらの情報には遺漏がある。ただし、ヴィエンチャン県北部にあるタイヌァの集落を岩田が調査しており [1963; 1965]、再検証の余地は残るもののこれを参考情報として扱う。

また、タイ文化圏で想定する地理的領域はラオスでは北部を中心とした範囲にあり、セークについては、その居住地域がカムアン県の東部であることと、ラオスに居住するほとんどのタイ系民族が言語学的には南西タイ諸語話者であるのに対し、セーク語は北方タイ諸語に分類されることを小坂が指摘しており [2000: 346]、別途検討の必要が残されている。

これらのことから、ルアンパバーン・ポンサーリー2県を中心に近接するルアンナムター・ウドムサイ・ファパン・シェンクアーンの各県に加え、北部との比較のために中・南部のボリカムサイ・サヴァンナケート・チャムパーサック・アタプーにおける調査結果の一部を付加した。

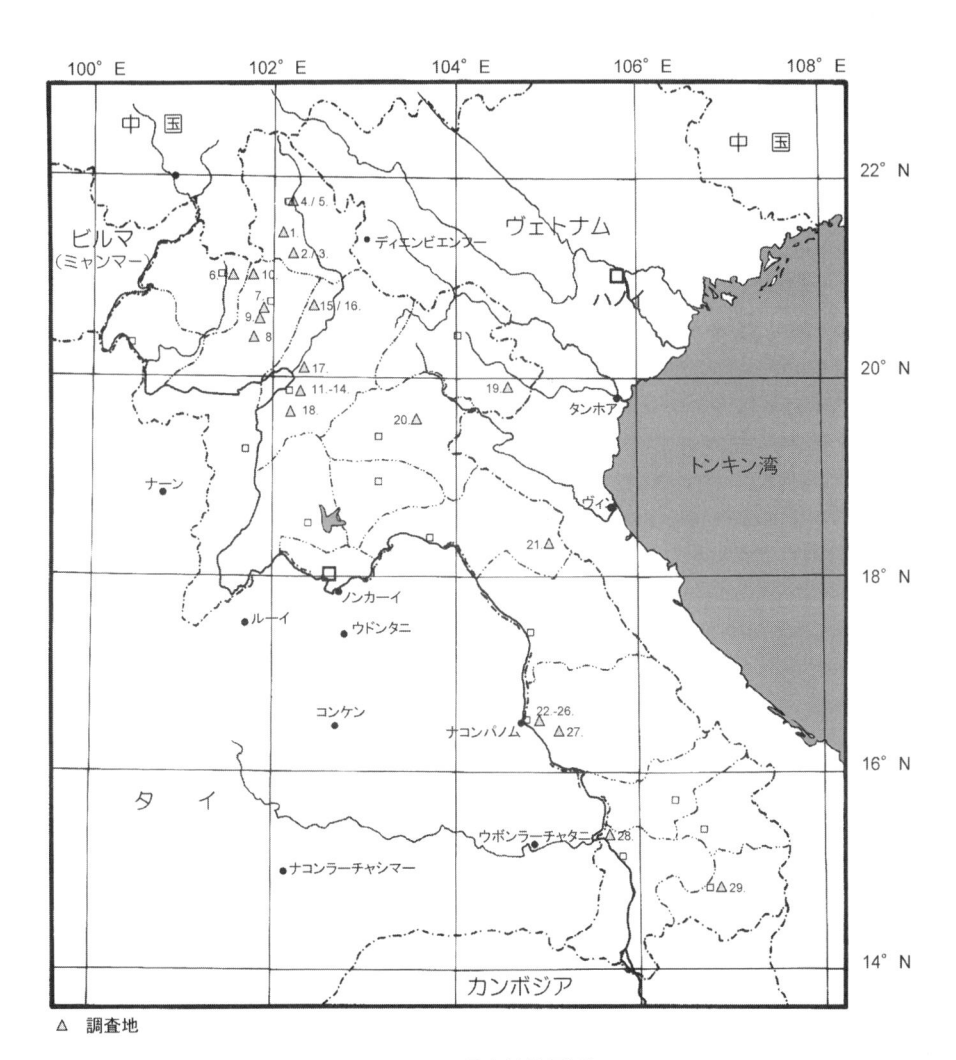

第5章 ラオスにおける犂の形状と農耕文化　141

△ 調査地

図5-4　調査地位置図

表5-1 犂に関する調査結果一覧

No.	県名	郡名	集落名	民族	犂 形状	犂 事例番号	耙 形状	耙 呼称
1	ポンサーリー	Boun Neua	Ngai Neua	Lue	大三角	③	櫨型/而字型	phīak/khāt
2	ポンサーリー	Khoua	Hat Seui	Yang	大三角	④	—	—
3	ポンサーリー	Khoua	Mon Savan	Yang	大三角	—	—	—
4	ポンサーリー	Phongsali	Mai	Lue	大三角	①	櫨型/而字型	phīak/phū'
5	ポンサーリー	Phongsali	Na Wai	Lue	小三角	②	櫨型/而字型	phīak/phū'
6	ルアンナムター	Louang Namtha		Tai Dam	四角	⑬	—	—
7	ウドムサイ	Baeng	Na Pa Tai	Lue	大三角	—	而字型	fœ
8	ウドムサイ	Baeng	Sam Kang	Tai Khao	大三角	⑪	而字型	bān(bak)
9	ウドムサイ	Baeng	Na Maet	Lue	大三角	—	而字型	fū'a
10	ウドムサイ	Nam Mo	Na Thong	Lue	四角	⑩	—	—
11	ルアンパバーン	Louang Phabang		Lao	四角	⑦	—	—
12	ルアンパバーン	Louang Phabang	Pha Nom Noi	Phounoi	大三角	⑤	而字型	khāt
13	ルアンパバーン	Louang Phabang	Na Don Khun	Lao/Khmu	大三角	—	而字型	khāt
14	ルアンパバーン	Louang Phabang	Na Sang	Lao/Tai Dam	X字/大三角	⑧	而字型	khāt/bān
15	ルアンパバーン	Nam Bak	Tha Bou	Tai Dam	大三角	⑥	而字型	bān(bak)
16	ルアンパバーン	Nam Bak	Huai Hok	Tai Dam	小三角	—	而字型	bān
17	ルアンパバーン	Pak Ou	Hat Kho	Lue	大三角	—	而字型	phū'
18	ルアンパバーン	Xieng Ngeun	Na Tan	Nhuane	大三角	⑨	而字型	phū'a
19	ファパン	Xam Tai		Tai Daeng	大三角	⑫	—	—
20	シェンクアーン	Kham		Phuan	四角	⑭	—	—
21	ボリカムサイ	Khamkeut	Na Pae	Tai Taeng	Y字	⑮	—	—
22	サヴァンナケート	Champhone	Phalaeng	Lao	Y字	—	而字型	khāt
23	サヴァンナケート	Khanthabouli	Phon Sung	Lao	Y字	—	而字型	khāt
24	サヴァンナケート	Khanthabouli	Nong Deun	Lao	Y字	—	而字型	khāt
25	サヴァンナケート	Khanthabouli	Phak Kha Noi	Lao	Y字	—	而字型	khāt
26	サヴァンナケート	Khanthabouli	Yang Sung	Lao	Y字	—	而字型	khāt
27	サヴァンナケート	Songkhone	Laha Nam Thong	Phutai	Y字	⑯	而字型	khāt
28	チャムパーサック	Xanasomboun	Wan Woen Nyai	Lao	Y字	⑰	而字型	khāt
29	アタプー	Samakkhisai		Lavae	Y字	⑱	而字型	—

5-2-4 調査事例

 本章に関する調査は、ボーケーオ・サイニャブーリーを除いた北部6県に加え、中・南部のボリカムサイ・サヴァンナケート・チャムパーサック・アタプーの各県29の村落において、犂50点の計測または写真撮影等を行った（図5-4）。ここでは、そのうち北部各県における14例に加え、中・南部の犂4例計18例を示した（表5-1）。
 各例は北部各県では、ラーオ、プアン、黒タイ、赤タイ、白タイ、ルー、ユアン、ヤンの各タイ系民族のほかチベット－ビルマ系であるプノイの使用している犂を、また、中・南部についてはラーオ、プータイ、タイテンに加えモン－クメール系のラヴェーが使用しているものをあげた。同地域・同民族の間で特に変化がみられないものは、それぞれ1例のみを示し、ラーオについては、その居住域が全国的であるため南北の比較対象に、また北部を中心に比較的広く分布しているルーと黒タイでは、ラオス北部域内の変化に加えて隣接する雲南やヴェトナム・タイバックとの差異をみるために複数の事例を示した。

第5章　ラオスにおける犂の形状と農耕文化　143

図5-5　事例①　枠型犂（大三角）

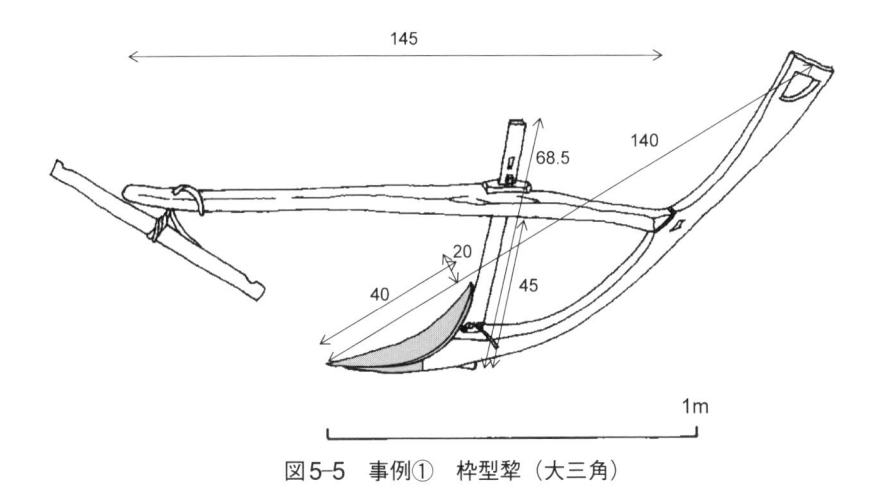

図5-5　事例①　枠型犂（大三角）：直轅短床の典型的持立犂。
調査地：B. Mai（ポンサーリー県ポンサーリー郡）
民族名：ルー　呼称：*thai*

　西双版納から移住してきたという伝承のあるルーの集落だが、現在ではプノイとクムとの混成村。古くから堰灌漑を行っており、現在では乾季裏作にスイカやニンニクを作付けし中国へ出荷している。かなり以前から散播水苗代に変化。橇型の踩耙（西南中国でいう「ツァイバー」）は畑地で、而字型の耖耙（西南中国でいう「ツァオバー」）を水田で竹製均平棒 *mai būa*（*bō*）と併せて使用している。

図5-6　事例②　枠型犂（小三角）

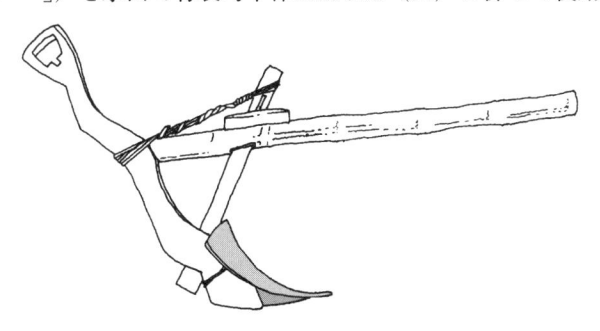

図5-6　事例②　枠型犂（小三角）：屈折した犂梢の抱持立犂。竹製犂轅を端綱で連結する。

調査地：B. Na Wai（ポンサーリー県ポンサーリー郡）
民族名：ルー　呼称：*thai*

　河川沿い。2km 以上の水路を持った堰灌漑があるが、乾季には昆明から来た中国人がスイカの栽培に使用している。陸稲栽培もあるほか、サトウキビやカルダモンを大規模に作付けしている。搾糖は水力駆動横臥式双ローラー圧搾機で行う。水田畦畔や園地などで綿花を栽培し藍染を行っている。点播陸苗代または水苗代に株播きし、現在は1回移植。竹製均平棒のほか、朳(えぶり)を使用して苗代を均平する。

図5-7　事例③　枠型犁（大三角）

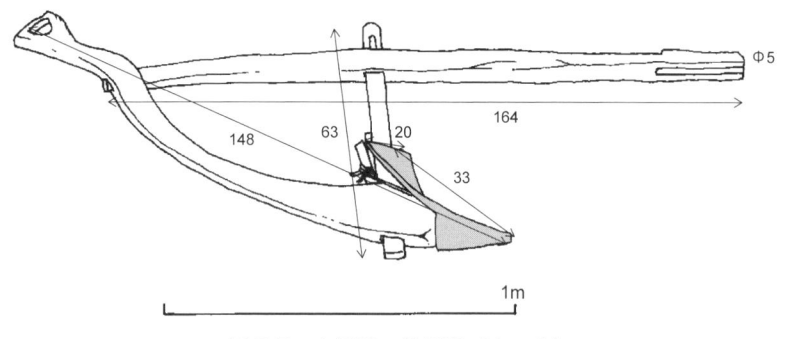

図5-7　事例③　枠型犁（大三角）：直轅短床犁。犁鉤(りこう)が外れている。
調査地：B.Ngai Neua（ポンサーリー県ブンヌァ郡）
民族名：ルー　呼称：*thai*

　Ngai 川に沿った山間小盆地に立地する集落。谷地田になっているが排水はよく、古くから堰灌漑を行っている。現在は散播水苗代。犁－踩耙－耖耙の組み合わせで、地拵えを行う。乾季にケシと野菜を園地に混作するほか、疎林で綿花も栽培し藍染めする。平行ウォーム（螺旋型）歯車を持った水力駆動横臥式双ローラー甘蔗圧搾機で、搾糖を行う。

第5章　ラオスにおける犂の形状と農耕文化　145

図5-8　事例④　枠型犂（大三角）

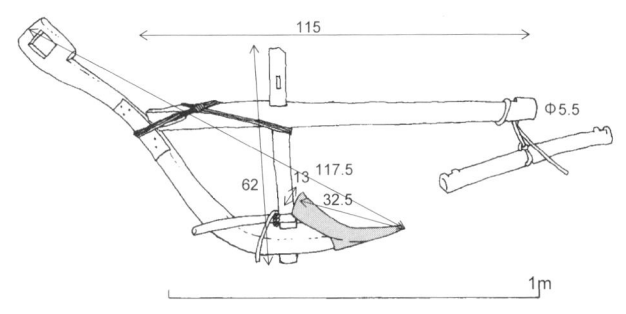

図5-8　事例④　枠型犂（大三角）：直轅短床犂。端綱で引木が繋いである。
調査地：B. Hat Seui（ポンサーリー県クアー郡）
民族名：ヤン　呼称：*thai*

　近隣2カ村ともに200年ほど前に開かれたヤンの集落。水苗代を竹製の *būa kūat* で均平して散播し、陸苗代は作らない。陸稲作も行っている。

図5-9　事例⑤　枠型犂（大三角）

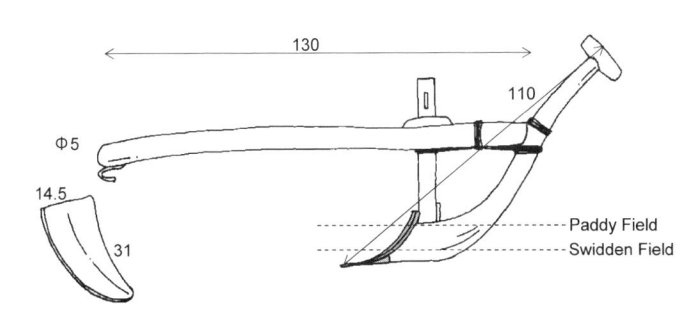

図5-9　事例⑤　枠型犂（大三角）：直轅短床犂。耕地によって耕耘深度を変えて使用する。
調査地：B. Pha Nom Noi（ルアンパバーン県ルアンパバーン郡）
民族名：プノイ　呼称：*thai hāk / li*

　本来、対岸にあるルーの古い村落からの派生村であるが、1960年代後半からポンサーリーなど北部の住民が避難民として流入した。ポンサーリーでは焼畑地においても同型の犂による耕起を行っていたが、焼畑地では耕耘深度を浅くして使用する。

図5-10　事例⑥　枠型犂（大三角）

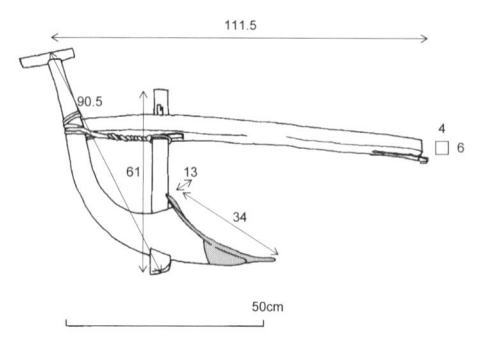

図5-10　事例⑥　枠型犂（大三角）：直轅短床犂。
調査地：B. Tha Bou（ルアンパバーン県ナムバーク郡）
民族名：黒タイ　呼称：*thai*

　ウー川支流の河川沿いに立地。陸苗代に点播し2回移植する。本田均平に大型秒耙 *bān lūat* を使用する。脱穀・搗精は水車を使用した唐臼で行うが、搾糖には、人力の山型歯車を持った竪型双ローラー甘蔗圧搾機を使用。養蜂・養蚕なども行っている。

図5-11　事例⑦　枠型犂（四角）

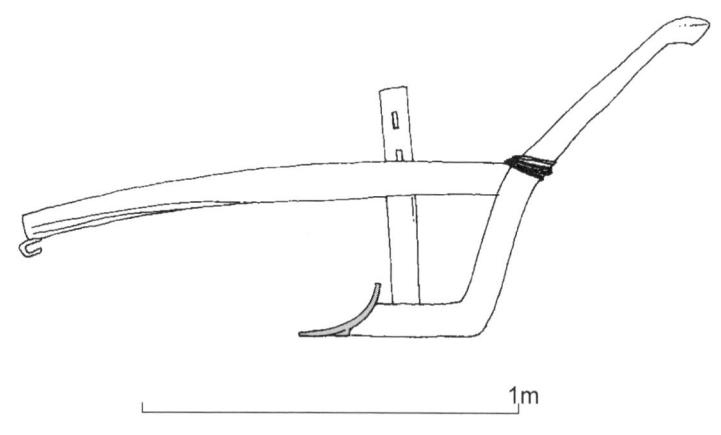

図5-11　事例⑦　枠型犂（四角）：直轅長床犂であるが、犂柄と犂床は同じ材でできている。
調査地：ルアンパバーン県ルアンパバーン郡
民族名：ラーオ　呼称：*thai khā kūang*

インフォーマントはサイニャブーリー出身のラーオで、出身地ではX字型を使用しており *thai* と呼ぶ。この呼称は「鹿脚犂」の意。

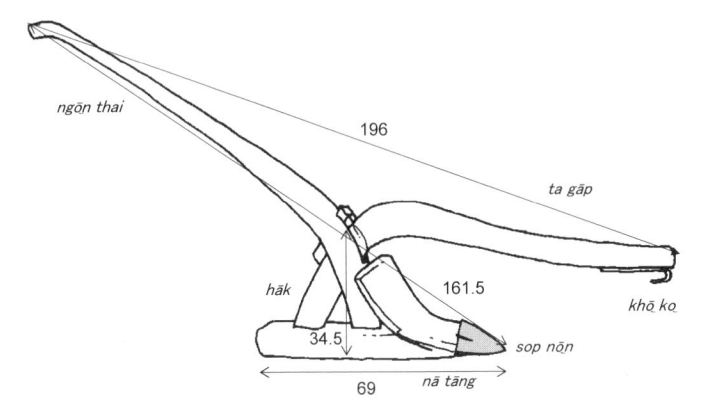

図5-12　事例⑧　X字型犂

図5-12　事例⑧　X字型犂：大きな木製撥土板を持った無犂柱の彎轅長床犂。
調査地：B. Na Sang（ルアンパバーン県ルアンパバーン郡）
民族名：ラーオ　呼称：*thai / thai hāk*

ラーオと黒タイの混成村。近接のラーオ集落における新田開拓地から分村した。流入住民である黒タイは枠型犂を使用しており、これは *thai ngōn* と呼び分けられている。陸苗代に点播し2回移植を行う。

図5-13　事例⑨　枠型犂（大三角）

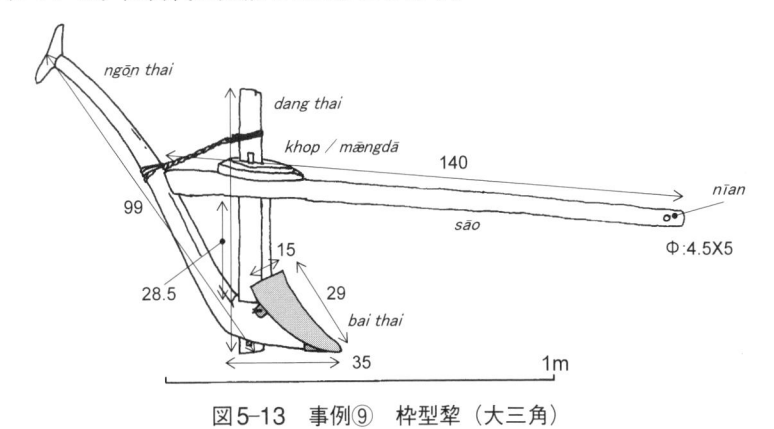

図5-13　事例⑨　枠型犂（大三角）：直轅短床犂。犂轅先端に木製の犂䡈がある。

調査地：B. Na Tan（ルアンパバーン県シェングン郡）
民族名：ユアン　呼称：*thai*

　水田稲作に加えて、一部トウモロコシ・棉・ゴマなどと混作で陸稲栽培を行っている。点播陸苗代で移植は1回。

図5-14　事例⑩　枠型犁（四角）

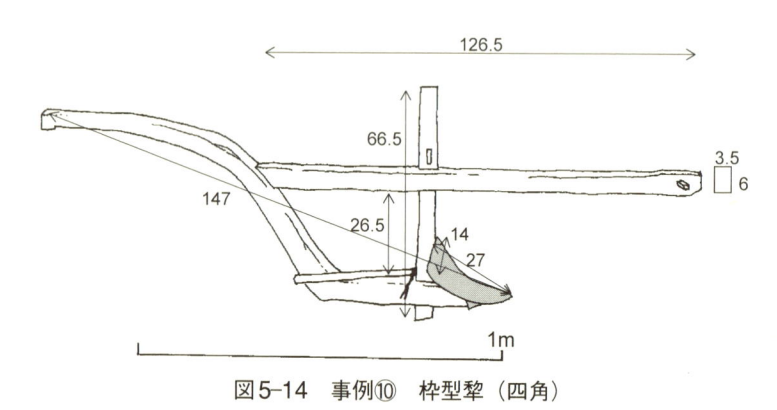

図5-14　事例⑩　枠型犁（四角）：直轅長床犁。犁柄が後方に伸びる。
調査地：B. Na Thong（ウドムサイ県ナムモー郡）
民族名：ルー　呼称：*thai*

　谷底平野に立地し、堰灌漑によって一部乾季水稲作を行っている。

図5-15　事例⑪　枠型犁（大三角）

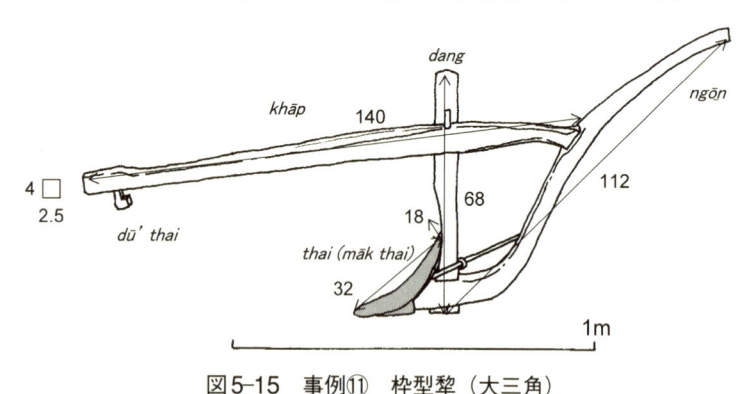

図5-15　事例⑪　枠型犁（大三角）：直轅短床犁。犁轅先端に木製の犁鉤がある。
調査地：B. Sam Kang（ウドムサイ県ベーン郡）

民族名：白タイ　呼称：*thai*

　1880年にディエンビエンフーを発し、移住してきた歴史を持つ。一部では堰灌漑があるが全般的には天水に依存。点播陸苗代で2回移植を行っており、本田均平には大型秒耙 *bān lūat* と竹製均平棒 *bō* を併用する。陸稲も作付けする。

図5-16　事例⑫　枠型犂（四角）

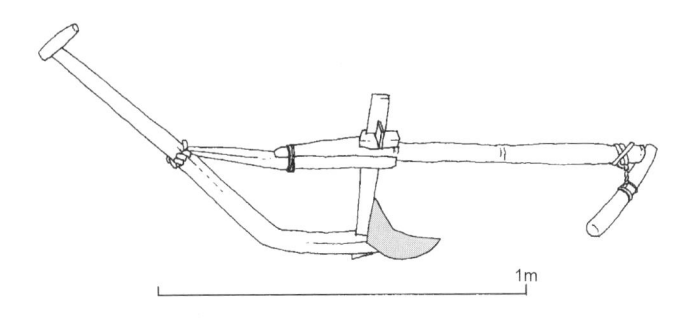

図5-16　事例⑫　枠型犂（四角）：直轅長床犂。木と竹を接いだ犂轅。犂柄は後方に延びる。

調査地：ファパン県サムタイ郡

民族名：赤タイ　呼称：*thai*

　ごく小規模な山間小盆地の水田に、揚水水車による灌漑を行っている。斜面には桑園があり、養蚕と機織を行っている。

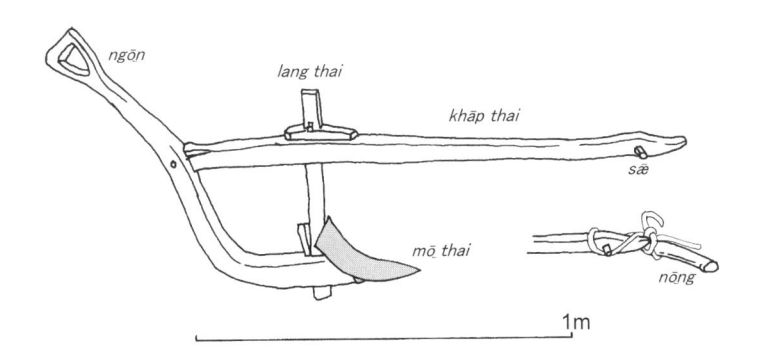

図5-17　事例⑬　枠型犂（四角）：直轅長床犂
調査地：ルアンナムター県ルアンナムター郡

民族名：黒タイ　呼称：*thai*
　山間小盆地の田越し灌漑水田。棚田になっており、一筆あたりの面積は小さい。

図5-18　事例⑭　枠型犂（四角）

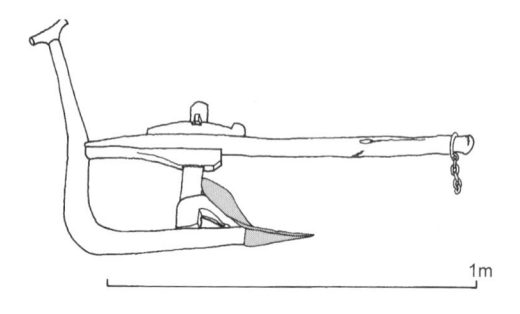

図5-18　事例⑭　枠型犂（四角）：直轅長床犂。竹製犂轅を木で補強し、端綱代りに鎖を使用。
調査地：シェンクアーン県カム郡
民族名：プアン　呼称：*thai*
　比較的広い山間盆地。現在は重力灌漑受益地になっているが、もともと堰灌漑を行っていた。散播水苗代で1回移植。朳による本田の均平がみられる。

図5-19　事例⑮　Y字型犂

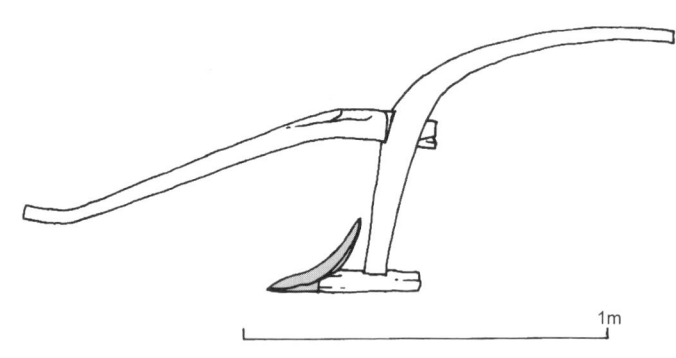

図5-19　事例⑮　Y字型犂：無犂柱の長床彎轅犂。犂轅先端に端綱を通す穴がある。
調査地：B. Na Pae（ボリカムサイ県カムクート郡）
民族名：タイテン　呼称：*thai*
　200年ほど前にヴェトナムから移住してきた歴史を持つ。ヴェトナム国境に近

い微高地で天水に依存した水田と陸稲栽培を行っている。養蚕と綿花栽培をひろく行い、現金収入源として飯米不足時には購入する。

図5-20　事例⑯　Y字型犂

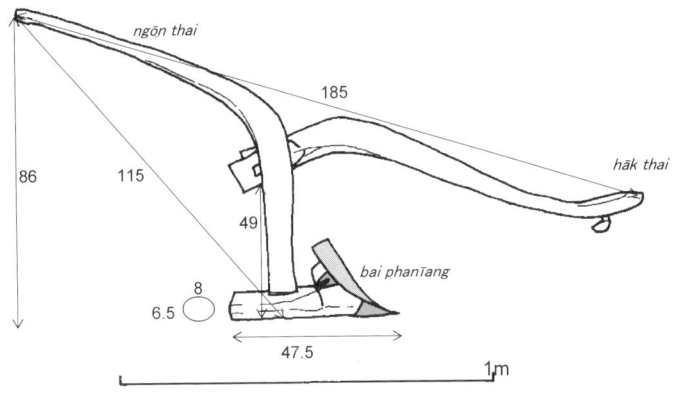

図5-20　事例⑯　Y字型犂：無犂柱の長床彎轅犂。犂轅先端に木製の犂鉤がある。
調査地：B. Laha Nam Thong（サヴァンナケート県サンコーン郡）
民族名：プータイ　呼称：*thai*

　セーバンヒェン川沿いの古い集落で、数年に一度水害を受ける。ポンプ灌漑のある産米林での糯品種水稲2期作のほか、河岸で園芸作・綿花生産を行っている。散播水苗代・1回移植。

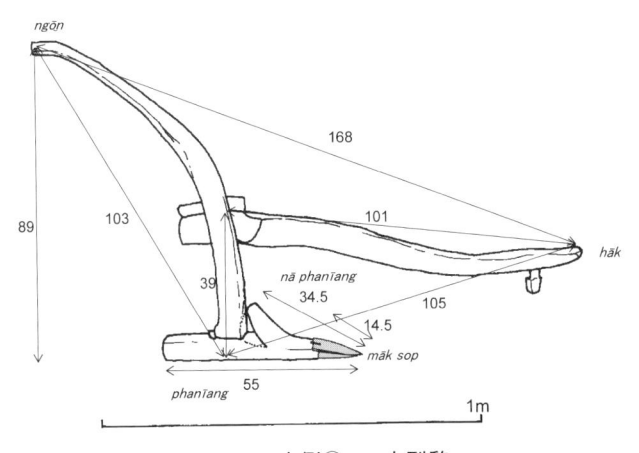

図5-21　事例⑰　Y字型犂

図5-21　事例⑰　Y字型犂：木製の大型撥土板をもつ無犂柱の長床彎轅犂。
調査地：B. Wan Woen Nyai（チャムパーサック県サナソムブーン郡）
民族名：ラーオ　呼称：*thai*

　水田景観は典型的な産米林。散播水苗代・1回移植。粳品種も作付けしている。北部と比較して大型の籾杷を使用。

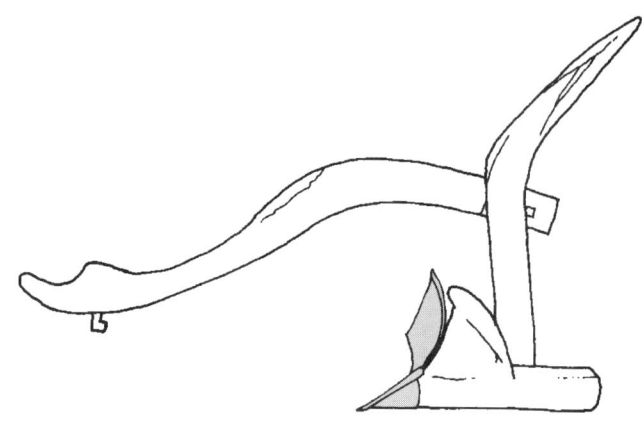

図5-22　事例⑱　Y字型犂

図5-22　事例⑱　Y字型犂：無犂柱の長床彎轅犂。大きな犂底が特徴的である。
調査地：アタプー県サマキーサイ郡
民族名：ラヴェー

　河川沿いの古い集落。散播水苗代・1回移植の天水による産米林。粳品種も一部作付けしている。大型で鉄歯の籾杷を使用している。

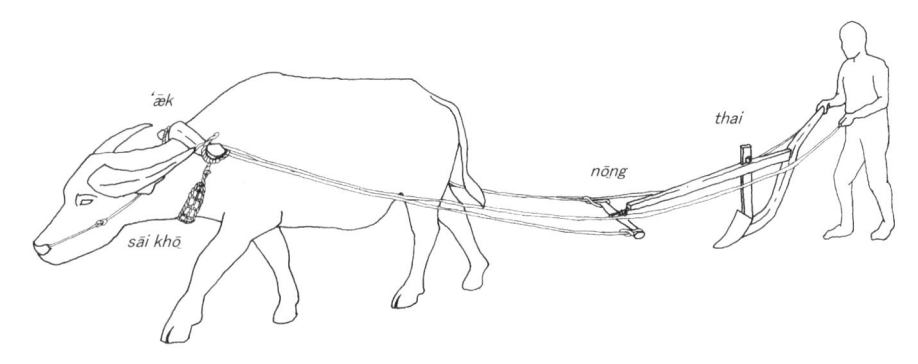

第5章　ラオスにおける犂の形状と農耕文化　153

図5-23　犂耕の様子

　ラオスにおける犂の使用は、プノイ（事例⑤）など一部の民族を除いてほぼ水田に限られ、水苗代や本田耕起の際に水牛1頭立で行う。中国南方系の黄牛はほとんど使用されない[6]。雨季の始まりを待って、地表面が吸水してある程度軟らかくなると耕起が開始される。犂轅を直接牽畜に首引法で固定する軛犂はみられず、すべて轅と軛を紐で連結した単柄の揺動型（図5-23）となっており、①犂轅の先に付いた鉄製（事例③、⑤、⑥、⑦、⑧）あるいは木製（事例⑪、⑯、⑰、⑱）の犂鉤 $kh\bar{\varrho}$ $(k\varrho)$ / (ka) $d\bar{u}'a$、②犂轅先端を上下に穿孔して通した端綱（事例①、②、④、⑫、⑭、⑮）、または③犂轅先端で直交する犂軶 $s\bar{æ}$（事例⑨、⑩、⑬）と頸木（軛）$'\bar{æ}k$ を、引木（$'\bar{æ}k/deng$）$n\bar{o}ng$ を介して首引法によって牽引させる。軛には金属環などで綱通が付けられており、鼻に繋がれた手綱を導いている。手綱は左右両方で捌く場合と、一本のみの場合がある。
　調査結果から見ると、この地域おける犂の構造にかかわらず犂鐴（撥土板）を持つ有鐴犂である。犂鐴については、現在ではほとんどの場合犂鑱（犂先）と連続または不連続な鉄板が利用されているが、本来は事例⑧や事例⑰にみられるよう犂床と同一部材からなり、犂鑱のみが金属であったと考えられる。これは、「犂床と犂鐴は叉状になった一本の木材からなっており、短い方は撥土板として（略）、犂鑱は三角の鉄製で左右に堰土を捌く」［Dilok Nabarath 2000: 115-116］、「（犂の）犂先は同一材の犂鐴を具え、鉄製[7]の犂鑱をつけている」［Thorel 2001: 23-24］、あるいは「（タイの）在来犂は（略）犂鑱を除く他の部分は硬い木材から出来て居り、犂鑱は鋳物である」［森1940: 45］、「泰国の在来犂も又長床犂で、鑱のみが鋳物で、他の部分は全部木製である。筆者は犂鐴の木製の点に驚いたが硬い木を使用するため（以下略）」［二瓶1943: 106］といった報告からも裏付けられる。撥土板は左に傾いている場合が多く、堰土を反転す

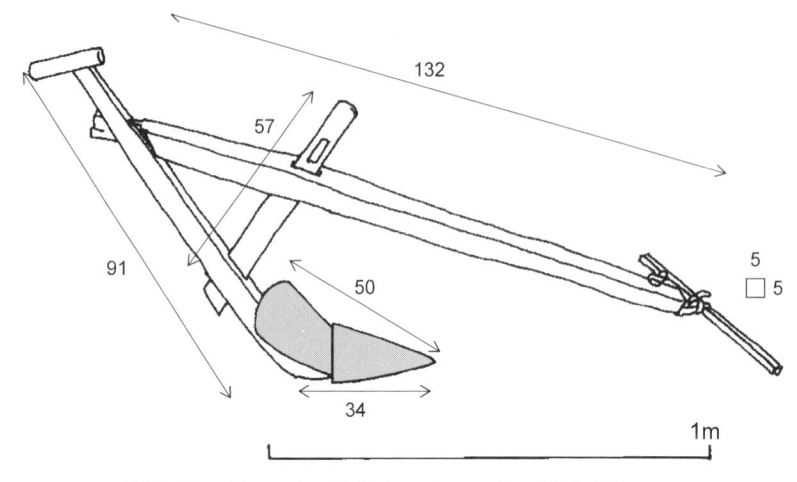

図5-24 ヴェトナム北部ターイThay族の抱持立犂 thay

る。
　一般には犂身・犂轅は共にビルマカリン（*mai dū: Pterocarpus macrocarpus*）など硬質の木製であるが、事例②、⑫、⑭の犂轅には竹が使われている。渡部は雲南の傣(タイ)族が使用する枠型犂について「犂轅が竹製であるのに興味を覚えた」［1997: 27］と報告している。
　ラオスの犂は揺動型で全体として小型なため、操作性は高く、その形状によらず耕耘深度の調節や墢土を捌くことは、犂手が梢(しょう)を操作することによって可能である。梢には把手あるいは拐(つく)がつけられていたり（事例⑤、⑥、⑨、⑫、⑭）、場合によってはハンドル状に加工がしてある（事例①、②、③、④、⑬）が、事例⑮～⑱といった中・南部系統の犂ではみられない。
　耕法としてはほとんどの場合廻り耕法によっており、本田では1から2回犂耕[8]した後、耙を掻けて砕土・反転を行い、移植直前に再度犂による耕起をする場合もある。耙掻けについては、後で検討する。

5-2-5　形状による分類
　ヴェルトは、世界の農耕文化を多面的に分析した大著『掘棒、鍬および犂』（邦題：『農業文化の起源』）において、東南アジアの主要な犂の型を、犂床を持たない「インド犂」、インド犂に由来し短い犂床の上に鑱をのせた「マレー犂」、一頭牽き枠型の「中国犂」に分類し［1968: 220-226］、インドシナ地域の犂について「マレー的要素と中国的ないし東アジア的要素との影響のあいだの真の混合

がみられ（略）中国的要素が卓越している」［1968: 226］としている。
　この観点を踏まえて、ラオスにおける犂型を分類すると次のように考えることができる。

1) 枠型長床犂（擬打延型）：
　犂柄・犂床・犂轅 hāk・犂柱 dang からなる部分が四角を形成している。本来、中国犂の典型である打延型は犂床・犂柄・犂轅がおのおの別の部材からなる（図5-2参照）のに対し、ラオスにおけるこの型の犂は犂柄と犂床が同一の材からなっているのが特徴といえ、犂身 ngān 全体は一連の構造として考えられており、農民の認識上区別がない。調査事例のうち、⑦、⑩、⑫、⑬、⑭がこの型である。
　応地は、打延型の長床犂は彎轅犂の系統から、一体の犂身を持った枠型犂はインド犂の系列から派生したもの［1987: 182］としている。これに対して枠型長床犂は、形状としては明らかに打延型に近いが、犂床が犂柄と一体となっており、かつ犂床と犂柄が形成する角が鈍角のものが多く（事例⑩、⑫）枠型犂に近い。また、ヴェルトが中国犂の特徴としてあげている「犂轅はつねにほぼななめ下にむき」［1987: 225］よりもむしろ、犂床と平行な関係にある。
　従って、枠型長床犂は彎轅犂から派生した打延型とインド犂から派生した枠型犂の中間的な性質を持っているといえる。

2) 枠型短床犂（持立型）：
　犂床と犂柄が連続しており、かつ犂身・犂轅・犂柱によって三角形が形成される型である。調査事例のうち、①、②、③、④、⑤、⑥、⑨、⑪がこの型に相当する。ラオスの持立犂は、犂柱と彎曲した犂身が三角の枠型を構成する無床または短床の、いわゆる松葉型が支配的である。
　浜田はシェンクアーン県のミャオ（フモン）が、雲南東南部のチワン族・イ族[9]［尹 1999: 282-299］やヴェトナム北部のターイ Thay 族[10]にみられる短床の抱持立型（図5-24）を使用していることを報告している［浜田1959: 37-38］が、筆者の調査では犂柱が犂床近くで交差する犂身の屈折したタイプ（事例②）のみがみられた。また、渡部［1997］、古川［1997］、尹［1999］はそれぞれ雲南の傣族が有鑱の彎轅枠型犂を使用していることを報告しており、Laffortらはポンサーリー県における調査で、犂鑱と別部材からなる大型の犂鐴を持った彎轅枠型犂の存在を報告している［Laffort *et al.* 1998: 250; Baudran 2000: 178］[11]が、ラオスの枠型犂では犂床と犂轅が平行な位置関係になっていることが多く、筆者の調

査ではこのタイプは観察されなかった。しかし、事例①、③、④、⑥の各型は、犂床を地面と平行にした場合、直轅であるものの犂轅の先は下を向くという点で、彎轅的要素を含んでいると考えることもできる。

ヴェルトは、「中国犂においては、犂轅はつねにほぼななめ下にむき、したがって、（犂柱によって）下からの支えを必要とする」［1987: 225］としており、むしろ先にあげた長床のタイプよりも中国犂的な要素が強いと思われる。

3) 彎轅三角枠型長床犂（X字型）：

大きく彎曲した犂轅 ta ngāp が、犂柄 ngōn と交差または貫通して犂床 nā tāng と接した犂柱を持たない長床の枠型犂である。通常犂轅は hāk と呼ばれることが多いが、事例⑧の調査地では犂轅が犂柄と交差したのち犂床と接合する部位を hāk と呼んでいる。ta ngāp は、白タイなどが犂轅を指す語としている khāp と同語であると思われる。

八幡はヴィエンチャンからサヴァンナケートにかけて観察したこのタイプの犂を「X字型」と呼び、精査を俟つものとしながらも（インド犂の系統に入る）Y字犂の特殊型と位置づけた。［1965: 184-186］しかし、同時に中国に同構造の有床犂が存在することを踏まえ、「X字犂を印度犂の変型とのみ考えることはできない」［1965: 191］と、含みを残している。

また、Chancellor は「（タイにおける）最も伝統的な犂型の一つで、二大類型（枠型犂とマレー犂）の折衷型といえる」［1961: 48］としており、ヴェルトはこれを「タイの犂」と呼び、マレー犂に由来しながらも中国の枠型犂の影響を受けて実現された［1961: 222-229］と結論付けた。

一方で、Hopfen は枠型犂とともに中国犂とみなし［1960: 53-54］、経緯を示していないが、「三角型中国犂は、日本・フィリピン・ベトナム・カンボジアならびにタイへ導入された」［1960: 53-54］としている。

写真5-1はラオス農林省の中庭にある農民夫婦の像であるが、全国に多様な犂型がみられるラオスにおいて、特にこのタイプの犂が「ラオス農業」のモチーフとして描かれていることは興味深い。しかしながら、犂轅や犂床－撥土板の構造部に使用する大型の部材を確保するための木材の不足によって、現在ではこの型の犂はほとんどみられなくなってきており、ラオスにおける資料や報告も極めて乏しいことからこれ以上の位置づけは困難であるように思われる。

4) 長床無犂柱犂（Y字型）：

ヴィエンチャン以南のメコン河沿岸地域にみられる彎轅犂で、犂柄 ngōn・犂

第5章 ラオスにおける犁の形状と農耕文化　157

写真5-1 農林省（ヴィエンチャン）中庭の像

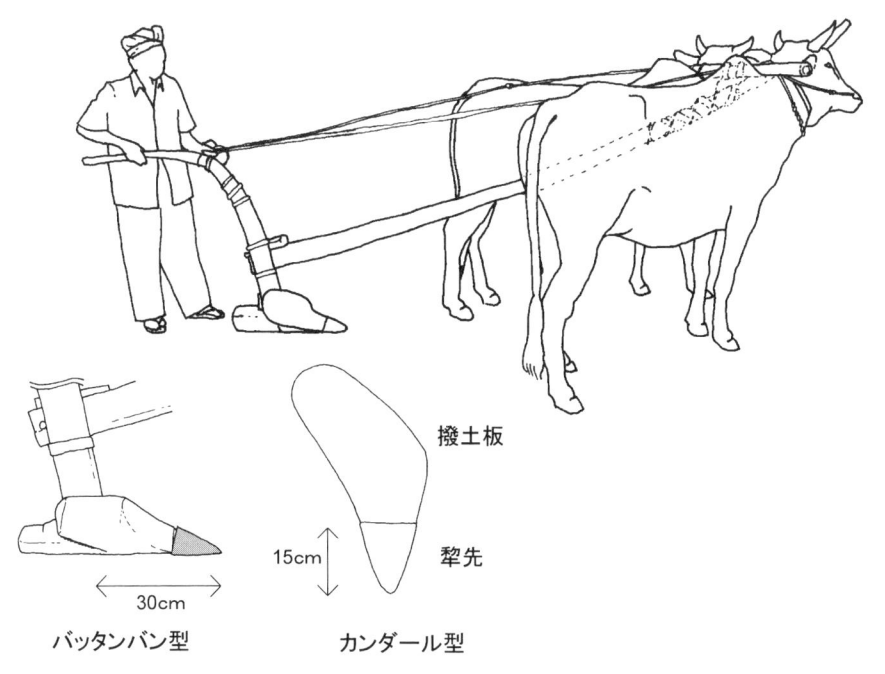

撥土板

15cm

犁先

← 30cm →

バッタンバン型　　　カンダール型

図5-25　カンボジアのマレー犁 pha: l

表5-2 ラオスにおける犂型の分類

構造			連結	犂轅	牽畜	犂鑱	犂床	犂柱	分布	主な民族
枠型	四角		揺動型	擬打延型	水牛×1	中	長	有	ルアンパバーン以北	ラーオ・ルー
	三角	小		抱持立型			無〜短		ポンサーリー・シェンクアーン	ルー・(黒タイ)
		大		彎轅枠型			無		ポンサーリー	—
				松葉型			短〜中		ルアンパバーン以北	ルー・黒タイ
非枠型	X字			タイ型		大	長	無	中北部から中部	ラーオ・プアン
非枠型	Y字			コンケン型		中〜大	長		中部以南メコン河岸	プータイ・プアン
非枠型	Y字		固定型	彎轅	牛×2	無〜小	長	無	タイ中央平原・カンボジア	シャム・クメール

轅 *hāk*・犂床 *phanīang* からなり、犂柱を持たない。八幡はこれを「Y字型」と呼び、ヴィエンチャン近郊やタイ東海岸部のチャチュンサオやプラチンブリーにも分布するとしている [1965: 184-186]。調査事例のうち、⑮、⑯、⑰、⑱がこの型である。家永は長床無犂柱犂を「コンケンの犂」と呼んで、「マレー犂と中国犂との複合文化の所産としてアウフヘーベンされてできた新しいタイプの犂とみられないであろうか。」[1980: 69] としている。また、飯沼らは「(東南アジア地域の中国に近いところとインドに近いところの) 中間地域には、(中国犂とインド犂) 両犂の中間形態ともいうべき犂が使用されている。」と指摘し、このタイプを「東北タイの犂」として紹介しており [1976: 25-26]、Schliesinger も中央タイのロップリーに住んでいるプアンが、木製の撥土板を持った同様の犂を使用していることを報告している [2001: x]。

カンボジアでみられるマレー犂の形状と撥土板の形成については、既に拙稿において中国犂からの影響[12]の可能性を指摘した [福井; 園江 1999: 121-123] が、ラオスのメコン河沿岸地域とタイでみられる揺動Y型犂の形状は、一義的にはカンボジアのマレー犂 (図5-25) と犂轅の長短によって峻別され、八幡が「東南アジアに於けるy字型犂は構造的にみて印度犂の系統に入るべきものである」[1965: 188] と指摘しているように両者の間には何らかの関連があると考えられる。固定型で左右非対称な犂床を持ったマレー犂はタイ・カンボジアのほか、南部コーチシナでも森が報告している [1942: 26-27]。

Chansellor は、タイ犂を犂柱の有無によってマレー犂と枠型犂の2系統に大別し、その折衷型として犂床に犂柄と犂轅を交差させて接いだ「X字型」の三角枠型犂を位置づけており [1961: 46-48]、また、牽引の方法に雄牛の2頭引き (軛犂) と水牛1頭引き (揺動犂) があるとしている [1961: 7-9]。

これを上記の分類と比較すると、ラオスでは犂柱を持たない系統のうち軛犂であるマレー犂はみられず、水牛1頭を牽畜とした揺動犂の「Y字型」と「X字型」三角枠型犂のみがみられる。一方で、枠型犂は長床 (四角型) の擬打延型と短床 (三角型) の持立型に分けることができ、さらに三角型でも松葉型 (大三角) と

抱持立型（小三角）の2種に加えて、彎轅系のものがあることがわかる（表5-2）。

5-2-6 犂型の分布

上述の犂型の分類に従って調査結果をまとめたのが図5-26である。ここには、ラオスの近隣地域も含め、浜田［1959］、岩田［1963］、Laffortら［1998］、森［1943］、Schliesinger［2001］、Tanabe［1994］、八幡［1965］によって報告されている事例も併せて記載した。

八幡の報告は「（岩田［1963］が報告しているヴィエンチャン北部にあるパ・タン村のタイヌァや、浜田［1959］によるシェンクアーンのラーオやフモンの用いている犂は）私の実見したX字型、Y字型とは異なり、犂柱を有している」［1965: 186］として、ヴィエンチャン以南に枠型犂が一般的に分布していないことを示唆している一方で、実際にルアンパバーン以北において分布する犂は、ほとんどが犂柱を持った枠型犂である。

また、タイ北部のチェンマイ盆地における詳細な農業地理学的研究を行った

写真5-2 ラーチャプラディット寺院（バンコク）布薩堂の壁画
2頭のコブウシに牽引させた丹塗りのマレー犂が確認できる。

Tanabe は、水牛1頭立ての枠型犁を使用した作業の様子［1994: 183-184］を記述しており、森［1940］、二瓶［1943］、Chansellor［1961］は地方を明らかにしていないものの、タイにおいて枠型犁が分布していることを報告している。筆者も、チェンライ県において枠型犁を観察したことがある。一方で、Vespada らは、タイの稲作文化を紹介する著書の中で農具についても言及しているが、犁については牽畜に牛を用いるものと水牛を用いるものに分かれるとしてマレー犁とY字型犁のみを扱っており［Vespada ed. 1998: 138; 141］、20世紀初頭のタイ農村を記録したDilok親王は、Y字型犁を使った水牛一頭立てによる耕起作業の写真を残している［Dilok Nabarath 2001: I］。

現在中部タイでは機械化が進み、ほとんど牽畜を用いた犁耕はみられないが、5月に各地で行われる春耕祭 *rǣk nā khūan* と呼ばれる農耕儀礼に、その片鱗をみることができる。この祭祀はスコータイ時代に始まるとされ、バンコクの古刹ラーチャプラディット寺院の壁画（写真5-2）に残されたままに、現在でも王室の儀式 *Phra rācha phithī čharot phra nangkhan* として執り行われているが、この際「犁おろし」に使用されるのは、二頭の白牛が牽引する装飾を施した丹塗りのマレー犁である。また、17世紀ルイ14世の全権使節としてアユタヤに滞在した de la Loubère は、当時使用されていた犁が長床無鑱の牛2頭牽きのものであったことを記録している［1986: 18-20］。

これらの記録から推測すると、タイにおいては固定型のマレー犁またはその系譜に繋がると考えられるY字型犁が一般的であるが、北部では枠型犁も使用されており、十分な検証が必要なもののタイ北部も枠型犁の分布域に属していると考えることができる。

図5-26をみる限り、枠型犁とY字型犁の分布地域はヴィエンチャンの南北で明瞭に峻別されており、両者が別の系譜に属するものであることを示す一方、Y字型犁とマレー犁の間には形状面と分布域の重なりから何らかの関係があるものと考えられる。

一方でX字型犁は、ラオスではルアンパバーン以北には見られず、また、雲南や四川を丹念に調査した渡部らの報告［渡部 1994; 1997; 2003; 渡部ら 2003］でも言及されていないことから、Hopfenの結論あるいは八幡の留保に反して、ラオスのX字型犁と中国犁との関連を積極的に支持する材料はない。むしろ、アンコールワットを調査したグローリエGeorge Groslier が、カンボジア北西部において大型の木製撥土板に鉄製犁鑱をつけたX字型犁の使用を確認しているとした八幡の指摘［1965: 187］からみると、このタイプの犁はマレー犁の系統を基盤として成立したものであると考えられる。

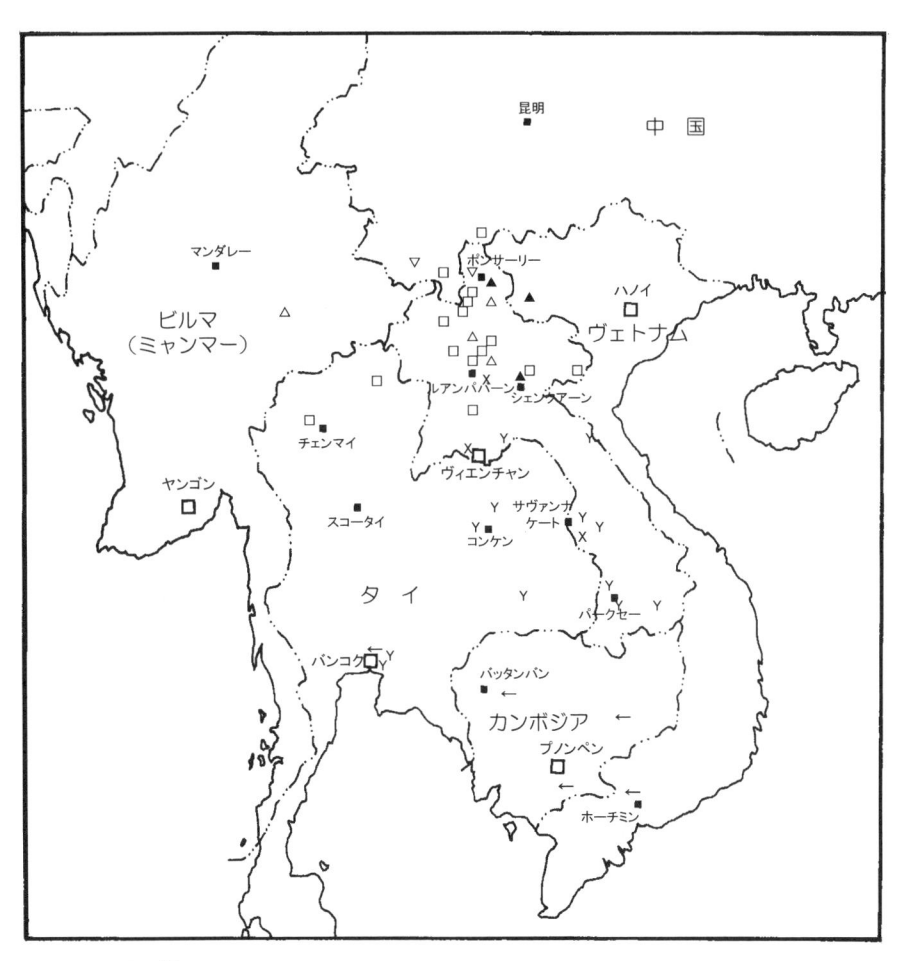

第5章 ラオスにおける犂の形状と農耕文化　161

凡　例

□　擬打延型
▽　彎轅枠型
△　松葉型
▲　抱持立型
X　タイ型(X字)
Y　コンケン型(Y字)
←　マレー犂

図5-26　ラオスとその周辺における犂型の分布

------	枠型犁
-・-・-	インド犁
......	マレー犁
------	現在の国境

家永[1990]; 渡部ら[1999]による拡大範囲

タイ文化圏の想定範囲

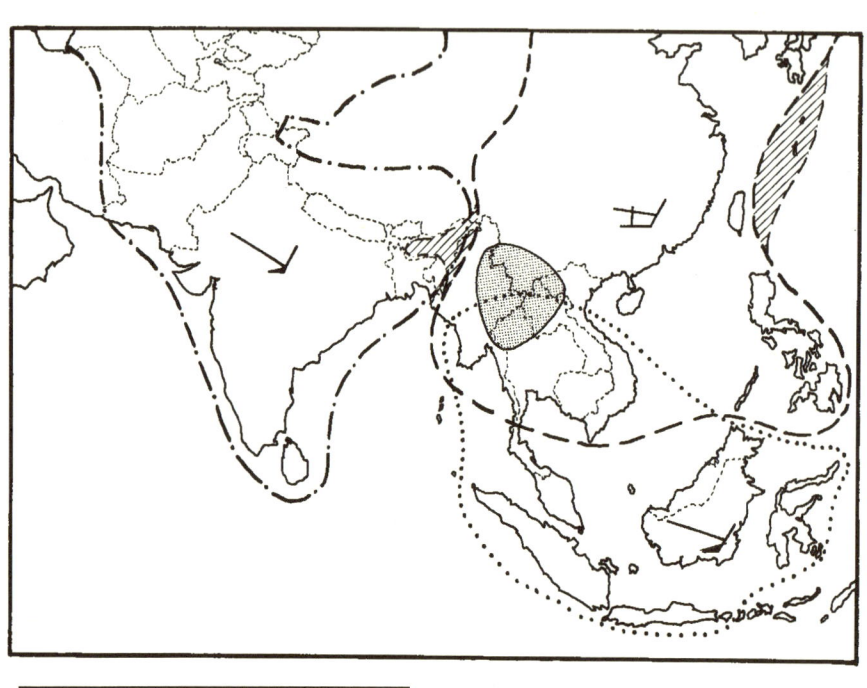

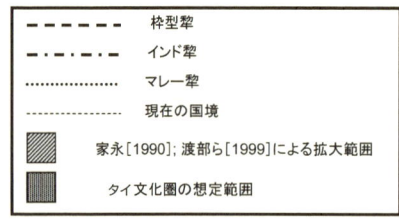

ヴェルト[1968:135]を一部改変。

図5-27　東南アジアにおける犁型3分類の分布

ヴェルトは、先に述べた東南アジアの主要な犂型3分類の分布を図上に示している［1968: 135］が、家永は「（略）中国犂の範囲は，ヒマラヤの南にそって現在修正されてよい」［1980: 31］と指摘しており、また渡部は雲南における調査の結果を踏まえ、枠型犂の分布範囲を「現時点では（中略）ヒマラヤの南にそってアッサムまで伸ばし、さらに日本の南西諸島部も入れるべきである」［渡部ら 1994: 433］と主張している（図5-27）。

これに対して図5-26で示したラオス周辺における調査結果は、マレー犂の分布北限をヴィエンチャン付近に修正する一方、枠型犂の分布南限についても検討の必要性を示している。東南アジア大陸部は、枠型の中国犂とマレー犂の分布が重なり合う地域であり、わけてもインドシナ半島北部はマレー犂の北限となっており、枠型犂の影響が色濃いながらもさまざまなバリエーションに富んだ犂型がみられる。これらの事実は、X字型犂が枠型犂とマレー犂双方の影響が重なり合う地域において、特異に出現した犂型であることを示している。

雲南からアッサムに広がるタイ系民族の分布地域、特にラオス北部を含むタイ文化圏の中心は、まさに犂型分布の結節点に位置している。これまでのところ、タイ文化圏におけるタイ系民族の農耕文化と枠型犂との間には密接な関係がみられており、このことは、タイ文化圏の範囲設定ならびに枠型犂の分布範囲としてアッサム州周辺を検討する際、重要な鍵を提供する。

5-3 農具と農作業に関する語彙

5-3-1 犂

第3章3-2において一部触れたように、ラオスに居住しているタイ系民族は、水苗代や本田を準備するために、まず犂によって耕起し、続いて耙を用いて砕土・均平する。犂や耙などの形状に拘わらず、この作業体系はラオス国内のいずれの地域においても基本的に同じである。また犂の呼称についても、地域と民族により声調上の差異はあれ、モン語の *thoy / thoa* に連なる［新谷 1999: 156］「犂 *thai*」という名詞と「犂耕する *thai*」という動詞が全国的に用いられている。これに対して耙や均平具は、各地で大きさや形状が異なるのみならず、タイ系の諸言語による呼称もまちまちである（表5-3）。

犂の呼称をより詳細にみると、ルアンパバーンでは犂轅を意味する語 *hāk* を伴ってX字型を *thai hāk* と呼び、枠型犂を *thai ngōn*、*thai khā khūang* などと呼び分けることがあるのに対し、ヴィエンチャン以南ではY型を *thai* と呼び、X型については *thai hāk* と呼ばれることがある。また、ポンサーリーでは普通松葉型の

164

表 5-3 稲作に関わるタイ系民族の語彙

		Lao (Northern)	Lao (Central and Southern)	Phuan[*]	Black Tai	White Tai	Phutai	Leu	Nhuane	Yang	Thai Neua[*2]	Siam[*3]
犂	犂柄	thai	thai	thai	thai	thai	thai	thai	thai	thai	thai	thai
	犂身	ngōn	ngōn	ngōn thai	ngōn	ngōn	ngōn thai	ngōn	ngōn			khan thai
	犂床	nā tāng	phanīang	dāt thai	—	ngōn	mai dāt	ngōn	(phanīang)	—		hāng yām
	犂柱	—	—	—	lang	dang	—	—	dang thai			hūa mū
	犂轅（繋土板）	ta ngōp / hāk (bai thai)	hāk bai phanīang	hāk thai po thai	khāp thai	khāp	hāk thai bai phanīang	ngōn / khāp thai	lāo bai thai			hāng bai phān
	犂鑱	sop nōn	māk sop	dīan thai	mō_ thai	māk thai		sop ngōn	kēn thai			māk sop
犂かけ		thai	thai	thai	thai	thai	thai	thai	phū'a / fū'a	thai		thai
鋤肥		khāt	khāt		bān bak	bān bak	khāt	fū' / phū'				khrāt
肥かけ		khāt	khāt		khāt	līat	khāt	kāo				khrāt
踏肥		—	—					phīak				
踏肥かけ		—	—		bān lāt	bān līat		dū'ng				
長柄鎌		—	—		mōp							
均平棒		mai mōp / bō khāt	—		bān chan			bō / mai būa		būa kūat		
杷・杙		—	—		mōp			mai kōi	mai phīang			
均す		mōp	—		phok kā			līat				
播種		tok kā	tok kā		(tā kā)			sak kā				
苗代	陸苗代	tā kā	tā kā		tā phok			tā kā bok				
	二次水苗代	kā bok	—		tā sam			tā kā nam				
一次移植		kā nam	—		sam			sam				
本田移植		dam nā	dam nā		pu'i_ nā			dam nā				dam nā
鎌		kīao	kīao		kīao			kīao		kīao		khīao
	挿入式	kīao nok kok	—		kīao nok kok			khīo		ka vae		kīao (v)
	嵌せ式	vaek	—		līang			phā ngō'		diang kae		
手鍬		khōn tōn	—		khōn tap khao	mai khō_		diang (khae)	khōn diang	kae		(mai nīp)
稲伐棒		khōn tī	—					khōn pē_	khōn khō_			
打穀棒		—	—					khōn tī khao				
脱穀台		phaēn tī khao	—		phaēn fāt khao			phaēn tī khao / kae	phaēn fāt khao			

[*]: ヴィエンチャン県ポンホーン郡出身のインフォーマントによる。
[*2]: Shintani et al. [2001] による。
[*3]: 冨田 [2000]；Vespada ed. [1998]；八幡 [1965] による。

犂しかみられないため、特に呼び分ける語が無いにかかわらず、ポンサーリーからルアンパバーンに移住してきたプノイのインフォーマントはこれを *thai hāk* と呼んでいた。本来プノイ語では、犂のことを *li* と呼ぶ。

東南アジアにおいて、「犂」を意味する単語は基本的に、サンスクリット語の *phala* 犂鑱／*langala* 犂に起源を持つもの、漢語の *li* 犂を借用したものに加え、先述のモン語起源の三つが殆どであり［新谷 1999: 156］、タイ（シャム）語の *thai* に関して、冨田はビルマ語の *thœ* に起源する説を支持し、タイの犂は *hāng yām*（犂身）、*khan thai*（犂柄）、*hūa mū*（犂床）、*phān*（犂鑱）の各部からなり［1990: 748］、*phān* の単語はサンスクリット−パーリ語起源であるとしている［1990: 1165］。

また、先述の調査で八幡は、犂梢 *hangian*／*han yam*／*hangiam*（*ngoh*）（ナコンチャイシー：Y／チャチュンサオ：Y／ヴィエンチャン：Y）・*ngon*（サヴァンナケート：X）、犂轅 *kanchak*／*hantai*（*hâk*）／*han*（ナコンチャイシー：Y／ヴィエンチャン：Y／サヴァンナケート：X）・*gon*（チャチュンサオ：Y）、犂床 *hoamû*／*wô mû*／*hoamou*（*dât*）（ナコンチャイシー：Y／チャチュンサオ：Y／ヴィエンチャン：X）・*panian*（サヴァンナケート：X）、犂鑱 *pan*／*plan*（*pît*）（ナコンチャイシー：Y・チャチュンサオ：Y／ヴィエンチャン：Y）*maksop*（サヴァンナケート：X）といった語彙を集めており［1965: 182-185］、これらに含まれる明らかな聞取り上の誤謬を捨象すると、犂梢を示す語は *hāng yām*・*ngōn*、犂轅 *hāng*・*hāk*、犂床 *hūa mū*・*dāt*・*phanīang*、犂鑱 *phān*・*māk sop* に集約される。

主にヴィエンチャン以南で犂床を意味する *phanīang* の語は、タイ語の *phān*[13] あるいはクメール語の犂 *pha:l*（図5-25参照）同様 *phala* に起源するもの考えられ[14]、撥土板を *bai phanīang* あるいは *nā phanīang*（*bai*・*nā* は、それぞれ「板」・「面」を示す）と呼ぶ同地域に対し、犂身が一体構造を持った枠型犂を主に使用している北部では、撥土板自体を *thai* あるいは *bai thai* と呼ぶことは注目に値する。

ルアンパバーンでは，普通みられる枠型犂に関しては犂身全体を *ngōn* と呼ぶことを既に指摘したが、この語は「彎曲した先端部」という原義から本来犂柄を示している。一方で、X字型の犂では犂床を犂柄と明確に区別し、撥土板部分と併せて *nā tāng*（厚板面）と呼ばれ、ラーオと黒タイの混成村である調査地 No.14では、専ら黒タイが使用する枠型犂を *thai ngōn* と呼ぶのに対し、X字型はラーオ犂であるとの認識の下で *thai hāk* と区別されている。また、枠型犂では犂鑱を *sop thai* と呼ぶのに対し、X字型では *sop nōn*（芋虫吻）と呼ばれている。

写真5-3 橇型耙 *phīak／phǣ*（踩耙）
ポンサーリー県ポンサーリー郡 Mai 村

写真5-4 而字型耙 *khāt*（耖耙）
ポンサーリー県ポンサーリー郡 Na Wai 村

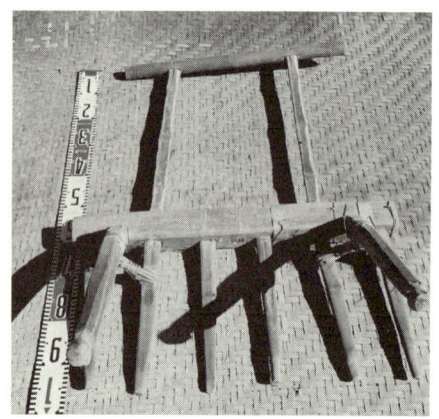

写真55 而字型耙による本田の反転作業 *bak*
ルアンパバーン県ルアンパバーン郡　牽引棒を支点にして、耕土を練っている。

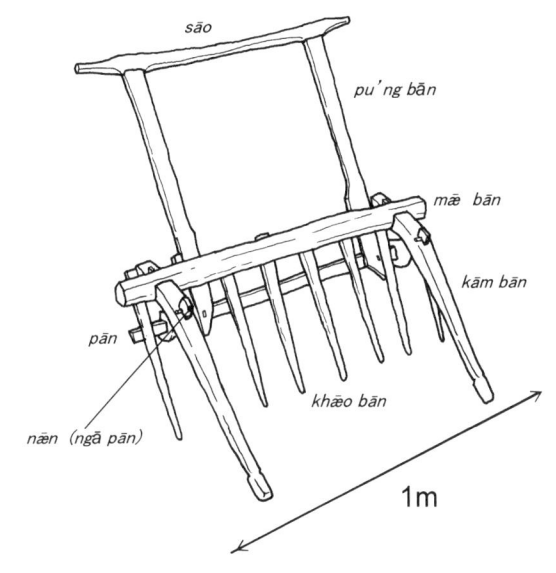

図5-28　而字型耙 bañ bak

　現在、ヴィエンチャン近郊で木製の犂を確認することは極めて困難であるが、ルアンパバーン-ヴィエンチャン間にあるヴィエンチャン県ポンホーン郡出身でプアンを出自とする農林省の職員によれば、郷里ではかつてX字型犂を使用しており、犂床を dāt thai（ずりとこ）、犂鏵を dūan thai（犂先）と呼ぶと教示してくれた。

　これらの事実は、形状の面のみならず語彙に関しても枠型犂とY字型犂の間に異なった起源が求め得ることを示唆しているものと考えられ、X字型については、地理的にその中間域に分布しているのみならず、地域によって異なった言語文化的背景を持つものということができる。

　地域的・民族的差異を明らかにするために必要な言語や語彙の情報は、現在のところまだ十分とはいえないが、ラオス北端のポンサーリーやヴィエンチャン以南では犂の呼称と形状が比較的明瞭なのに対して、その間に位置するルアンパバーンを中心とした地域では別起源を暗示する呼称・形状が錯綜した様相を呈し、この地域がある農耕文化の境界域に属していることを示唆している。

5-3-2　耙

　犂に関する考察を補完するために、ここで、ラオスにおける耙の形状と分布な

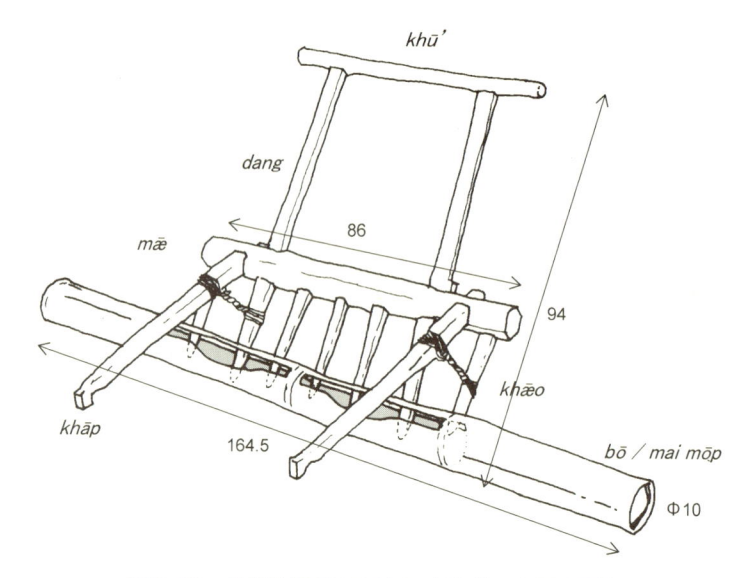

図5-29 竹製均平棒 bō khāt を装着した而字型耙

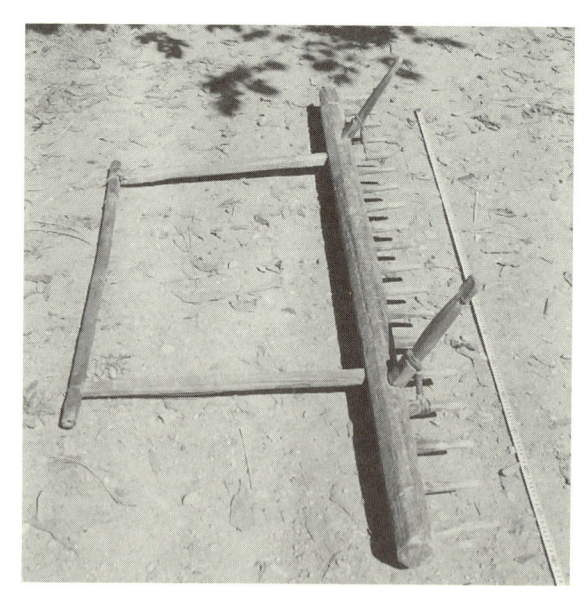

写真5-6 黒タイの均平用大型耙 bān lūat
ルアンパバーン県ナムバーク郡

第5章 ラオスにおける犂の形状と農耕文化   169

写真5-7 竹製均平棒 bō khāt による作業の様子
ルアンパバーン県ルアンパバーン郡

らびに関係する語彙について検討してみたい。
　ラオスの杷は、橇型の phīak または phæ と（写真5-3）と而字型の khāt（写真5-4; 写真5-5）に大きく分かれる。前者は、中国では踩耙、または操作の際に上に立つ[15]ことから踏耙とも呼ばれる。後者は耖耙と呼ばれ、前方に伸びた牽引棒 khǣn khāt または khap（図5-28：但し、図の而字型耙は白タイのもので、牽引棒も khām bān という。）を[16]持っている。
　渡部は「（雲南の哈尼族[17]の水田耕作は）耕（犂耕作業）－耙（踩耙作業）－耖（耖耙作業）の順序で行う。もともとこの作業体系は華北の畑作地帯で完成されたものである。この体系が江南以南の水田地帯に導入されたとき、新たに耖耙が発明された」［渡部 1997: 78］としており、尹は踩耙が雲南全省に分布しているのに対し、耖耙の分布を雲南中部以南に限られる［尹 1999: 344］として、雲南

に住むタイ族の耖耙と踩耙を併用する技術体系を「犁・堆・翻・耙」と説明している [1999: 330-331]。ラオス国内のタイ系民族のもつ水田耕作の技術体系はこれを踏襲しており、特にポンサーリーにおけるルーの技術はまさしくこれに則ったものである。

ラオスにおいて踩耙はフモンがポンサーリーの一部で行う[18]ほか、No.4の調査地で典型的に見られるようにルーが好んで使用している。しかしルーでも、ルアンパバーン以南ではほとんどみられず、耖耙による砕土後はもっぱら踩耙の歯先に装着した *mai mōp* あるいは *bō khāt* と呼ばれる竹製均平棒（図5-29）[19]によって均平作業を行うことが多い。また、黒タイや白タイでは耖耙作業の後、大型で歯の短い耖耙 *bān lūat*（写真5-6）[20]を掻けた後、竹製均平棒の使用がみられる。

竹製均平棒はラオスでは主に北部でみられ（写真5-7）、雲南に広く分布する平耙の一種と考えられる。ポンサーリーのルーでは、踩耙作業の後改めて均平のために行われることが多く、踩耙による砕土や平耙の使用[21]は、雲南からこの地域にかけての農耕技術を色濃く特徴付けているといえる。また、多少大きさに差があるものの耖耙がラオス全国に分布しているのに対して、踩耙の分布がほぼポンサーリー地域に限定されていることから、先述の尹の指摘と併せると、耖耙と踩耙の分布が重なるのは、雲南中南部からラオス北部にかけてであるということができる。

雲南に広くみられる踩耙と竹製均平棒のラオスにおける分布範囲は、これまでに検討したラオス国内の枠型犁との分布と合致しており、この点もルアンパバーン地域が、マレー犁に起源を持つと考えられるY字型犁と雲南中部を北限とする耖耙の組み合わせを持った、ラオス中・南部の農耕文化との結節点となっている可能性を支持するものである。

5-4 農具の地域性と民族性

本章5-2の終わりで述べたように、ラオスにおける枠型犁とY字型犁の分布範囲は、南北でかなり明瞭に区分されており、この形状の違いは枠型犁が中国犁に、Y字型犁がマレー犁を起源にするものであるためと考えられる。また、犁の各部位を示す語彙に関しても、Y字型犁が分布する地域ではサンスクリット－パーリ語系言語の影響が覗われ、形状・語彙の両面から八幡が指摘した「印度要素と中国要素」の相克がみられる。

全国に広く居住分布を持つラーオは、枠型犁の卓越する北部では主に枠型犁

を、中・南部のY字型犂分布地域ではY字型、その間の地域でX字型犂とタイプにかかわりなく犂を使用している。また、犂の各部位に関するラーオ語の呼称では、ヴィエンチャン以北と以南とで異なっており、中間の地域に分布するX字型犂では、北部において枠型犂に関する語彙と、中・南部ではY字型犂の各部位を示す語彙との共通性がみられる。北部に住んでいるラーオでは枠型犂の使用に加え、陸苗代への点播や竹製均平棒の使用などルーや黒タイの稲作技術との共通な点がみられる。一方で、Y型犂を使用している中・南部の稲作は、近接する東北タイやカンボジアの平原地帯同様に比較的単純で粗放な様相を呈している。

　このことは、少なくともラーオに関する限り、犂型や栽培技術が民族に固有なものとはいえないことを示唆しており、水田稲作に関してはラーオという民族集団の持つ文化的属性よりも山間小盆地や斜面で棚田を営む北部と、準平原や氾濫原での稲作を行っている中・南部における農業生態の相違が生産環境を規制する要因として働き、耕具の使用を含む技術体系に違いをもたらしたのではないかと考えられる。

　これに対して、北部ではタイ系諸民族の間で語彙にばらつきこそあるものの、基本的には枠型犂・踩耙・耖耙または平耙という地拵えの組み合わせと、播種から本田移植までの比較的複雑であるが均一な作業行程がみられる。この地域における掘棒による点播や、第4章で扱った $v\bar{æ}k$ あるいは $s\bar{\imath}a\ y\bar{a}$ と呼ばれる除草用手鋤（写真3-60〜写真3-62参照）の使用のほか、畑状態での犂耕・耙掛けにみられる華北起源の作業体系は、水田稲作の中にありながら焼畑あるいは畑作的色彩を色濃く持った農耕技術であって、これはラオス北部に連なる地域の水田農耕が、多民族からなる非水田農耕の文化的基盤をもとに成立したものであることを示したものといえる。

　この焼畑と水田農耕の文化的・技術的交流が、タイ文化圏における農耕文化複合の特徴であり、それを表象しているのが犂であるといってよい。ラオスでは北部において、中国の技術体系に系譜を持った「耕－耙－耖」あるいは「犂－堆－翻－耙」と表現される、枠型犂と平耙といった耕具の使用に代表される、ルーや黒タイなどタイ系民族の稲作技術体系が存在している。この一連の技術は、Y字型犂を持った中・南部のタイ系民族の稲作技術と比較して、ラオス北部におけるハニやプノイといった非タイ系民族の稲作技術との類似性が高く、むしろ近隣の雲南から北タイを超えてシャン州への広がりを持った技術体系であると考えてよい。

写真5-8 シャン州における犂耕作業の様子

写真5-9 シャン州における半固定型の非而字型耖耙

5-5 小括

渡部は「犂は風土にしっかりと根付いた文化の象徴である。」[2003: 290] といっているが、犂の起源論について応地は「議論を畜力犂耕に限定すると、それは、三つの技術的要素の結合からなっている。すなわち、犂そのもの、役畜、そして両者を結合させるための連結用具である。」[1987: 174] としている。

ラオスにおける犂については、水牛一頭牽き揺動型という特徴がかなり鮮明であって、この点固定式マレー犂を持つ中部タイやカンボジア、あるいは南部ヴェトナムとは異なっているということができる。

「犂そのもの」については、これまでみてきたように多岐に亘る形状を示しており、これを一括するのは困難だが、少なくともラオス北部においては枠型犂を、中・南部ではマレー犂の系統に属するY字型犂中心とした犂型のバリエーションになっており、北部では隣接する雲南や北部ヴェトナムのタイ系民族の使用している犂の形状と似通った傾向にあることがいえる。

ミャンマー・シャン州に住むシャンは上ビルマとは異なり、水牛一頭牽きの揺動犂（写真5-8）を使用している。このタイプの犂はかなり長い犂轅を持ち、犂鐴を左右に傾けて擺土を反転するのでなく、犂鐴を彎曲させただけになっているが、明らかに枠型構造を持っており拐の操作によって擺土を捌いて反転させることができるようになっている。ここでは踩耙はみられず、長い牽引棒を前方で合わせた三角形で短歯の半固定型秒耙（写真5-9）[22]があり、これは上に乗って操作する。犂耕作業に用いられる牽畜が水牛1頭なのに対し、このタイプの耙は水牛二頭牽きとなっている。非而字型の秒については、雲南の漢族が水牛二頭牽きで使用することが報告されている [尹 1999: 342-343]。

ルアンパバーンの南部がラオスにおける枠型犂と踩耙の南限だとすると、秒耙の北限である雲南省南部からラオス北部にかけての地域が枠型犂－秒耙－踩耙複合の分布範囲となる。この地域は、タイ文化圏の重要な一翼を担う民族であるルーの居住範囲と符合しており、ラオス国内においてそれは一層明瞭である。犂を中心とした農具と農耕技術の面からみると、ルアンパバーン以北の地域はヴィエンチャン以南よりもむしろ、隣接した東西地域と文化的繋がりを持っているという可能性が強いと思われる。

また、ルアンパバーンを北限とするX字型犂は、マレー犂に起源を持つと考えられる中・南部のY字型犂との形状面での関係性が濃厚であることに加え、各部位の呼称に関するサンスクリット－パーリ語系語彙の面でも枠型犂との間に一線が画され、ラオス北部における、雲南からシャンにかけての地域にみられる枠型

犂の強い影響との間に、異なる文化的背景の存在を示すものであると考えられる。

　雲南西双版納からミャンマーのシャン州へと東西に連なる、タイ系民族を中心に構成されるタイ文化圏は、一方で東南アジア大陸部を南北に塗り分ける中国－マレー・インド的文化要素と重なり合っている。ラオスにおける、犂型とそれに関連した技術の面では、北部において両者が交錯しており、農耕文化の重層性と複雑さを持った地域となっていると当面仮定できるが、このことは、今後北部ではハニ、プノイといったタイ系以外の民族について、またタイ系民族についても中・南部における研究との比較によって、より明快にされてゆくものといえよう。

　　注
[1]　ラオスの民族と民族分類については、第7章7-1に詳述した。
[2]　フィールド調査で得たデータ上、必要な場合は改めて民族名を示した。
[3]　文部省科学研究費補助金助成研究・研究代表者：新谷忠彦
[4]　(財) 三菱財団人文科学助成金助成研究・研究代表者：新谷忠彦
[5]　浜田はシェンクアーンにおいて行った調査から、フモンの農家で使用されていた抱持立型の犂を報告している［1959: 37-38］が、名称等の聞取りに関する情報がないため、独自のものであるかを断定する材料がない。
[6]　1868から88年にかけてド・ラグレ Doudart de Lagrée を隊長とするフランスのメコン踏査隊に同行した Thorel は、「(水牛2頭立のコーチシナに較べ) ラオスや中国 (南部) では水牛が少ないために、農民達は大抵1頭のみを犂に繋いで (傍点筆者)」おり、「中国・ラオス・カンボジアでは、犂耕に牛も使用される」［Thorel 2001: 23-25］と記述している。
[7]　また、同書中において Thorel は「北部ラオスの一部では、青銅で犂鑱と犂鏵全体を補強している」［2000: 23］という、興味深い記述を残している。
[8]　冨田は、廻り耕法で長辺を耕起することをタイ語で *thai da*、短辺の耕起を *thai præ* と呼ぶ［1990: 784］としている。
[9]　チワンはタイ系だが、イはチベット－ビルマ系でラオスのロロと近縁である。
[10]　黒タイや白タイなどのタイ系民族の名称。
[11]　Laffort らは彎轅犂を「撥土板を持つアレール araire」、枠型犂を「シャリュー charrue」、また、Baudran は、同型の彎轅犂を犂先の形状の差異をもって同様に呼び分けている。アレール・シャリューはそれぞれ無輪犂・有輪犂を指すことが多いが、この場合のアレールは左右対称な犂先を持つもの、シャリューは非対称な犂先をもつものを意味している。
[12]　実際 Thorel は、土壌肥沃度の高い地域の犂が大きな撥土板を持つとの見解に立ち、

「氾濫原を耕起するコーチシナでは犁鑱は広く、撥土板は耕耡を深く、表土の反転ができるよう開いている。一方、カンボジアとラオスの犁は全体に小振りで、特に撥土板が小さい。」[2001: 23] と記録を残しており、ラオスの犁よりもむしろ、メコンデルタにおける犁の撥土板に注目している。

[13] タイ語では、サンスクリット–パーリ語を起源とする語について、綴り上語末の/-l/は、/-n/として発音する。

[14] 筆者は、*phanīang*の語は*phālā 'īang*「曲がった掘鐅」と推定するが、ラオス国立大学文学部のブアリー・パパーパン=ラオス語・マスコミュニケーション学科主任は「*samnīag*発音」が「*sīang*音」を起源としたクメール語風の造語であるとの説にたち、*phanīang*の語は「*phīang*均平する」を起源としたものである［同氏による個人的教示］との見方を示している。

[15] ラオスでは雲南と異なり、常に上に立って使うとは限らない。

[16] この牽引棒については、古川が雲南における調査において、写真5-5と同様の使用法を報告している［1997: 372］。

[17] 哈尼族はチベット–ビルマ系民族であるが、水田農耕を行うことで知られており、ラオス国内にもポンサーリー県を中心に1200人程度が住んでいる（補論 表7-3参照）。

[18] フモン以外の複数インフォーマントからの聞取りによる。未確認である。

[19] 渡部は雲南の哈尼族でも同様の使用法を報告している［1997: 78］が、ラオスのハニについては未確認である。

[20] 浜田はシェンクアーンのラーオ農家で同様の農具を観察しているが［1959: 37］、「大形杷」以外に記述がなく、歯長も不明である。

[21] Tanabeは、北タイのユアンも同様に「杷に取り付けた竹の均平棒（*mai piang*）」を使用することを報告している［1994: 183］。

[22] Dilok親王の記録によれば、このタイプの杪杷は20世紀初頭中部タイでもみられる［Dilok Nabarath 2000: III］が、操作法は異なっている。

第6章 要約と結論

6-1 各章の要約

　第1章では、本研究において示した「タイ文化圏」という、ラオス北部とその周辺地域を、多言語・多民族からなる農業と農耕を含むひとつの複合文化交流圏として取上げた概念設定について説明すると同時に、その中で形成された文化的所産としての農耕を通じてタイ系民族を扱った研究の目的を示した。

　また、本研究を進めるにあたって参照したラオスにおける農業と農村ならびに民族に関する研究と、アジアにおける農耕文化とその分析対象としての農具に関する先行研究を示し、本研究のラオス研究における位置づけを図っている。

　第2章の「位置と風土」は、ラオス全体の地勢および気候、ならびに本研究の主たる調査地であるラオス北部の地域概況を示している。地勢については、ラオスを地形的に中国南部山塊の南端にあたる北部山塊、インドシナ半島を南東の方角に伸びているアンナン山系中のルアン山脈と南部のボラヴェン高原およびメコン河東岸の平野部に区分して検討した。このうち、北部山塊は西部、東部、中部の3地区に区分し、メコン河沿岸の平野部はヴィエンチャン、サヴァンナケート、チャムパーサックの3平野をそれぞれ概説した。

　気候については、ラオスは一般に熱帯モンスーン気候に属しているといわれているが、ハイサーグラフ（雨温図）による検討の結果からは、本研究の主な調査地域のうち、ポンサーリーは植生上山地常緑林（照葉樹林）である温暖夏雨気候に、ルアンパバーンは熱帯サバナ気候に属していることが明らかとなった。また、ヴィエンチャン以南では7月頃に1週間程度の小乾季（Dry Spell）があり、北部と異なっていることを示した。

　また、多民族国家ラオスにおいて、農村社会と文化を考える上で必要な民族の概要と、各民族の生業構造と環境の関わりについて概説し、民族分布概況を示した。

　第3章の「農業と農村」では、3-1「ラオス農業の状況」において年次統計ならびに1998〜99年にかけてラオスで初めて行われた農林センサスの結果をもと

に、ラオス全国の農業について概観し、地域別に農業の特徴を解説した。ここでは、北部における稲作は、焼畑に対する依存度が高い一方で雨季水田については高い割合で灌漑されていることが明らかとなった。また、品種面からは、全国同様に北部においても在来糯品種が多い傾向があるものの、ポンサーリーとルアンナムター両県では粳品種の作付割合が高く、この地域の居住民に特に高い割合を占めるチベット－ビルマ系民族の嗜好が反映されたものと考えられる。

3-2は、ルアンパバーン県を中心とした北部の農村における水田稲作および農具に関する現地調査結果を報告した。民族に関わらず、ラオス北部における稲作生産は焼畑を中心としたものであり、山間の小水系を基盤として行われている水田稲作は、不安定な焼畑の収穫を補償する「原初的（水陸両用）天水田」の「水田化」の所産と考えられる。

水稲作では移植法が中心となっているが、その苗代技術には陸苗代と水苗代があり、不安定な降雨に左右される環境条件に対する適応であると同時に、これに適した品種の作付けが行われてきたものと考えられる。

また、農具と農作業からはこれらの技術が、近接するヴェトナム北部やミャンマー・シャン州などにおいて、黒タイやシャンといったタイ系民族を通じて類似している点を指摘した。

第4章では、ルアンパバーン県における栽培稲品種の調査をもとに、実際に採集された籾を用いて、松尾の分類［1952: 9］による籾型基準のほか、いくつかの穀実形質と生態的特性に関してクラスター分析を行った。この結果、調査地における在来品種・系統は、3グループに大別され、陸稲・b型・糯性・フェノール無反応性・頴毛を欠いたクラスターA–2に属する陸稲糯性の熱帯ジャポニカ（旧称ジャワニカ。）系品種が広く栽培されていた。一方で、タイ系民族特にラーオやルーはクラスターA–1に属するインディカを遺伝的背景に持つ水稲品種を同時に栽培していることが示された。

これらの事実は、この地域における稲作が当初熱帯ジャポニカ型の水陸兼用種によって焼畑と小規模な水田で行われていたものであり、インディカ系水稲による水田稲作は、タイ系民族が後になって獲得した技術であると想定させる。タイ系民族による「原初的天水田」型の稲作の水田化は、集落の拡大と低地化を促したものと考えられる。

第5章は、第3章で概観した農具のうち耕具、特に犂の形状と農作業に焦点を当て、ラオス北部における農耕に関する文化的背景を探ることを試みた。

第6章 要約と結論

　東南アジアにおける犂の系譜には、中国華北的要素とインド（マレー）的要素の影響が指摘されているが、全国を通じた形状の調査から、犂柱を持たない系統のうち軛犂であるマレー犂はみられず、揺動犂の「Y字型」と「X字型」三角枠型犂のみがみられることが明らかとなった。一方、中国系の枠型犂は犂床の長短により四角型と三角型に分けることができ、さらに三角型でも松葉型（大三角）と抱持立型（小三角）の2種に加えて、彎轅系のものに分類された。これらはみな、水牛一頭牽き揺動型であり、固定式マレー犂を持つ中部タイやカンボジア、あるいは南部ヴェトナムとは異なっている。

　北部で一般的な中国系の枠型犂と、中部以南に見られるY字型犂の分布地域は、ヴィエンチャンの南北で区別されており、両者が別の系譜に属するものであることを示す一方、Y字型犂とマレー犂の間には何らかの関係があるものとみられる。

　一方で、X字型犂はルアンパバーン以北にはみられず、グローリエGeorge Groslierがカンボジア北西部においてこれと類似した形状の犂の使用を確認していることから、マレー犂の系統を基盤として成立したものであると考えられる。

　語彙面からも、犂そのものを示すラオス語の語彙は全国的にモン語を起源とする *thai* なのに対し、中部以南では犂の部位などを示す語にサンスクリット－パーリ語系の文化的影響がみられ、形状面だけでなく語彙の面からも枠型犂とY字型犂とは異なる文化的背景を持つと推定できる。

　また、ラオスにおける耙は橇型の *phīak* または *phǣ* と而字型の *khāt* に大きく分かれ、前者は中国では踩耙、後者は耖耙と呼ばれる。犂と耙の組み合わせでみると、ルアンパバーンの南部が枠型犂と踩耙の南限であり、耖耙の北限である雲南省南部からラオス北部にかけての地域が、渡部［1999: 78］や尹［1999: 330-331］の指摘する「耕－耙－耖」で表現される枠型犂－踩耙－耖耙複合の分布範囲となる。

　この地域は、タイ文化圏の重要な一翼を担う民族であるルーの居住範囲と符合しており、犂を中心とした農具と農耕技術の面からみると、ルアンパバーン以北の地域はヴィエンチャン以南よりもむしろ、隣接した東西地域と文化的繋がりを持っているという可能性が濃厚である。

　本第6章では各章を要約すると共に、次節において本研究の結果を示した。

6-2 ラオス北部における農業の文化的複合性

　本研究を通じて、ラオス北部の農業と農耕文化に関して得られた結論を以下に述べる。

　まず、明らかなことはラオス農業一般が低投入で粗放であるとの認識に反して、高い灌漑率や細かな苗代技術を持ったラオス北部の稲作は、粗放とはいえないという点にある。

　今日みられるラオス北部の稲作は、民族に係らず熱帯ジャポニカ系の糯性陸稲品種を広く栽培しており、生産量の面からも北部の食糧生産において大きな比重を占めている。他方、水田水稲作は一部のタイ系民族によって行われているものの、面積的には限定されている。

　ラオス北部の水田稲作は、当初熱帯ジャポニカ系の水陸兼用稲を使用した「原初的天水田」による焼畑・水田併作型の小規模なものであり、タイ系民族の南下に伴って、インディカ系水稲が南方から導入される過程において徐々に水田化が進んでいったと推定される。しかしながら、ラオス北部では地形などの環境要因によって水田面積は制限され、小規模な灌漑などによる生産性の向上努力に拘らず、本格的に農業生産の中心が水稲に移行することはなく現在に至ったものと考えられる。

　犂を中心とした農具の使用や語彙面から、ラオスでは北部と中・南部は異なる文化的背景を持った農耕技術による農業生産が行われていると考えられる。ラオス北部の農耕は、中部以南のメコン河沿岸地域よりも、むしろ東西方向に展開する東南アジア大陸山地部のヴェトナム北部、中国・雲南省、ミャンマー・シャン州、北タイからなる地域と共通する点が多い。ラオス北部では、道具や語彙面からも、タイ系民族と先住であったモン－クメール系民族との間に、焼畑陸稲作を介して文化的交流の痕跡が随所にみられるなかで、水田化への技術的蓄積が進んでいったものと考えられる。稲作の水田化にあたっては、耕具が必要とされたと考えられ、当初北方から中国犂を受容しつつ、タイ系民族の南下に伴って獲得されたインディカ型水稲と共に、南方系のマレー犂の影響が加わり、独自の犂型を形成したものと想定される。

　以上を総合すると、タイ系民族は当初から水田農耕を主生業としていたものではなく、複合民族構造の大陸山地部において陸稲に依存した稲作を行っていたと考えられる。これらタイ系民族は、犂耕と南下の過程において獲得したインディカ系水稲によって生産力を高め、低地における水田化と村落形成を展開していったものであろう。ラオス北部を含む「タイ文化圏」は、地勢的にも中国とインド

という二大文明地域をつなぐ要衝であり、多民族から成る文化的複合性によって文化的・技術的交流の地として、今日に至るタイ系民族の「文化的伝統」を揺籃、醸成したといえ、このことが、この地域における稲作の生態にも色濃く反映している。

　Credner は、かつて東南アジア大陸山地部の民族ダイナミズムについて、ミャオ－ヤオ系とチベット－ビルマ系の山岳移動民 Gebirgswanderer に対して、「生粋の渓谷移動民 echte Talwanderer」という概念でタイ系民族の性格を説明した［1935: 178-179］。ラオス北部の複合民族構造下において形成された社会を考察する際、諸民族の流動性と相互の交流を環境と技術の面から検討するという意味で、タイ系民族を「移動民」として論じる余地は残されている。この観点からも、東南アジア大陸山地部における、稲作を中心とした農耕技術の背景にある自然・社会生態に関して、多言語・多民族から成る複合文化交流圏としての「タイ文化圏」を、国境と民族を跨ぐ一つの研究対象地域として、今後も引き続き吟味してゆく意義は充分にあるものと思われる。

第7章 補論

7-1 ラオスにおける「民族」と民族分類

7-1-1 はじめに

ラオスは、一説に100を超えるといわれる多民族国家である。1353年ファーグム王 Chao Fā Ngum によって建設されたとされるラーンサーン王国は、アンコール朝の衰退に伴って南下したタイ系民族、特に現在の国名にも含まれているラーオ[1]を中心として成立したが、先住のモン-クメール系住民との関係は、今でも神話に語り継がれ古都ルアンパバーンの正月行事の中に活きている[2]。

一方で1800年代末に始まる「少数民族」の反乱にみられるよう、タイ系民族とその他の「少数民族」との関係は常に友好的であったわけではなく、モン-クメール系民族に対してカーという「奴隷」を意味する語、あるいはミャオ-ヤオ系民族を示す「猫」（メーオ：フモンを示す「苗」の発音のためと考えられる）という、少なからず差別的意図を持った呼称が使われることは、現在でもまれとはいえない。

本節は、多民族国家ラオスにおいて言語学的・民族学的見地からの分析によって、実際にどのような民族が存在するかという論議を企図したものではない。また、国家統合の理念としての「民族」に関する政策の政治的背景そのものを論じる意図はなく、ここでは、あくまで多民族からなる国民を、ラオス政府が今日に至るまでどのように規定してきたかということを概観し、現在のラオスにおいて語られる、個々の民族の呼称が何を示したものであるかを検討することを目的としている。

これは、民族に関する論議が、現代のラオスが民主国家として社会開発を進めていく上で一つの課題であるからであり、また、農村社会を概観する上でそれぞれの「民族」がどのような属性を持つ集団を指しているかを明確にするためでもある。ラオス社会を語るとき、往々にして定義が不明瞭な民族の概念や民族分類が用いられ、実体のない弱者としての少数民族と紋切り型の「民族論」には辟易するし、「民族」という集団の属性を所与のものとして扱うことに与するものではない。

本研究の課題である「タイ文化圏」という複合民族文化圏の概念設定は、東南

アジア大陸山地部でも、ラオスを中心とした地域におけるタイ（Tai）族研究としての側面を持っているといえる。既に述べてきたように、ラオスはラーオに代表されるタイ系民族を中心とした多民族国家であるが、ラオスにおける多民族の実像はこれまで明らかにされてきていないのが実情である。このため、本節では本研究におけるラオスの民族に関する概念規定を提示している。

　結論を先取りすれば、本研究全般で挙げる民族名は2004年にラオス政府が公表した49の分類を基本としている。これは、本研究が特定の民族の文化や言語を他と比較したり、個別に検討することを目的とするものでないことに加えて、本研究で使用する統計資料との整合性に関連するためでもある。言語学等の科学的見地から、これが微細な点に関して適当であるかは今後の研究に俟つものとする。

　なお、Rattanavong［2003］やSchliesinger［2003］は近著の中で、ラオスにおける民族分類の歴史的変遷と2000年に原案が提示された現行の49民族分類について言及しているが、筆者が収集した本節に関する非公開公文書や関係者からの聞取り結果との齟齬が多く、また、両著ともに明らかな事実誤認や出典等の不明点が多いため、本節では直接検討材料とはしなかった。

7-1-2　ラオスの民族と民族分類の変遷

　本項では、49の民族分類を今日ラオス政府が公表するまでの変遷を示している。

　この節の冒頭で述べたように、ラオス王国時代の資料をみると国内の民族を三分し、ラーオおよび「種族的タイ族」、「メーオ」を含むシナ‐チベット系民族[3]およびインドシナ先住民である「カー」に大別している（表7-1）。この分類は、既に指摘したように民族名とは無関係な差別的呼称によっており、明らかにチベット‐ビルマ系民族であるコー（表中ではKha Ko）やシーラー（Sida）をインドシナ先住民に区分しており、実際の調査に基づいたものとは考えられない。

　ラオスの現政権についても、国家建設の過程で旧弊な民族観が当初から払拭できたものではなく、現在の基準を策定するに至るまでには、およそ30年の曲折を経なければならなかった。

　以下では、現在の民族分類が策定されるまでのラオスにおける民族分類と呼称に関する変遷を概観し、各資料における「民族」の基準を明らかにするとともに、現在の民族分類について若干の考察を行った。

表7-1 ラオス王国政府による主要民族分類

Principales Races Ethniques dans le Territoire du Laos

Groupe	Ethnic Groupe	Groupe	Ethnic Groupe	Groupe	Ethnic Groupe
Race"Thai"	Lao	Sino-Tibetain	Meo	Proto-indochinois Khas	Kha Ko
	Thai Neua		Meo Lay		Khamou
	Thai Dam		Meo Dam		Kha Lamet
	Thai Deng		Yao		Kha Kouen
	Thai Khao		Lolo		Pana
	Phouthai		Houni		Sida
	Thai Youan, Thai Ngeun Klom		Ho		Kha Bit
					Kha Sam Tao
					Kha Dam
	Phouan		Lentene		Kha Hok
	Lu		Mouseu		Phou Theung
	Ngio, Shans		Phou Noi		Kha Phai
	Yang		Kouy		Kha Bit（Nale）
					Sela
					Keo
					Sida
					Kha Ban Chou
					Kha Mou
					Kha Rok
					Lamet
					Kha So
					Sek
					Souei
					Kha Laveh
					Alak
					Nhe
					Kattang
					Talieng
					Kantou
					Ta Oy
					En
					Kaseng
					Lave
					Sok
					Sapouane
					Bolovenh
					Tapak
					Cheng Neua
					Cheng Tay
					Cheng Nam
					Cheng Hok
					Salang
					Yaheunh
					Cheng Phok
					Suthouat
					Kagnark
					Inthi

資料：Service National de la Statistique ［197?：186］
註）：民族名等については、原文のフランス語表記による。

図7-1
1000キープ紙幣の意匠

1) 3国民と68民族:「1970年分類」

　第2章2-1-3で述べたように、今日ラオスの民族は、概ねその居住地の標高区分[4]によって高地ラーオ人[5] *Lāo Sūng*（1000m以上）、中高地ラーオ人（または、山腹ラーオ人。）*Lāo Thœng*（700〜1000m）、低地ラーオ人 *Lāo Lum*（平地・川沿）という分類[6]によって一般に認識されており（図2-8参照。）、日常の会話などでは特にこの概念をもって語られることが多い（図7-1）。これは国民の統合と民族の平等を企図して[7]1950年に自由ラオス戦線 *Nœo Lāo 'Itsala* によって、使用が始められた[8]もので、現在でも18歳で治安維持省（*Kasūang Pongkhan Khwāmsangop*、旧内務省 *Kasūang Phāinai* のことで2002年に改称。）から発行されるIDカードの民族 *son phao* 欄[9]などにはこれが記入されている。しかし、この民族分類はつとめて恣意的でもあり、ある民族集団がどの分類に属すのかも明確でないことがあるため、内務行政を除いては次第に使用しない方向にある[10]。

　近年まで、ラオスでは1970年にラオス人民党[11]第2回党大会の準備段階で作成されたいまひとつ詳細が不明な3「国民」[12]・68民族[13]（表7-2）をラオスにおける民族分類（ここでは、「70年分類」と呼ぶことにする。）としていたが、1985年の第1回国勢調査の結果をもとに、社会科学院シーサナ・シーサーン *Sīsana Sīsān*（前・文化相）らの研究班によって1994年に民族・宗教等に関する主務官庁であるラオス建国戦線 *Khana-Kamakān Sūnkān Nœo Lāo Sāng Sāt* が47を改めてラオスの民族分類[14]（同、「95年分類」。）として定め[15]、1995年にスウェーデン国際開発公社（SIDA）の支援により行われた第2回国勢調査[16]の際の実施基準としている。

表7-2 ラオス人民革命党第2回党大会決議における民族分類

Nation	No.	EthnicGroupe	Nation	No.	Ethnic Groupe	Nation	No.	Ethnic Groupe
Lāo-Lum	1	Lāo	Lāo-Thœng	13	Khamu	Lāo-Sūng	49	Mong Khāo
	2	Phūan		14	Lamēt		50	Mong Lāi
	3	Lū'		15	Bit		51	Mong Dam
	4	Nyūan		16	Phōŋ		52	Yāo
	5	Thai Dam		17	Pūak		53	Læntæn
	6	Thai Dæŋ		18	Yru		54	Kọ̄ Pānā
	7	Thai Khāo		19	Phūnọi		55	Kọ̄ Sīdā
	8	Thai Mœ̆i		20	Kaseŋ		56	Kọ̄ Mūchī
	9	Thai Nū'a		21	Dọj		57	Kọ̄ Pūlī
	10	Thai Nyī		22	Phai		58	Kọ̄ Fē
	11	Yaŋ		23	Makọ̄ŋ		59	Kọ̄ Phū Sāŋ
	12	Sæk		24	Katāŋ		60	Kọ̄ Phū Nyọ̄t
				25	Pakō		61	Kọ̄ Mūtœn
				26	Lavēn		62	Kọ̄ Chīchām
				27	Lavæ		63	Kongsāt
				28	Nyahœn		64	Hānyī
				29	Trūi		65	Lāhū
				30	Su		66	Mūsœ̄ Dam
				31	Sapūan		67	Mūsœ̄ Khāo
				32	Sōk		68	Kui
				33	Trīo			
				34	Taliaŋ			
				35	Ta'ōi			
				36	'Ālak			
				37	Katū			
				38	Yæ			
				39	Sūai			
				40	Cheŋ			
				41	Dākkaŋ			
				42	Lavī			
				43	Lavak			
				44	'Ōi			
				45	Tọ̄ŋlū'aŋ			
				46	Kādō			
				47	Thin			
				48	Sāmtāo			

資料：SNLSS [2005: vii-viii]

註）民族名等については、すべてラオス語表記からの翻字。

　この民族分類は、1985年に国連人口基金（UNFPA）の支援で第1回国勢調査を実施した際[17]に得られた約820の自称を含む民族名称から223を抽出してそれぞれの帰属する47民族[18]およびその他として一覧表化したもので、国勢調査の実施マニュアルである『訪問調査員用手引書』に具体的に示されている［SSS 1994: 43-45］。ただし『手引』では建国戦線内部資料と異なり、民族名は支族名・自称等を合わせて194になっている。この民族分類の策定に当たっては、ヴェトナムにおける54の公認民族分類の基準が参照されていることは疑いの余地

がないが、公式には肯定する材料がない。

　表7-3は、1995年3月1日に実施された国勢調査の公式な集計結果で、当時発表の分類民族名に続けて、先述の『手引』にある支族名あるいは自称などを含む民族呼称の一覧を付し、人口実数とともにラオスの総人口に占める各民族の比率を算出してある。

　この調査結果に関して、統計院から直接刊行された資料に言語グループに関する言及がなされているものはないが、同院所長のシースパントーンらはこのデータを直接使用した出版の中で言語グループによる分類を行っている [Sisouphanthong *et al.* 2000: 32–37]。それによれば、タイ-カダイ系6、モン-クメール系27、ヴェトームオン系3、ミャオ-ヤオ系2、チベット-ビルマ系8、ホー1、その他および不明各1となっているが、この分類の詳細には触れていない。前表の摘要に人口データから推定した各民族の言語グループへの帰属を示したが、ヴェトームオン系やホーについては分類するという基準そのものが流動的で[19]後述の2000年分類にはみられず、モン-クメール系とシナ-チベット系にそれぞれ編入されているなど、この言語グループ区分は語族と諸語の区別が不明瞭で検討の余地が多い。

2) 49民族:「2000年分類」

　2000年8月にラオス建国戦線は「ラオス国内における民族呼称に関する審議会」において新たに49という民族分類(同「2000年分類」。)を議決した。この分類では、49の民族をタイ系、ミャオ-ヤオ系、シナ-チベット系、モン-クメール系の4言語グループおよびその他[20]として区分し[21]、2003年に一旦発表された。しかしながら、当初予定されていた国民議会本会議による公式民族分類としての承認が見送られ、実際には2004年にラオス人民革命党官房訓令として発効したため、国民議会常任理事会[22]および民族委員会において審議をうけたその規定等については、現在のところ公表の許可を得ておらず、ここで詳細を論じることができない[23]。このため、参考資料として、それぞれ70年分類、95年分類との対比を表7-4に示す。

　2000年分類の特徴は、個々の民族の分類を直接言語グループによる分類と連動させている点にあり、すでに述べたように第1回国勢調査以降「浮沈」を繰り返しているこの分類法を、公式な基準の一つとして位置づける取組みを行っている。

　これら3つの民族分類法を通じてみると、70年分類で民族名として数えられた

低地ラーオのタイニー、中高地ラーオに属するカセーン[24]はその後支族名などとしても95年分類以降みられない。また、70年分類で中高地ラーオの一民族名として登場し、その後95年分類でスェイの支族とされたラワックは2000年分類では一切触れられておらず、95年分類でプータイのグループに入れられていたタイワンは2000年分類の初期ドラフトには名前がみられるものの、最終稿では削除されている。逆に、プサンは70年分類中には高地ラーオのコープサンとして民族名があげられ、2000年分類ではコーから公式民族名を変えたアカの支族として分類されているものの、95年分類にはみられないなど、現在なおラオスの民族分類は流動的である。

また、これらの民族の中には調査がほとんど行われていないために、言語学的系統の位置づけが不明な民族が残されており、学問的観点からは、修正されるべき余地が残されているといえるが、次節で言及する2005年の第3回国勢調査はこの2000年分類に基づいて実施され［KSKPP 2004: 25–26; 49–53］、民族別人口が集計される予定であり、今後の研究への寄与が期待される。

7–2　ラオスの統計制度

本研究では、既存の統計資料をさまざまな形で活用した。これらラオスにおける各種統計資料は、率直なところ、データそのものの信頼性は高いといえないものの、ラオス全体の概況を把握するための資料が決定的に乏しい現状においては、ある程度の問題点を承知の上で、これらを利用せざるを得ないといえる。

ラオスでは、国勢調査がこれまで2回しか行われておらず[25]、あまつさえ1985年に行われた第1回の国勢調査では実施から発表まで6年以上を要したことからみても、多くの技術的問題点などを抱えていたことが推察される。第2回国勢調査をはじめとして、現在ではスウェーデン開発公社（SIDA）をほかのドナーの支援によって、人材およびハード事情は大幅に改善してきてはいるものの、未だ十分とはいえない状況である。

本節では、統計制度の変遷と現在行われている各種調査を概観することにより、ラオスにおける経済・社会指標の大要を示し、またこれらの資料を利用する際に留意すべき点を指摘した。

ラオスにおいては統計情報に加えて学問的蓄積が乏しく、アクセスや行政上の理由で全国を一律の基準で概観した資料が皆無であり、また実際に個人が収集することも不可能である。公式な全国データをその信頼性において全面的に否定すれば、ラオスの全体像を把握するのに著しく不利であるため、本研究ではデータ

表7-3 第2回国勢調査におけるラオスの民族分類と民族別人口

No.	民族名[1]	その他の呼称・サブエスニック名[2]	男	女	総人口	比率	摘要[4]
1	Lao	Phūan, Kalœ̄ng, Nyō̄	1,188,143	1,215,748	2,403,891	52.5	T/K
2	Phutai[3]	Thai Dam, Thai Dǣng, Thai Khāo, Thai Nū'a, Thai 'Ǣt, Thai Mœ̄i, Thai Lāt, Thai Mǣn, Thai Yang, Thai Kā, Thai Kǭ, Thai Sam, Thai Pāo, Thai 'Ǣ, Thai 'Ō, Thai Kūan, Thai Hǣo, Thai Yāi, Thai Thǣng, Thai 'Angkham, Thai Phak, Thai Samkao, Thai Siangdī, Thai Yū'ang, Thai Katam, Thai Kapkǣ, Thai Kapōng, Thai Sōi	232,456	240,002	472,458	10.3	T/K
3	Khmu	Kammu Rǭk, Kammu Khrǭng, Kammu Khwœ̄n, Kammu 'Ū, Kamumu Lū̄, Kammu Mǣ, Kammu Thǣn, Kammu Kasak, Kammu Nyūan	247,440	253,517	500,957	11.0	M/Kh
4	Hmong	Mong Dam, Mong Khāo, Mong Khīao, Mong Dǣng	158,055	157,410	315,465	6.9	M/Y
5	Leu	Kalǭm	58,716	60,475	119,191	2.6	T/K
6	Katang		46,865	48,575	95,440	2.1	M/Kh
7	Makong	Trui, Pho, Sō, Mārōi, Trǭng	45,102	47,219	92,321	2.0	M/Kh
8	Ko	'Akhā, Kǭ Phœ̄n, Kǭ Chichō, Pulī, Panā, Phukhūa, Lumā, 'Œpā, Chipiao, Muchī, Mutœ̄, P'isœ̄, Pīlu, 'Ōmā, Māmūang, Kongsāt	33,108	33,000	66,108	1.4	T/B
9	Xuay	Sūai, Khāphakǣo, Lāvak	22,213	23,285	45,498	1.0	M/Kh
10	Nhuane	Ngīao, Khu'n	12,927	13,312	26,239	0.6	T/K
11	Laven	Yrukhrǭng, Su, Yrudāk	20,022	20,497	40,519	0.9	M/Kh
12	Taoey	Tong, 'In, 'Ong	15,518	15,358	30,876	0.7	M/Kh
13	Talieng		11,291	11,800	23,091	0.5	M/Kh
14	Phounoy	Sǣng, Fai, Lāo Pān, Phongsǣt, Phongku, Phu Nyǭt, Bāntang, Tāpāt, Chahō	17,647	17,988	35,635	0.8	T/B
15	Tri	'O, Chalǣt	10,270	10,636	20,906	0.5	M/Kh
16	Phong	Fǣn, Lān Pūang, Rāt	10,554	10,841	21,395	0.5	M/Kh
17	Yao	Lǣntǣn, Lāo Hūai, 'Iumīan	11,291	11,374	22,665	0.5	M/Y
18	Lavae	Kavǣt, Mǣ Halōng, Pāti, Mǣ Plā, Mǣ Hābōng, Mǣ Plǭng, Mǣ Trāk, Mǣ Kanyu'ng, Mǣ Krun, Lamān	8,702	8,842	17,544	0.4	M/Kh
19	Katu	Trīu, Dākkang	8,371	8,653	17,024	0.4	M/Kh
20	Lamed		7,868	8,872	16,740	0.4	M/Kh
21	Thin	Prai, Phrai, Phai, Lavā	11,268	11,925	23,193	0.5	M/Kh

#	Name					
22	Alack	'Ālak, Rātu, Rakōng, Ramang, Tāpōng, Kalēn	8,052	8,542	16,594	0.4	M/Kh
23	Pako	Kanai, Kadō	6,531	6,693	13,224	0.3	M/Kh
24	Oey	Sapūan, Sōːk, Thaē, 'Inthī, Lanyāo, Rūːyāo	7,265	7,682	14,947	0.3	M/Kh
25	Ngae	Kō, Krīang, Chatōng	6,014	6,175	12,189	0.3	M/Kh
26	Musir	Musœ̄ Dam, Musœ̄ Khāo, Musœ̄ Dǣng (Chāphī)	4,342	4,360	8,702	0.2	T/B
27	Kui	Kui Sūng, Kui Līang	3,072	3,196	6,268	0.1	T/B
28	Ho		4,425	4,475	8,900	0.2	Ho
29	Jeng	Cheng Hō, Cheng Phǫk, Cheng Thālan	3,169	3,342	6,511	0.1	M/Kh
30	Nyahen		2,545	2,607	5,152	0.1	M/Kh
31	Yang		2,346	2,284	4,630	0.1	T/K
32	Yae		3,904	4,109	8,013	0.2	M/Kh
33	Xaek		1,329	1,416	2,745	0.1	T/K
34	Samtao	Dōi	1,060	1,153	2,213	0.0	M/Kh
35	Sila	Sīdā	890	882	1,772	0.0	T/B
36	Xingmoon	Phūak, Pūak, Lāo Mai	2,934	2,900	5,834	0.1	M/Kh
37	Toum	Lirā, Pōng, Tai Cham	1,260	1,250	2,510	0.1	V/M
38	Mone	Mūːang, Mūai	104	113	217	0.0	V/M (Mōi)
39	Bid		762	747	1,509	0.0	M/Kh
40	Nguane		657	687	1,344	0.0	V/M
41	Lolo	'Alū	696	711	1,407	0.0	V/M
42	Hayi		594	528	1,122	0.0	T/B
43	Sadang	Sadāng Dūan, Kayōng	393	393	786	0.0	M/Kh
44	Lavy		286	252	538	0.0	M/Kh
45	Khmer	Khe	1,851	2,051	3,902	0.1	M/Kh
46	Khir		792	847	1,639	0.0	T/B
47	Kree	Tōnglūang, 'Ārem, Yumbrī, Lābrī	371	368	739	0.0	M/Kh
48	Others		5,008	5,193	10,201	0.2	
	N.S.		12,507	11,577	24,084	0.5	
	Total		2,260,986	2,313,862	4,574,848	100	

資料：SSS [1994] ; [1997b] ; Sisouphanthong et al. [2000]

1 公式欧文表記。
2 ラオス文字表記からの翻字。
3 SNLSS 内部資料では "Tai" という表記について [検討中] のリマークがついている。また、原文ラオス語表記では Phū Thai になっている。
4 Sisouphanthong et al. [2000] における分類（推定）；T/K：タイ–カダイ系 6、M/Kh：モン–クメール系 27、M/Y：ミャオ–ヤオ系 2、T/B：チベット–ビルマ系 8、V/M：ヴェト–ムオン系 3、Ho：ホー1

表 7-4 ラオスにおける民族分類の推移

言語グループ[6]	No.	民族名[1]	副次集団名[2]	その他呼称[3]	1970 Nation[4]	1994 記載	1994 表記	摘要
Tai-Kadai	1	Lao		Lāo	L	+		
			Phūan	Phūan	L	+		
			Kaleng	Kaleng		+		
			Bō	Bō		+		
			Yōi	Yōi		+		
			Nyō	Nyō		+		
				Thai Phōeng				
				Thai Sām		+	Thai Sam	Phutai から編入。
				Thai Nyūang				
				Thai Lān				
				Thai Chā				
				Thai Mat				
				Thai Ō		+		Phutai から編入。
				Thai Lang				
				'Īsān				
	2	Tai						新設。
			Tai Dam	Tai Dam	L	+		Phutai から編入。
			Tai Dǣng	Tai Dǣng	L	+		同上。
			Tai Khāo	Tai Khāo	L	+		同上。
			Tai Mōei	Tai Mōei	L	+		同上。
				Tai Mǣn		+		同上。
				Tai Thǣng		+		同上。
				Tai ˙Ǣt		+		同上。
				Tai Sōm		+		同上。
	3	Phutai		Phū Thai		+		
				Thai ˙Āngkham		+		
				Thai Kata				
				Thai Kapōng		+		
				Thai Sāmkao		+		
				(Thai Vang)		+	Thai Vang	章末にのみ記載あり。
	4	Leu	Lū'	Lū'	L	+		
			Khū'n (Khēn)	Khū'n (Khēn)		+	Kalōm	Nhuane から編入。
						+		Nhuane へ編入。
	5	Nhuane		Nyūan	L	+		
			Kalōm	Kalōm				Leu から編入。
			Ngīao	Ngīao		+	Khū'n	Leu へ編入。
	6	Yang		Yang	L	+		

第7章 補論　193

言語グループ	No.	民族名[1]	副次集団名[2]	その他呼称[3]	1970 Nation[4]	1970 記載	1994 表記	摘要
	7	Xaek		Sǣk Kōi	L	+		
	8	Thai Neua		Thai Nǖa	L	+		*Phutai* から分離。
Mon–Khmer	9	Khmu	Kasak Kuˀmmu ˀŪ Kuˀmmu Nyüan Kuˀmmu Lǖˀ Kuˀmmu Khrōng Kuˀmmu Rōk Kuˀmmu Khwēn Kuˀmmu Mǣ Kuˀmmu Chǖˀang Kuˀmmu ˀAm	Kammu, Khamu Kasak Kuˀmmu ˀŪ Kuˀmmu Nyüan Kuˀmmu Lǖˀ Kuˀmmu Khrōng Kuˀmmu Rōk Kuˀmmu Khwēn Kuˀmmu Mǣ Kuˀmmu Chǖˀang Kuˀmmu ˀAm Mok Prai Mok Prāng Mok Tāng Chǎk Mok Kok Mok Tū	T	+ + + + + + + + +	Kammu Thǣn	草案では Kuˀmmu Kasak。 草案に記載なし。 *Khmu* へ編入。
			Krī Yūbrī Lābrī	Krī Nyumbrī Lābrī Tōng Lüˀang		+ + +		草案に記載なし。cf.*Kri* 同上。*Kri* から編入。 同上。*Kri* から編入。 Xanyabouli / do. cf. *Kri*.
	10	Pray	Thin	Thin Lwa Lāo Mai Phai	T	+ + + +		*Thin* から改称。
	11	Xingmoon		Phüak Lāo Mai	T	+ +		草案に記載なし。
	12	Phong	Phōng Pˀiat Phōng Lǎn Phōng Fǣn Phōng Chapüang	Phōng Khanīang Phōng Pˀiat Phōng Lǎn Phōng Fǣn Phōng Chapüang	T	+ + +	Lǎn Fǣn Rǎt	*Phong* へ編入

194

#	Name	Sub				Notes
13	Then	Thǎen / Thai Thǎen		+	Kammu Thǎen	新設。Khmu から編入。
14	Eudou	'Cědu / Thai Rǎt		+	Rǎt	新設。Phong から編入。
15	Bid	Bit	T	+		
16	Lamed	Lamět	T	+		
17	Samtao	Sǎm Tǎo / Dōj	T	+		草案に記載なし。
		Dōj	T	+		
18	Katang	Brū Katǎng / Pha Kǎo	T	+	Kha Pha Kǎo	Xuay から編入。
19	Makong	Brū Makōng	T	+		
		Trūi	T	+		
		Phūa				
		Marōj		+		
		Trōng		+		
20	Tree	Brū Tri		+		
21	Yru	Lavěn	T	+		Laven から改称。
		Su	T	+		
		Su	T	+		
		Yru Kōng		+	Yru Khrōng	
		Yru Dǎk		+		
22	Triang	Triang	T	+	Triang	Taliengから改称。
23	Taoey	Taōi	T	+		
		Hǎdong		+		
		ˀIn		+		
24	Yae	Yae	T	+		
25	Braw	Lavǎe	T	+		Lavae から改称。
		Luivě				
		Kavǎet		+	Mǎe Hǎrōng	
		Hǎlǎng		+		
26	Katu	Katū	T	+		
		Trīu	T	+		
		Dǎkkang (Panděng)	T	+		
27	Harak	Hǎlak				Alack から改称。

言語グループ	No.	民族名[1]	副次集団名[2]	その他呼称[3]	1970 Nation[4]	1970 記載	1994 表記	1994 記載	摘要
	28	Oey	Saptian / Sok / 'Inthī	'Oi / Saptian / Sok / 'Inthī / Mae Klong / Mae Rui yao	T / T / T	+ / + / + / +			
	29	Kriang	Chatōng / Kō	Ngae / Chatōng / Kō		+ / + / +	Kriang	+	*Ngae* から改称。
	30	Jeng		Cheng	T	+ / + / +	Cheng Hô / Cheng Phuak / Cheng Thalan		
	31	Sadang		Sedang / Kayōng / Sadang Düan		+	Sadang	+	
	32	Xuay	Kayōng / Sadang Düan	Suai	T	+ / +	Lavak	+	Sūai 1970: Lavak/ 記載なし。
	33	Nyahen		Nyahen / Tangkae / Hen(i)	T	+			
	34	Lavy		Lavi	T	+			
	35	Pako	Kadō / Kanai	Pako / Kadō / Kanai	T	+ / + / +			
	36	Khmer		Khame / Khon / Khe		+			
	37	Toum	Lihā / Thai Cham / Thai Pong	Tum / Lihā / Thai Cham / Thai Pong / Thai Pun / Moi		+ / + / +	Lirā / Pōng		cf. *Moy*
	38	Nguane		Nguan		+			
	39	Moy		Moi / Mu'ang		+ / +	Mōn		*Mone* から改称。草案では Mu'ang。

							notes
Sino-Tibetan	40	Kree	Krī	T			cf. *Khmu*
			Salāng				Khamuan
			ʼAlēm				
			Malǣng				
			Tǫng Lǖang		+		cf. *Khmu*
	41	Akha	ʼAkhā		+		*Kor* から改称。
			Khœ̄		+		草案には Ikǫ の記載あり。
			ʼOmā		+		
			Mūtœ̄n	S	+	Mūtœ̄	*Khir* から統合。草案に記載なし。
			Chīchō	S	+		
			Pūlī	S	+		1970: Kǫ Chichām
			Pānā	S	+		
			Kǫ Fē				
			Nūkui		+		
			Lūmā		+		
			ʼƐpā		+		
			Chipia	S		Chipiao	
			Mūchi		+		
			Yaʼœ̄	S	+		
			Kongsāt	S	+		草案に記載なし。
			Phū Sǣng		+		
	42	Singsily	Singsīli	T			*Phounoy* から改称。
			Phū Nǭi		+		
			Pīsū	S			
			Phū Nyǫt		+		
			Tapāt		+		
			Bāntang		+		
			Chāhō		+		
			Lāo Sǣng		+		
			Phai (Phongsālī)	T	+		Phongsaly
			Lāo Pān		+		
			Phongkū		+		
			Phongsēt		+		
	43	Lahu	Lāhū	S			*Musir* から改称。
			Mūsœ̄		+		
			Mūsœ̄ Dam	S	+		
			Mūsœ̄ Khāo	S	+		*Kui* を改称し統合。
			Kui Sūng	S	+		同上。
			Kui Liang		+		

第7章 補論

言語グループ	No.	民族名[1]	副次集団名[2]	その他呼称[3]	1970 Nation[4]	1994 記載	1994 表記	摘要
	44	Sila		Sīlā Sīdā	S	+ +	+ +	Sidaから改称。ただし、ラオス語では、95年時点でもSilā。
	45	Hayi		Hānyī	S	+	+	
	46	Lolo		ʼĀlī		+	+	
	47	Hor		Hǭ		+	+	
Hmong-Mien	48	Hmong	Mong Khāo Mong Lāi (Mong Khīao) Mong Dam	Mong Dǣ Mong Leng Mong Sī Mong Yūa Mong Dū	S S S	+ + +	+ + +	
	49	Iiwmian	Lāntǣn Yāo Khāo Yāo Phommaidǣng	Yāo Lāntǣn Lāo Hūai Yāo Khāo Yāo Phommaidǣng	S S	+ + +	+ + +	Yaoから改称。

園江 [2005] を一部改変。

[1] 1994年分類の公式欧文表記。またはそれに順ずる。
[2] ラオス文字表記からの翻字。
[3] 前同。
[4] L・T・Sはそれぞれ低地ラーオ・中高地ラーオ・高地ラーオを指す。
[5] 斜体字は公式民族名、立体字はそれ以外を示す。
[6] 原文では、Lāo-Taiになっている。

の齟齬に留意することに加え、個別のデータそのものを論議することを極力控え、全体の傾向で分析するよう努めている。

　既に触れた通り、永田は1995年に実施された第2回国勢調査のデータを利用してラオス当局に先んじて[26]「ラオス村落情報システムLaos Village Information System (LAVIS)」を開発し、全国に散らばる集落の特徴をGIS化によって明らかにした[永田2000]。この成果は、その後もラオスで初めて行われた農林センサスの結果をもとに、*LAVIS Lao Agricultural Census 1998/99 Edition* [Nagata 2000a] として発表され、ラオス農業の動態を解明するのに大きく貢献した。この資料は、ラオスの経済社会動態を総体として把握するのにきわめて有益であるが、本文中で著者も認めているようデータ上の瑕疵は少なくない。

　2005年には、ラオスにおいて第3回国勢調査をはじめ、いくつかの重要な全国規模の統計に関する事業が予定されているが、その成果と評価については今後を俟つよりほかない。

1）はじめに

　ラオスにおける歴史上初めての人口調査は、今日のラオスの礎であるラーンサーン王国を建国したファーグム王Chao Fā Ngumの長男ウン・ムアン 'Un Mū'ang が行った（1376年頃）といわれ、30万 *sām sæn* 人の自由民 *thai* 人口があったことにちなみ、ウン・ムアンはサームセーン・タイ王の名で呼ばれ、親しまれている。

　一方で、近代的人口統計は1921年にインドシナ連邦総督府経済局統計課が行ったのが最初のもので[27]、現在の国土[28]よりやや小さい面積である231,500km^{2}に81.9万人が住んでいた［Direction des Affaires Économiques, Service de la Statistique Générale 1927: 31］とされ、その後ラオス王国計画・協力省Ministere du Plan et de la Cooperation国立統計局Service National de la Statistiqueなどが1959～1961年に全国で、1965/1966年にも部分的ながら人口調査を行うなど統計に関する業務を行ってきた。

　1975年末にラオス人民革命党によって現ラオス人民民主共和国体制発足後、旧機構を踏襲する形で国務統計室National Statistical Officeとして関係業務は引き継がれたものの、この当時実際にはほとんど機能せず、1977年になって閣僚評議会令第63号により各種統計の整備が指示され、翌年国務計画委員会National Planning Committee 中央統計局Central Statistical Departmentが設置される。これによって経済・社会文化に関する統計数値の収集システムの構築

が試みられ、1980年にようやく1979年版統計便覧が作成されるが、これは一般への閲覧・配賦が禁じられたもので、また、その序文中にさえもデータの瑕疵が認められる可能性に触れているなど、きわめて不十分な内容のものであったことは否めない。1982年には第1次5カ年計画（1981〜1985年）における各省庁再編に伴い、国家計画委員会State Planning Committee（SPC：省相当。）国家統計院State Statistical Centre（SSC）として改組され、1983年からは統計便覧の年次刊行が開始される[29]。

その後省庁の改組により、1992年には経済・計画・財務省Ministry of Economy, Planning and Finance国家統計院、1994年には計画・協力委員会Committee for Planning and Cooperation（CPC：省相当。）国家統計局State Statistical Departmentとして再編され、1996年国立統計院National Statistical Centre（NSC）[30]と改称しほぼ現行の組織に編成、翌年に計画・協力委員会は統計院を所管する国家計画委員会および外国投資・経済協力管理委員会[31]に分割されるが、2000年末に両委員会は再び計画・協力委員会として統合され今日に至っている[32]。

また、2002年8月には「国家統計制度の組織と事業に関する首相令第140号」が施行され、国立統計院が国家の統計に関する主務官庁であることが改めて規定された。

2）組織

すでに述べたように、現在ラオスの統計に関する主務官庁は計画・協力委員会（長官：トンルン・シースリートThongloun Shisoulith副首相・政治局員）の局相当部局である国立統計院（NSC）で、局長1名（ブンタヴィー・シースパントーン[33]）・局次長2名がそれぞれ職掌を分担する5つの課および電算室からなっている（図7-2）。2002年末の職員数は合計41名で、ほかに2名の外国人専門家がスウェーデン開発公社（SIDA）から派遣されている。

地方の統計情報収集について、国立統計院は独自に地方事務所や専任職員を持っていないが、各県に計画・協力委員会の支局として配置されている県計画・協力課および各郡郡庁付設の計画・協力事務所が関連事務および業務を担当している。

国立統計院各課の主な業務は、以下の通りである。

1. 国民勘定課 National Accounting Division

次長が本課課長を兼務しており、統計院業務の中核をなしている。中心となる

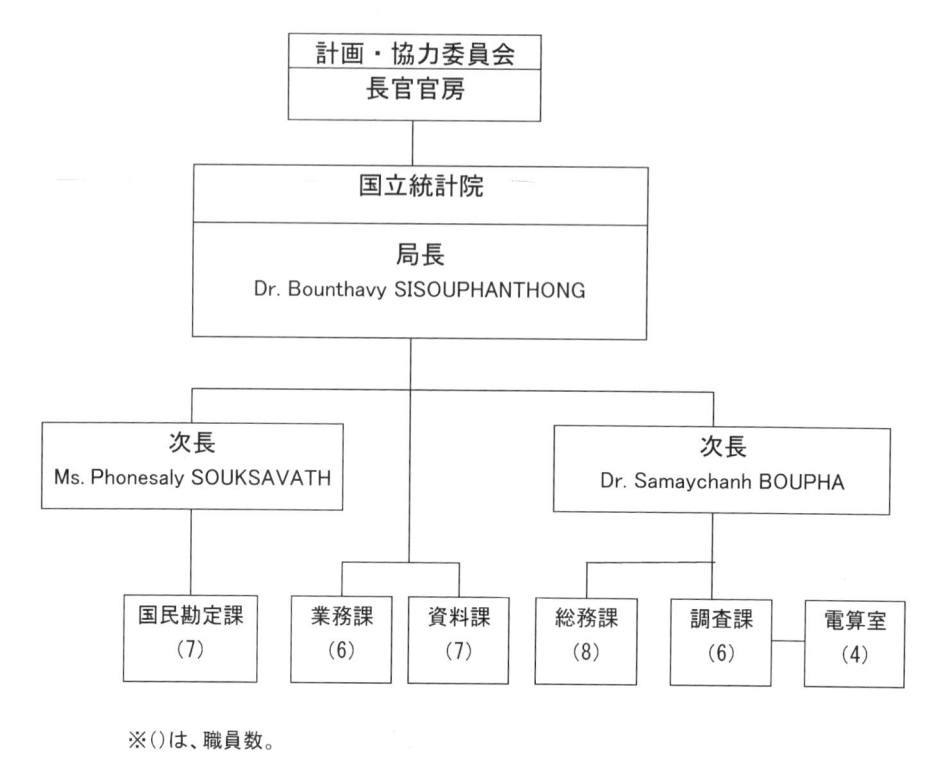

```
          ┌─────────────────┐
          │  計画・協力委員会  │
          │    長官官房      │
          └────────┬────────┘
                   │
          ┌────────┴────────┐
          │    国立統計院    │
          ├─────────────────┤
          │      局長       │
          │ Dr. Bounthavy SISOUPHANTHONG │
          └────────┬────────┘
```

┌──────────────────┐   ┌──────────────────┐
│   次長   │   │   次長   │
│ Ms. Phonesaly SOUKSAVATH │   │ Dr. Samaychanh BOUPHA │
└──────────────────┘   └──────────────────┘

| 国民勘定課 | 業務課 | 資料課 | 総務課 | 調査課 | 電算室 |
| (7) | (6) | (7) | (8) | (6) | (4) |

※( )は、職員数。

図7-2　ラオス国立統計院組織図

職掌業務は、政府に報告する年次統計および統計資料の作成と、在勤職員および統計関連業務に従事する関係機関の職員に対する研修、大学における研修・講義受託の2つがあるほか、人口統計・労働・ジェンダーに関する統計、国民勘定・GDP、貿易統計、物価統計、貧困分析を扱っている。

2. 業務課 Service Division

統計便覧、価格指標など統計に関する印刷物の販売、図書・資料の管理を行うほか、関係機関からのデータベース利用の要請に対する窓口業務を行っている。

3. 資料課 Data Collection Division

教育、保健、通信・運輸・郵政・建設、工業・工芸、農林など各所轄省庁において大臣官房や計画局などの担当部局が取りまとめた統計資料の収集と編纂を行

っている。

4. 総務課 Administration Division
事務一般とロジスティックス、会計・財務、福利・厚生業務に関する事務局として機能しており、毎週計画・協力委員会へ定期業務報告を行う。

5. 調査課 Survey Division（電算室 Computer Unit 付設）
統計院実施の調査に関する調査計画の策定と調査票の企画、調査に関わる地方職員の指導・監督と踏査を実施し、コーディング作業を含むデータの集計と分析・評価と最終報告書の作成を行う。

3）国勢調査とその他のおもな実施調査
以下に、国立統計院がこれまでに実施した、主な調査を紹介する。

1. 国勢調査
1985年3月1日行われた第1回国勢調査は、事実上ラオスで初めての実地調査に基づく人口統計で、国連人口基金（UNFPA）が支援し、当時の国家統計院が事業主体となって行われたものである。

この結果は、7月にサリー・ヴォンカムサオ Sālī Vongkhamsāo 前・閣僚評議会副議長・国家計画委員会長官名で公表されたことになっているが、実際に印刷物のかたちで現れるのは1992年になってからのことで、この報告書 *Population of Lao P.D.R.* [34] に掲載された内容は、かなり限定があり原データにアクセスできない等さまざまな面で問題点があるものの、ラオスの人口動態を示す資料としての歴史的価値は高いといってよい。

また、この調査では不完全ながら民族別人口も集計しており、その後の第2回国勢調査の際に民族別人口の集計基準策定に利用され、数多くの民族によって構成される多民族国家ラオスにおいて、民族政策策定上必要な民族分類[35]に関する情報を提供したことは意義深いといえる。

1995年になってSIDAの支援により、第2回国勢調査が行われる。この調査は1993年10月の「首相令第47号」により、国勢に関する明確な情報を収集し、経済・社会計画に反映させ国民の生活改善を目的として実施することが決定されたもので、併せて今後10年毎の実施を発表した。

この技術指導にはスウェーデン統計局（Statistic Sweden）があたり、延べ14,000人の現地訪問調査員を動員して全国一斉に行われた。これに先立って副首

表7-5 ラオス国勢調査結果の比較

		第1回 (1985)	第2回 (1995)	第3回 (2005)
人口	計	3,584,803	4,574,848	5,609,997
	男	1,757,115	2,260,986	2,813,589
	女	1,827,688	2,313,862	2,796,408
	人口密度	15.1	19.3	23.7
世帯	世帯数	601,797	748,526	959,595
	平均世帯規模	6.0	6.0	5.9
生産年齢人口 (15〜64歳)	計	1,853,858	2,380,222	—
	男	878,717	1,149,684	—
	女	975,141	1,230,538	—

資料:園江 [2004: 63］；KSKPP [2005: 4-6]

相を長とした6関係省庁からなる国勢調査実施指導部を組織して国立統計院を国勢調査実施事務局とし、1994年11月に『1995年国勢調査 訪問調査員用手引』を、12月には『1995年国勢調査 県・郡職員用手引』作成して地域担当官と調査員の研修を行い、3月1日から約1週間かけて3月1日午前0時時点における各世帯の個別情報を聞き取った。

この第2回国勢調査の結果は、同年10月には県レベルでの郡別人口と世帯数のみを集計した『予備報告書2』[36]が英文で、1997年4月になって最終的な報告書である『1995年国勢調査結果』としてラオス語および英語でそれぞれ出版された。

表7-5に第1回・第2回両国勢調査の概況に加え、2005年末に刊行された『第3回国勢調査第一次結果報告』のデータを示した。

2. 1997/98家計調査 Lao Expenditure and Consumption Survey 1997/98 (LECS 2)

この調査は、1997年3月1日に開始され翌年2月28日までの1年間にわたり、全国から抽出した450カ村8,882世帯57,624人を対象に実施されたもので、1992年3月から1993年2月にかけてSIDAの援助によって行われた家計調査(LECS1)の第2回目として位置づけられている。

LECS1は、本来より広汎な生活環境調査として位置づけられ、社会指標調査としてのLao Social Indicator Survey[37]と併せて企画されたものであって、1997/1998のLECS2ではこのうち特に各世帯における経済活動に焦点を当て、経済活動に従事する時間をモジュールとした点が特徴的といえる。

この結果は The Households of Lao P.D.R. として1999年末にラオス語・英語で報告書が出版されている。
　その後、2002年3月から2003年2月にかけては、540カ村8,100世帯を対象にLECS3が実施され、その報告書として The Households of Lao P.D.R. : Social and Economic Indicators, Lao Expenditure and Consumption Survey 2002/03 (LECS 3) として、2004年3月に英文で出版された。

3. 1998/99農林センサス

　この調査は、1999年2から3月にかけて実施されたラオスで初めての農林センサスで、1998年雨季ならびに1998/1999両年にまたがる乾季の農家経済等について、全国798,000世帯の簡易調査票による悉皆調査と、各県の郡からそれぞれ任意抽出した2,454の調査村における詳細調査票を用いた42,028の世帯標本調査からなっている。
　事業主体は、1997年9月に「首相令第21号」によって組織された国家計画委員会と農林省からなる農林センサス実施委員会で、SIDAによる資金・機材供与とスウェーデン統計局の技術協力を得て、国立統計局と農林省計画局が共同する農林センサス中央事務所が実施した。この際のガイドラインには国連食糧農業機関 (FAO) による Programme for the World Census of Agriculture 2000 (1996) が用いられている。
　具体的な調査項目は、簡易調査票では世帯人員・種類別家畜飼養頭数・1998年雨季または1998/1999年乾季における農業への従事・使用農地面積と0.02ha以上の農地使用についての作目について15項目となっており、詳細調査票ではこれに加えて農地の保有[38]状況、雨季・乾季それぞれの稲作、家畜の飼養、農業資材の投入、世帯に関する情報その他合計88項目を聞き取っている。
　この調査の報告書は、2000年はじめに全国版がラオス語と英語でそれぞれ出版以降、同年中に逐次県別版が出版されたが、こちらはラオス語版のみとなっている。
　各分冊の構成は、調査項目別解説と表による資料編のほか、全国版では調査方法の概況が掲載されている。
　県別版報告書の章立ては、順に概況、農地（使用地筆数・保有状況・土地利用・開墾状況）、一年生作物（稲・その他一年生作物・連作状況）、永年性作物、農業生産要素（肥料・農薬・種籾の種類等）、家畜と家禽（種類と飼養数・予防接種）、農業機械、林業および漁業、農家世帯、農民（性別・年齢）、農業労働、外部的労働となっている。

本研究では、この県別版を利用したが、実際にデータを処理してみるとさまざまな問題点が残されていることがわかる。中でも最大の点は、稲作をはじめとした農業生産に関して、作付面積の点からしか把握しておらず、往々にして収穫面積との乖離がみられるラオス農業の実態を必ずしも的確に反映していないという点が挙げられる。

農林センサスの結果概要は、第3章表3-1で示した。

4. 2000リプロダクティブヘルス調査
Lao Reproductive Health Survey 2000（LRHS2000）

実際には1994年UNFPAの支援によって実施された出生ならびに出産間隔調査Fertility and Birth-Spacing Survey in Lao P.D.R.（FBSS）の第2回であり、保健省母子保健センターと共同でUNFPAの資金提供と技術指導の下に行った。

調査票には世帯用・女性個人用・男性個人用の3種があり、農林センサスでのサンプリングデザインを踏襲して全国から任意に抽出した21,459世帯の15～49歳の女性[39]12,759人を調査対象に、3,060人の同年齢層の夫を補助サンプルとして2000年4月末から6月初旬にかけて実施され、ほぼ98％以上からの回答を得ている。

4）出版事業そのほか

1995年の第2回国勢調査実施後頃から各種の統計書の整備も次第に進むようになり、また、一般の購入も可能となった。最近の出版では毎年出版の『ラオス基礎統計便覧』、『1998/99農林センサス報告書全国版』（ラオス語・英語）・『同県別版』（ラオス語のみ）［ともに2000］、『2000リプロダクティブヘルス調査報告書』（ラオス語・英語）［2001］などのほか、シースパントーンらによる第2回国勢調査を用いた地図帳（ラオス語・英語・仏語）の商業出版［Sisouphantong et al. 2000］などがある。

また、関係当局の許可制ではあるが各種調査のデータベース提供も行っており、既に指摘した通り第2回国勢調査や1998/99農林センサスの結果をGIS化した『ラオス村落情報システム（LAVIS）資料集』（大阪市立大学学術情報総合センター永田好克講師研究代表／筆者ラオス語監修・翻訳Webページhttp://huapli.media.osaka-cu.ac.jp/lavis/）などに活用されている。

5）課題と展望

1995年より基本的な経済・社会統計の整備のために、各村が年次統計情報を

記録する「村落統計簿」を作成することが企画され、ヴィエンチャン首都区・ルアンパバーン・カムアン・サヴァンナケート・チャムパーサックの各県において一部施行された［SSS 1996］が、その後今日にいたるまで進捗はみられていないのが現状である。経済・社会面で中央と地方の格差が大きく、地方ではまだまだコミュニケーションの状況がよくないラオスの現状では、全国規模の情報整備や職員のスキル向上もさることながら、実効性ある経済政策策定の上でも農村レベルでの精度と最新性を備えた経済・社会に関する村落情報システムの構築がきわめて重要であり、そのための施策が求められるといえよう。

ラオスの人口は2000年で約520万人と推定され、総出生率（GFR）で161[40]、合計特殊出生率（TFR）は4.88[41]［SSS 2000a: 36-39］とかなりの高水準にある。食糧生産に関して環境面でも多くの制約を受けるラオスでは、今後の経済・社会開発戦略の中で適切な人口政策の策定が、緊急かつ最重要課題の一つであるといってよく、このためにも関連する統計の整備は焦眉である。

中央レベルの調査としては、2003年7月に国勢調査の予備調査としてSIDA及びUNFPAの資金提供で人口調査が行われ、これを受けて2005年3月1日には第3回国勢調査が、これまでに続きラオス－スウェーデン統計プログラムとしてSIDAの技術・資金支援により実施された。また、同年9月には、全国21,600世帯を対象として、第3回にあたるリプロダクティブヘルス調査が同様に実施され、現在これら調査結果の集計と発表の準備が進められているが、今後も引き続き、ラオスに対する支援全体の中で、長期的・総合的展望にたったプロジェクト形成と実施が求められるといえよう。

なお、2005年末には、国立統計院公式Webページ（http://www.nsc.gov.la）が開設され、同時に国連開発計画（UNDP）・国連児童基金（UNICEF）・UNFPAからの資金提供を受けて、UNICEF ChildInfo Technologyをもとに開発されたLao Info（Common Indicators Database System）によって、国立統計院の保有している統計やGIS情報を利用することが可能となったが、この詳細については別稿に譲るものとする。

注

[1] 本研究の冒頭で述べているように、2003年に改正された現行の「2003年改正ラオス人民民主共和国憲法」および、「ラオス人民民主共和国憲法」（1991）（以下、それぞれ改正憲法・憲法とよぶ。）に規程されるラオスの正式名称は*Sāthālanalat Pasāthipatai Pasāson Lāo / the Lao People's Democratic Republic*であり、ラオス語・英語ともに「ラーオ」になっている。一方、1947年制定の「ラオス王国憲法」ではRoyaume du

Laosまた、「自由ラオス臨時政府暫定憲法」(1945) でも、"le Laos"となっているが、フランス語による現在の正式国名表記はRepublique Democratique Populaire Laoである。

[2] これらは、Dore [1981]；田村 [1995] に詳しい。

[3] ラオスにおけるシナ-チベット語族に属するグループは、タイ-カダイ諸語、チベット-ビルマ諸語およびミャオ-ヤオ諸語に大別され、現在ラオスの民族については、これらを区分して考えるのが一般的である。

[4] 本文はラオス建国戦線 [SNLSS 2005: vii-viii] によるが、Chazéeは低地ラーオ：標高200〜400m、中高地ラーオ：標高300〜900m間、高地ラーオ：標高800〜1600m間 [1999: 6] としている。

[5] ここでは、国民概念を前提にした民族区分として「＊＊ラーオ人」としたが、前註を含め、この語を使用する必要のある場合、政策的な用語を除き、便宜的な民族を示す語として「＊＊ラーオ」と表記する。

[6] 1947年頃では、他に種族的タイ (tribal Tai) *Lāo Tai*という分類もみられる（表7-1参照）。

[7] 『ラオス王国憲法』(1947) では、「ラオスの領土内に常住する種族に属し、かつ、すでに他国の国籍を有していない個人は、すべてラオス市民とする。」(第4条) とされ、各民族の法の下の平等が規定されている。

[8] Bastonは、この分類はラオス王国の代議士でのちに最高裁判所長官となるフモンのトゥリア・リフォンToulia Lyfongによって当初提起され、パテトラオ (*Pathēt Lāo*と一般に呼ばれるが、1956年自由ラオス戦線より改称したラオス愛国戦線*Nāeo Lāo Haksāt*を指す。) により一般化された [1991: 136] としており、Chazéeは「1950年代末、旧政権は民族言語学的 ethno-linguistic 概念よりも民族地形学 ethno-geomorphologic を基盤とした平易な概念を採用した。この簡明でつとめて視覚的な居住に関する定義は、1975年以降急速に一般化した。」[1999: 6] と分析している。

[9] 中華人民共和国における「統一的多民族国家」のコンテクストにみられる、民族集団 ethnic group とは異なった「民族」nationの概念、あるいはむしろ「国民」citizen *son sāt*の概念として使用する傾向が強い。ラオスでの民族集団 *kum phao・mūat phao* の語は、個別のエスニック・グループにより構成される「(三大) 民族」あるいは「(三大) 国民」の集団 [Somsanit *et al*. 1994: 60-61; Phūmsavat ed. 1997: 61-62など] として見られる。林は「(民族という個々の差異を「人民」に解消する同胞化の企てにおいて) ラオス当局はタイ国では制度化されている「山地民」「少数民族」という用語や語法を、「主要多数民族」を言外の前提とするものとして慎重に避ける。」[1998: 89] と分析する。

[10] 実際には、ある種の統計で高地ラーオ、中高地ラーオをそれぞれ*Lāo Mong*（フモン）、*Lāo Khamu*（クム）等と表記したものがみられることもあるが、1994年版中等学校3年の地理教科書にみられる華人やヴェトナム人を指すと思われる「その他ラーオ

族 *Phao Lāo 'Ū'n-'ū'n*」[Somsanit et al. 1994: 62] などの表現から推察すると、前註同様「ラーオ」という語をラオス国民あるいは人・民族という意味として考えてよい。現行の社会科教科書では、言語グループによる分類も採用している [Sadāchit et al. 1997: 138-139] が、学校教育の場面では、未だ「三大国民」による民族理解を踏襲しており [Phonmisai et al. 1996: 164-165]、一般的認識の基盤となっていることは疑い得ない。

[11] 1955年インドシナ共産党ラオス支部を改組して設立。1972年第2回党大会においてラオス人民革命党と改称。

[12] ただし、1981年6月のラオス人民革命党中央委員会政治局における民族問題に関する審議会でのカイソーン・ポムヴィハーンKaisōn Phomvihān議長表明では、「低地ラーオ人、中高地ラーオ人あるいは高地ラーオ人と称する必要はなく、三大民族と呼ぶこともない。すべての諸民族は、それらの民族が古来より自らを呼び習わしてきた名称によって呼ばれるべきである。」とある。

[13] Chazéeは、「ラオス政府が1973年にタイ語系12、オーストロアジア語系35、ミャオ－ヤオ語系およびチベット－ビルマ語系合わせて11の計58の民族を認定した。」[1999: 5] としている。この「政府」とは王国政府かラオス愛国戦線側かの明記がない。なお、Stuart-Fox [1986: 44] や林 [1998: 82] も指摘しているように、「三大」民族・68民族ともにその内訳については、SNLSS [2005] 以前は一般に公表されていない。

[14] 憲法の規程では、「国家は、各民族間の団結と平等に係る政策を実施する。すべての民族は、国及び民族固有の美しい伝統風俗及び文化を保護育成する権利を有する。民族の間を分断し、差別する一切の行為は禁止する。」(第8条) として、民族対立に関する配慮を窺わせる。この規程は、改正憲法でも同様である (第8条)。改正憲法の解説と条文とについては瀬戸 [2004] に詳しい。

[15] 飯島はニュアン (ユアン) を例に、それぞれ民族が自称する「『族 (＝ソンパオ)』という言葉は、多民族国家を標榜するラオス人民民主共和国において、国民を構成するエスニック・グループを指すのに用いる公用語であることは指摘しておしておきたい。従って、彼らがラオス国民であることと同時に認証されている『民族』身分を復唱している可能性も排除することはできないだろう。」[1999: 126] と述べている。

[16] 国勢調査に関しては、補論7-2「ラオスの統計制度」に解説した。

[17] この際の民族名に関する質問の意図は、「現在ラオス国内には、いかなる少数民族であれ、何民族があるかを調査すること」[KSPS 1984: 34-36] であり、「3民族」分類による調査票の記入を厳禁している。しかしこの結果の民族別人口実数集計は行っておらず、「民族言語学的に6つのラーオ民族に分類できるであろう」[SSC 1992: 13] として、タイ－ラーオ、モン－クメール、ミャオ－ヤオ、チベット－ビルマ、ヴェトームオン、漢語系 (ホー) に分けるに留めており、同報告書中の民族別人口に関する数値はLao50.3％、Phoutai12.3％、Khmu10.9％、Hmong6.4％、Lu2.9％のみとなっている。ま

た、明らかにチベット - ビルマ系のアカなどの民族がミャオ - ヤオ系として分類されていたり、資料によって各グループに属する民族数・人口その他にかなりのばらつきがありデータとしての使用には耐え難い。なお、この言語に関する6分類は先述のシーサーンによると考えられる。

[18] 林によれば、1985年の国勢調査結果に基づくラオス社会科学院編『ラオス諸民族巡り』(1992)では、「序文中には（民族数を）47としつつ、本文に記載される民族名称の数は42である。」[1998: 82]としている。しかし実際には、それにより作成した民族言語集団の表では3つの民族名が重複しており、39しか記載されていない[1998: 83]。また、SSCによる国勢調査結果の総人口が3,584,803人[1992: 4]であるのに対し、同表を集計しても3,476,392人にしかならず、大きく食い違っている。

[19] たとえば、NGD[1995: 13]など。

[20] ただし、この分類は語族と語派の定義があいまいで検討の余地がある。

[21] すでに第3章で論じたように、現在の民族分類の妥当性については、さまざまな論議の余地があるが、ここでは現在ラオス政府の公式見解である分類を基本にこの問題を考えることとし、フィールド調査で得たデータ上必要な場合は改めて民族名を示した。

[22] 国防・治安維持、社会・文化、法務、経済・財務、民族、外交の各常任委員会を統括する上位常任委員会。委員長・2名の副委員長はそれぞれ国民議会議長・副議長が兼務し、それ以外に数名の常任委員長が兼務する理事からなる。

[23] この関連資料については、2005年末に各民族の概説がラオス建国戦線民族局から出版され[SNLSS 2005]、一部発表が可能となったが、時間的制約により今回は補遺を割愛した。

[24] 林[1998: 83]ではモン - クメール系に *Ka Seng* の民族名が表に挙げられている。ただし実数はブランクである。

[25] 本稿執筆後、2005年3月1日に第3回国勢調査が実施されたため、その結果概要のみ表7-5に示した。

[26] Sisouphanthongらによる *Pū'm-̄atlāt khōng Sāthālanalat Pasāthipatai Pasāson Lāo: Kānphatthanā Sēthakit lǣ Sangkhom tām Khōngsāng khōng Khēt Kānpokkhōng* [Atlas of Laos: Spatial Structure of the Economic and Social Development of the Lao People's Democratic Republic] の出版は、フランス語版が2000年末、ラオス語版と英語版は実際には2001年になってからである。

[27] 内務行政上の人口統計は、1910年代からもみられる。

[28] SSS[2001]によれば、現在のラオスの国土面積は236,800km^{2}となっている。

[29] この時点での便覧の発行者は国家計画委員会。

[30] ラオス語では *Khana-Kamakān Phǣnkān hǣng Lat, Sūn Sathiti hǣng Sāt* (SSS)。

[31] ともに省相当で、長官は閣僚。但し、外国投資・経済協力管理委員会は一時首相府所轄移管され、現在は計画・投資委員会に再編されている。

[32] 2005年に計画・投資委員会 Committee for Planning and Investiment (CPI) に改

称された。
33　2004年からサマイチャン・ブパー氏が所長に昇任した。
34　中扉には「ラオス語原本よりの翻訳」と書いてあるが、原本の存在は未確認である。
35　第7章7-1に詳述した。
36　『予備報告書1』は公表されておらず、『1995年国勢調査結果』でも「本書は，報告書第3部である。」［1997: 3］と序文にあるものの、関連資料としても『1』はあげられていない。
37　LSIS：1993年5〜7月実施。
38　憲法および「土地法」（1997）の規程では、土地の所有権は国民社会に帰属し、その用益物権としての土地使用権のみが個人等に対して認められている。農林センサスでは、土地法の文言上土地使用に係る「土地の保全」を「保有」としており、また「所有権」の語が見られるなど法的には検討すべき記述も見られるが、この件に関し、ここではこれ以上立入らない。なお、2003年5月の憲法改正後、10月には「土地法」が改正され（「土地法施行令」の公布は2005年4月）、土地の所有権は依然「国民社会」に帰属する（第3条「土地に関する所有権」）とされているが、旧土地法の所有権条項「個人または団体は、売買の対象として土地を取得してはならない。」（第3条②）という規程が削除されたことにより、実質的に個人所有が法的にも追認されたと考えられる。
39　実際には、15〜44歳に補正して集計している。
40　同前。
41　15〜49歳値。44歳補正値は、4.615。

附表 1　ルアンパバーン県における聞取りによる栽培稲品種名

No.	#	品種名*	集落名	採集地 部名	水稲・陸稲	糯・粳性	早晩性	民族	備考*2
1	26	'alā	Thong Phīang Vilai	Nan	陸	糯	中	Thin	
2	162	bǣng	Mū'ang Sū'n	Ngoy	陸	糯	中	Lao	142
2	232	bǣng	Pāk Ngā	Phonxai	陸	糯	中	Tai Khao	146
2	341	bǣng	Hāt Pāng	Pak Ou	陸	糯	中	Lue	13
2	431	bǣng	Hūai Pǣn	Pak Ou	陸	糯	晩	Lue	167
3	184	bōṇ	Phōṇ Sa 'āt	Nam Bak	陸	糯	晩	Lao/Khmu	
3	194	bōṇ	Khōg	Nam Bak	水	糯	晩	Lao	
3	198	bōṇ	Bom	Nam Bak	陸	糯	晩	Tai Dam	
4	211	bōṇg	Nam Lā	Nam Bak	水	糯	晩	Lao	
4	219	bōṇg	Phōṇ Sai	Phonxai	水	糯	中	Lao	
5	226	bom	Phōṇ Ngām	Phonxai	陸	糯	中	Khmu	75
5	443	bom	Thā Khām	Phonxai	陸	糯	晩	Khmu	145
6	251	brǣ' chūa dao	Nam Bǭ	Nam Bak	水	糯	中	Tai Khao / Hmong	
7	205	būa mai	Bom	Nan	陸	糯	中	Lao	
8	65	chāo	Pā Phai (1)	Xieng Nguen	陸	粳	早	Nhuane	
8	78	chāo	Pāk Vǣt	Viang Kham	陸	粳	早	Lao	
8	128	chāo	Hāt Ngǭ	Chomphet	陸	粳	早	Lao	
8	216	chāo	Nakhōṇ	Pak Xaeng	陸	粳	早	Lao	
8	293	chāo	Hūa Kǣng	Chomphet	水	粳	早	Lao	
8	391	chāo	Chān Nū'a	Nan	陸	粳	中	Thin	
9	29	chāo dǣng	Thong Phīang Vilai	Phonxai	陸	粳	晩	Tai Khao / Hmong	20 brǣ' chūa rīa
9	252	chāo dǣng	Nam Bǭ	Pak Ou	陸	粳	早	Thin	
10	31	chāo dǭ	Thong Phīang Vilai	Pak Ou	陸	粳	中	Lao	156
11	362	chāo hai	Lāt Kōk	Pak Ou	陸	粳		Tai Dam	162
11	383	chāo hai (phū thai)	Hūai Hok	Pak Ou	水	粳	早	Lao	
12	298	chāo hǭm	Pāk 'Ū	Pak Ou	水	粳	早	Lao	147
12	331	chāo hǭm	Hāt Khām	Pak Ou	水	粳	早	Lao	
12	354	chāo hǭm	Lāt Kōk		陸	粳	早	Lao	
13	28	chāo khāo	Thong Phīang Vilai	Nam Bak	水	粳	早	Thin	
14	438	chāo lāi	Lī	Xieng Nguen	陸	粳		Tai Dam	84
15	110	chāo lao sūng	Lōng 'Ǭ		陸	粳	早	Nhuane	

No.	#	品種名*	集落名	部名	水稲・陸稲	糯・粳性	早晩性	民族	備考*2
15	240	chāo lāo sūng	Pāk Vī	Phonxai	陸	粳	中	Tai Khao	braeˋ chūa rō
15	430	chāo lāo sūng	Long Lang	Louang Phabang	陸	粳	早	Hmong	158
16	59	chāo mat	Dǭn Tūm	Nan	陸	粳	晩	Lao	
16	66	chāo mat	Pā Phœ̄m	Nan	水/陸	粳	晩	Lao	
16	81	chāo mat	Mūt	Xieng Nguen	水/陸	粳	中	Nhuane	
16	98	chāo mat	Dǭn Mō	Xieng Nguen	陸	粳	晩	Nhuane	
16	109	chāo mat	Lộng ˋǬ	Xieng Nguen	陸	粳	晩	Nhuane	
16	114	chāo mat	ˋÆn	Xieng Nguen	陸	粳	晩	Phuan	
17	139	chāo phūˋn mūˋang	Mūˋang Ngǭi Kao	Ngoy	陸	粳	中	Lao	
17	399	chāo phūˋn mūˋang	Miang Kham	Chomphet	水	粳	晩	Lao	
18	60	chāo yāo	Dǭn Tūm	Nan	陸	粳		Tai Dam	
19	196	chiang tung	Bom	Chomphet	水	糯	早	Khmu / Lao	94
20	286	chīn	Pāk Kēng	Pak Xaeng	陸	糯	晩	Lao	
21	90	dǣng	Siang Ngœn	Xieng Nguen	陸	糯		Nhuane	
21	95	dǣng	Dǭn Mō	Xieng Nguen	陸	糯	中	Phuan	
21	118	dǣng	ˋÆn	Xieng Nguen	陸	糯	中	Lao	28
21	122	dǣng	Būam Vān	Viang Kham	陸	糯		Lao	
21	127	dǣng	Hāt Ngǭ	Viang Kham	陸	糯	中	Lao	
21	131	dǣng	Thā Vān	Viang Kham	陸	糯	中	Khmu	ngo yǭm
21	133	dǣng	Pā Phai (2)	Viang Kham	陸	糯	中	Lao	
21	152	dǣng	Sop Hun	Ngoy	陸	糯	中	Lao	81
21	178	dǣng	Hāt Khīp	Ngoy	陸	糯	早	Tai Khao	
21	231	dǣng	Pāk Ngā	Phonxai	陸	糯	晩	Tai Khao	90
21	239	dǣng	Pāk Vī	Phonxai	陸	糯	中	Khmu	ngoˋ bom
21	245	dǣng	Hūai Man	Phonxai	陸	糯	中	Tai Khao / Hmong	braeˋrīa
21	248	dǣng	Nam Bǭ	Phonxai	陸	糯	中	Tai Khao / Nyuane	
21	256	dǣng	Thā Phō (1)	Phonxai	陸	糯	中	Lao / Khmu	144
21	273	dǣng	Hūa Sakhing	Pak Xaeng	陸	糯	早	Lao / Khmu	96
21	277	dǣng	Hāt Sāng	Pak Xaeng	陸	糯	中	Lao	16
21	323	dǣng	Hāt Māt	Pak Ou	陸	糯	中	Lao	92
21	357	dǣng	Lāt Kǭk	Pak Ou	陸	糯	晩	Khmu	
21	442	dǣng	Pung Pao	Phonxai	陸				

22	158	dǽng dū	Pāk Bāk	Ngoy	陸	糯	中	Lao	4
22	267	dǽng dū	Sop Chǽk	Pak Xaeng	陸	糯	中	Nhuane	
22	270	dǽng dū	Nā Phō	Pak Xaeng	陸	糯	中	Lue	
22	275	dǽng dū	Hūa Sakhing	Pak Xaeng	陸	糯	中	Lao / Khmu	
22	300	dǽng dū	Pāk ʾŪ	Pak Ou	陸	糯	早	Lao	
22	316	dǽng dū	Sāng Hai	Pak Ou	陸	糯	晚	Lao	
22	335	dǽng dū	Hāt Khām	Pak Ou	陸	糯	中	Lao	111
22	434	dǽng dū	Hāt Māt	Pak Ou	陸	糯	晚	Nhuane	17
23	269	dǽng hīa	Sop Chǽk	Pak Xaeng	陸	糯	中	Lao / Khmu	68
24	417	dǽng hīn	Lāt Khōk	Chomphet	陸	糯	早	Khmu	110 ngọˀ gran yīm
25	426	dǽng hīn dǭ	Būam Sīag	Chomphet	陸	糯	晚	Khmu	42
26	427	dǽng hīn pī	Būam Sīag	Pak Xaeng	陸	糯	晚	Lue	
27	272	dǽng kham	Nā Phō	Phonxai	陸	糯	晚	Khmu	ngọˀ yīm
28	258	dǽng pī	Pung Pao	Pak Xaeng	陸	糯	晚	Khmu	38
28	288	dǽng pī	Hāt Sangǭn	Pak Xaeng	陸	糯	中	Lao	6
28	290	dǽng pī	Hūa Kǣng	Ngoy	陸	糯	中	Lao	
29	154	dai	Sop Hun	Ngoy	陸	糯	晚	Lao	
29	156	dai	Pāk Bāk	Nam Bak	陸	糯	早	Khmu	ngọˀ ngruˀ
30	213	dam	Nakhǭn	Chomphet	水	糯	早	Lue	117
31	424	dǭ	Būam Sīag	Pak Ou	水	糯	早	Lao	2
31	340	dǭ	Hāt Pāng	Chomphet	水	糯	早	Lue	51
31	390	dǭ	Chān Nūˀa	Pak Ou	陸	糯	早	Lao	
31	437	dǭ	Hūai Pǣn	Nan	陸	糯	中	Lao	
32	4	dǭ, dǽng	Sī Mungkhun	Nan	陸	糯	早	Khmu / Lao	7
32	40	dǭ, dǽng	Dǭn Tūm	Pak Xaeng	陸	糯	早	Khmu	129
32	283	dǭ, dǽng	Pāk Kēng	Pak Xaeng	陸	糯	早	Lao	
32	289	dǭ, dǽng	Hāt Sangǭn	Pak Ou	陸	糯	早	Lao	
32	299	dǭ, dǽng	Pāk ʾŪ	Pak Ou	陸	糯	早	Lao	
32	310	dǭ, dǽng	Sāng Hai	Chomphet	水	糯	中	Lao	99
32	403	dǭ, dǽng	Mūang Kham	Pak Ou	陸	糯	早	Lao	88
32	432	dǭ, dǽng	Hāt Khām	Pak Ou	水	糯	早	Lao	
33	295	dǭ, dam	Pāk ʾŪ	Phonxai	水	糯	早	Tai Khao	
34	235	dǭ, dœm	Pāk Vī	Louang Phabang	水	糯	中	Lao	161
35	428	dǭ, hīn	Lak 8	Pak Ou	水	糯	早	Lao	
36	294	dǭ, hǫm	Pāk ʾŪ	Pak Ou	水	糯	早	Lao	
36	326	dǭ, hǫm	Hāt Khām						

214

No.	#	品種名*	採集地 集落名	採集地 郡名	水稲・陸稲	糯・粳性	早晩性	民族	備考*2
37	160	dǫ kɛ̆n thāo	Mǖ'ang Sū'n	Ngoy	水	糯	早	Lao	85
38	321	dǫ khāi	Hāt Māt	Pāk Ou	陸	糯	早	Lao	101
39	5	dǫ khāo	Sī Mungkhun	Nan	陸	糯	早	Lao	
39	9	dǫ khāo	Sī Mungkhun	Nan	陸/水	糯	中	Lao	
39	13	dǫ khāo	Nā Fāi	Nan	水	糯		Lao	
39	16	dǫ khāo	Nā Khɵ̆n	Nan	水/陸	糯	早	Lao	
39	20	dǫ khāo	Nā Lao	Nan	陸	糯	早	Lao	
39	39	dǫ khāo	Dǫn Tūm	Nan	陸	糯	早	Lao	
39	69	dǫ khāo	Pā Phɵ̆m	Nan	陸	糯	早	Lao	
39	107	dǫ khāo	Lǫng'Ō	Xieng Nguen	陸	糯	中	Nhuane	
39	292	dǫ khāo	Hūa Kæng	Pak Xaeng	陸	糯	早	Lao	45
40	420	dǫ khēt tao	Bǖam Lao	Chomphet	水	糯	晩	Lao	107
41	1	dǫ lāi	Sī Bunhū'an	Nan	水	糯		Lao	
41	11	dǫ lāi	Nā Fāi	Nan	水	糯		Lao	
41	15	dǫ lāi	Nā Khɵ̆n	Nan	水	糯		Lao	
41	18	dǫ lāi	Thāt	Nan	水	糯	早	Lao	
41	35	dǫ lāi	Dǫn Tūm	Nan	水	糯	晩	Lao	
41	62	dǫ lāi	Pā Phai (1)	Nan	水	糯	早	Lao	37
42	404	dǫ nǫ̆i	Mǖang Kham	Chomphet	陸	糯	早	Lao	93
43	228	dǫ phū'n mǖ'ang	Pāk Ngā	Phonxai	水	糯		Tai Khao	
44	12	dǫ sǖan	Nā Fāi	Nan	水	糯		Lao	
44	34	dǫ sǖan	Dǫn Tūm	Nan	水	糯	早	Lao	
44	63	dǫ sǖan	Pā Phai (1)	Nan	水	糯	早	Lao	57
44	387	dǫ sǖan	Sīang Mǣn	Chomphet	水	糯	早	Lao	
44	397	dǫ sǖan	Mǖang Kham	Chomphet	水	糯	早	Lao	
44	413	dǫ sǖan	Thā Phō (2)	Chomphet	水	糯	早	Lue	
44	416	dǫ sǖan	Lāt Khōk	Chomphet	水	糯	中	Lao / Khmu	
45	70	dǫ yǫ̆i	Pā Phɵ̆m	Nan	陸	糯	中	Lao	
46	53	dōk dū	Dǫn Tūm	Nan	陸	糯	晩	Lao	
47	312	dōk mai	Sāng Hai	Pāk Ou	陸	糯	中	Lao	
48	73	hāt tœ	Pāk Væt	Xieng Nguen	水	糯	中	Nhuane	
48	79	hāt tœ	Mūt	Xieng Nguen	水	糯	中	Nhuane	

48	116	hāt tɛɛ	Ăn	Xieng Nguen			中	Phuan	53
49	351	hīa		Hūai Pɛ̄n		糯	中	Lue	113
49	382	hīa		Lāt Thā Hɛ̄	陸	糯	中	Lue	60
50	356	hin		Lāt Kôk	陸	糯	中	Lao	100
51	260	hīng		Sop Cho	陸	糯	早	Lao	
52	134	hok		Pā Phai (2)	陸	糯	中	Khmu	ngǫ tanchet
52	207	hok		Viang Kham	陸	糯	早	Tai Dam	35
52	255	hok		Nam Bak	陸	糯	早	Tai Khao / Nyuane	3
53	433	hǭm		Phonxai	陸	糯	中	Lao	
54	111	hūai khōt		Hāt Khām	水	糯	早	Lao/Khmu	
55	190	hūai ngāt		Sī Mungkhun	水	糯	早	Lao/Khmu	
55	210	hūai ngāt		Phǫn Saʼāt	陸	糯	早	Nhuane	44
56	106	hū'n kham		Nam Lā	水	糯	晚	Lao / Khmu	82
57	281	'ī phǫn		Lǫng 'Ō,	水	糯	中	Lao	
57	305	'ī phǫn		Hāt Hwāi	水	糯	早	Lao	
58	2	'ītǭ		Sāng Hai	水	糯	晚	Lao	
58	10	'ītǭ		Sī Bunhū'an	水	糯		Lao	
58	14	'ītǭ		Nā Fāi	陸	糯	晚	Lao	
58	17	'ītǭ		Nā Khɛ̄n	水	糯		Lao	
58	19	'ītǭ		Thāt	水	糯	中	Lao	
58	32	'ītǭ		Nā Lao	水	糯	晚	Lao	
58	61	'ītǭ		Dǫn Tūm	陸	糯	晚	Lao	
58	67	'ītǭ		Pā Phai (1)	陸	糯	中	Lao	98
58	405	'ītǭ		Pā Phǭm	水	糯	中	Lao	
59	24	kɛ̄n fāi		Nāsai Chalɛ̄n	陸	糯	早	Lao	151
60	33	kɛ̄o		Thong Phiang Vilai	水	糯	晚	Lao	133
61	328	kɛ̄o mū'ang sai		Dǫn Tūm	陸	糯	晚	Khmu	135 ngǫ' hirɛ̄n
62	241	kai		Hāt Khām	陸	糯	中	Khmu	
62	246	kai		Thā Khām	陸	糯	中	Lao	87
63	173	kai nǭị		Hūai Man	陸	糯		Tai Khao	
63	233	kai nǭị		Pāk Ngā	陸	糯	早	Lao	56
64	58	kam		Pāk Ngā	陸	糯	晚	Lao	
64	165	kam		Dǫn Tūm	陸	糯	中	Lao	
64	332	kam		Mū'ang Sīʼn	陸	糯	晚	Lao	103
64	435	kam		Hāt Khām	陸	糯	中	Lao	
65	124	kāng		Hāt Ngǭ	陸	糯	中	Lao	
65	348	kāng		Hūai Pɛ̄n	水	糯		Lue	

附 表 215

No.	#	品種名*	集落名	部名	水稲・陸稲	糯・粳性	早晩性	民族	備考*2
65	375	kāng	Pāk Chaēk	Pak Ou	陸	糯	晩	Lue	
66	3	kēt tao	Si Bunhū'an	Nan	水	糯	中	Lao	
66	74	kēt tao	Pak Vǣt	Xieng Nguen	水	糯	中	Nhuane	
66	105	kēt tao	Lōng 'Ō̧	Xieng Nguen	水	糯	中	Nhuane	
66	352	kēt tao	Lāt Kǫk	Pak Ou	水	糯	中	Lao	
66	366	kēt tao	Pāk Chaēk	Pak Ou	陸	糯	晩	Lue	108
66	376	kēt tao	Lāt Thā Haē	Pak Ou	陸	糯	晩	Lue	109
67	266	khai pū	Sop Chēk	Pak Xaeng	陸	糯	早	Nhuane	71
67	278	khai pū	Hāt Hwāi	Pak Xaeng	水	糯	中	Lao / Khmu	78
68	177	kham	Hāt Khip	Ngoy	陸	糯	晩	Lao	124
68	263	kham	Sop Cho	Pak Xaeng	陸	糯	晩	Lao	1
68	423	kham	Būam Sīag	Chomphet	水	糯	中	Khmu	ngo
69	121	khāo	Būam Vān	Viang Kham	陸	糯	中	Lao	72
69	138	khāo	Mū'ang Ngọi Kao	Ngoy	陸	糯	早	Tai Aet	43
69	141	khāo	Viang Sai	Ngoy	陸	糯	中	Lao	
69	147	khāo	Sop Van	Ngoy	陸	糯	中	Lao	
69	151	khāo	Sop Hun	Ngoy	陸	糯	中	Lao	19
69	163	khāo	Mū'ang Sū'n	Ngoy	陸	糯	中	Lao	
69	171	khāo	Pāk Ngā	Ngoy	陸	糯	中	Lao	
69	195	khāo	Khōg	Nam Bak	陸	糯	中	Tai Khao	152
69	234	khāo	Pāk Ngā	Phonxai	陸	糯	中	Lao	
69	311	khāo	Sāng Hai	Pak Ou	陸	糯	中	Lao	5/54
69	324	khāo	Hāt Māt	Pak Ou	水	糯	晩	Lao	132
69	329	khāo	Hāt Khām	Pak Ou	陸	糯	晩	Lao	
69	336	khāo	Hāt Khām	Pak Ou	水	糯	晩	Lue	149
69	339	khāo	Hāt Pāng	Pak Ou	水	糯	晩	Lue	116
69	342	khāo	Hāt Pāng	Pak Ou	陸	糯	晩	Lue	33
69	347	khāo	Hūai Pēn	Pak Ou	水	糯	中	Lue	9
69	349	khāo	Hūai Pēn	Pak Ou	陸	糯	中	Lue	
69	353	khāo	Lāt Kǫk	Pak Ou	水	糯	中	Lao	
69	358	khāo	Lāt Kǫk	Pak Ou	陸	糯	早	Lao	155
69	367	khāo	Pāk Chaēk	Pak Ou	水	糯	早	Lue	

附　表　217

69	373	khāo	Pāk Chǎk	Pak Ou	陸	糯	晚	Lue	
69	377	khāo	Lāt Thā Hǣ	Pak Ou	水	糯	晚	Lue	
69	381	khāo	Lāt Thā Hǣ	Pak Ou	陸	糯	中	Lue	125
70	159	khāo kǣo	Pāk Bāk	Ngoy	陸	糯	早	Lao	
71	200	khāo lü'	Bom	Nam Bak	水	糯	晚	Tai Dam	25
71	215	khāo lü'	Nakhōn	Nam Bak	水	糯	中	Lao	46
72	92	khāo lüang	Dōn Mō	Xieng Nguen	水	糯	中	Nhuane	
72	100	khāo lüang	Hūai Khōt	Xieng Nguen	水	糯	中	Nhuane	
72	296	khāo lüang	Pāk 'Ū	Pak Ou	陸	糯	中	Lao	
72	384	khāo phūa	Hūai Hok	Chomphet		糯		Tai Dam	157
73	406	khāo phü'n mū'ang	Nāsai Chalœn	Pak Ou	水	糯	中	Lao	136
74	363	khāo pūa	Fāi	Pak Ou	陸	糯	晚	Lue	123
75	306	khāo pūa	Sāng Hai	Pak Ou	水	糯	晚	Lao	137
76	309	khī khwāi	Sāng Hai	Pak Ou	陸	糯	早	Lao	165
77	37	kok lek	Dōn Tūm	Nan	水	糯	中	Lao	
78	153	kon dam	Sop Hun	Ngoy	陸	糯	中	Nhuane	
79	108	kon sam	Lōng 'Ō,	Xieng Nguen	陸	糯	中	Tai Khao	27
80	238	kūang	Pāk Vī, Ǣn	Phonxai	陸	糯	早	Phuan	
81	117	lǣng	Chān Nü'a	Xieng Nguen	水	糯	中	Lao	131
81	389	lǣng	Būam Lao	Chomphet	陸	糯	早	Lao	12
81	419	lǣng	Hāt Khām	Chomphet	水	糯	晚	Lao	134
82	337	lai dǫ	Hāt Hwāi	Pak Ou	陸	糯	早	Lao / Khmu	163
83	280	lam phūia	Pāk Chǎk	Pak Xaeng	水	糯	早	Lue	
84	369	lēp sǣng	Pāk Kēng	Pak Ou	水	糯	中	Khmu / Lao	
85	287	lī nok	Pāk Chǎk	Pak Xaeng	水	糯	早	Lue	
85	368	lī nok	Nakhōn	Nam Bak	陸	糯	早	Lao	153
86	217	lü'a nyīa	Pāk Vī	Phonxai	水	糯	中	Tai Khao	
86	236	lü'a nyīa	Hāt Khām	Pak Ou	水	糯	晚	Lao	
86	330	lü'a nyīa	Sīang Ngœn	Xieng Nguen	水	糯	晚	Khmu	ngơ' cha' ngān
87	86	līang	Pung Pao	Phonxai	陸	糯	晚	Lao	
87	259	lü'ang	Pung Ngā	Ngoy	陸	糯	晚	Nhuane	
88	174	lü'ang kham	Sop Chǎk	Pak Xaeng	陸	糯	晚	Lao	50
88	268	lü'ang kham	Lāt Kǫk	Pak Ou	陸	糯	晚	Lao	119
88	355	lü'ang kham	Lāt Thā Hǣ	Pak Ou	陸	糯	晚	Lue	
88	379	lü'ang kham	Pāk Kēng	Pak Xaeng	陸	糯	中	Khmu / Lao	29
88	284	lü'ang kham							

218

No.	#	品種名*	集落名	探集地 部名	水稲・陸稲	糯・粳性	早晩性	民族	備考*2
88	276	lü'ang kham	Hāt Sāng	Pak Xaeng	陸	糯	中	Lao / Khmu	148
89	392	mē hāng	Sōng Tai	Chomphet	水	糯	晩	Lao	39
89	422	mē hāng	Būam Sīag	Chomphet	水	糯	晩	Khmu	
90	308	mē tō̱	Sāng Hai	Pak Ou	水	糯	中	Lao	
90	393	mē tō̱	Sōng Tai	Chomphet	水	糯	晩	Lao	164
90	396	mē tō̱	Mūang Kham	Chomphet	水	糯	中	Lao	
90	175	mē tō̱	Hāt Khip	Ngoy	水	糯	中	Lao	140
90	220	mē tō̱	Lī	Nam Bak	水	糯	晩	Tai Dam	
90	85	mē tō̱	Sīang Ngoen	Xieng Nguen	水	糯	晩	Nhuane	
90	91	mē tō̱	Dōn Mō̱	Xieng Nguen	水	糯	中	Nhuane	
90	99	mē tō̱	Hūai Khōt	Xieng Nguen	水	糯	中	Nhuane	
90	102	mē tō̱	Nā Khā	Xieng Nguen	水	糯	晩	Phuan	
90	115	mē tō̱	'Ēn	Xieng Nguen	水	糯	中	Nhuane	
91	72	mē tō̱, nyai	Pāk Vēt	Xieng Nguen	水	糯	中	Nhuane	
91	80	mē tō̱, nyai	Mūt	Xieng Nguen	水	糯	中	Nhuane	
92	36	māk bit	Dōn Tūm	Nan	水	糯	早	Lao	
92	297	māk bit	Pāk ˙Ū	Pak Ou	水	糯	晩	Lao	
92	412	māk bit	Nā Kham	Chomphet	水	糯	中	Lao	47
93	166	māk hīng	Dōn Ngoen	Ngoy	陸	糯	中	Lao	
94	88	māk khō̱	Sīang Ngoen	Xieng Nguen	陸	糯	早	Lao	
94	96	māk khō̱	Dōn Mō̱	Xieng Nguen	陸	糯		Nhuane	
95	50	māk khū'a	Dōn Tūm	Nan	陸	糯	中	Lao	
95	76	māk khū'a	Pāk Vēt	Xieng Nguen	陸	糯		Nhuane	
95	82	māk khū'a	Mūt	Xieng Nguen	陸	糯	中	Nhuane	
95	94	māk khū'a	Dōn Mō̱	Xieng Nguen	陸	糯		Nhuane	
95	126	māk khū'a	Hāt Ngō̱	Viang Kham	陸	糯	早	Lao	
95	146	māk khū'a	Sop Van	Ngoy	陸	糯	中	Lao	
95	224	māk khū'a	Phōn Ngām	Phonxai	陸	糯	早	Khmu	Hmong
95	230	māk khū'a	Pāk Ngā	Phonxai	陸	糯	早	Tai Khao	
95	242	māk khū'a	Thā Khām	Phonxai	陸	糯	早	Khmu	139
95	249	māk khū'a	Nam Bō̱	Phonxai	陸	糯	早	Tai Khao / Hmong	brae' chao brao
95	254	māk khū'a	Thā Phō (1)	Phonxai	水	糯	早	Tai Khao / Nyuane	74

附 表 219

95	257	māk khŭ'a	Pung Pao				Khmu	83 ngo' lambān
95	274	māk khŭ'a	Hūa Sakhing			早	Lao / Khmu	120
95	279	māk khŭ'a	Hāt Hwāi			早	Lao / Khmu	55
95	285	māk khŭ'a	Pāk Kēng			中	Khmu / Lao	
95	303	māk khŭ'a	Pāk 'Ū			晚	Lao	
95	313	māk khŭ'a	Sāng Hai			中	Lao	
96	253	māk khŭ'a nam	Thā Phō (1)			早	Tai Khao / Nyuane	
97	157	māk khŭ'a nōi	Pāk Bāk			早	Lao	141 ngo' lambān ngæ'
97	244	māk khŭ'a nōi	Hūai Man			中	Khmu	8 ngo' lambān nam
98	243	māk khŭ'a nyai	Hūai Man			中	Khmu	64
99	137	māk kọ	Sop Hū'ang			中	Lao	
99	264	māk kọ	Nōng			中	Lao / Khmu	115
100	145	māk kọk	Sop Van			中	Lao	
100	149	māk kọk	Sop Hun			晚	Tai Dam	
101	222	māk kọk nọi	Lī			晚	Tai Dam	
102	221	māk kọk nyai	Lī			早	Lao	
103	38	māk nam	Dọn Tūm			晚	Lao	
103	64	māk nam	Pā Phai (1)			早	Lao	97
104	155	man pū	Sop Hun			早	Lao	86
104	360	man pū	Lāt Kọk			中	Khmu	11
105	247	mī	Hūai Man			早	Lao	73
106	120	mū'ang kao	Būam Vān			中	Lao	150
106	125	mū'ang kao	Hāt Ngọ̄			中	Lao	32
106	129	mū'ang kao	Mū'ang Som			中	Tai Aet	15
107	140	mū'ang sai	Viang Sai			中	Lao	130
107	144	mū'ang sai	Sop Van			晚	Lao	
108	164	mūn lān	Mū'ang Sū'n			晚	Lao	79
108	334	mūn lān	Hāt Khām			中	Lao	
109	307	nā lāeng	Sāng Hai			早	Lao	126
109	386	nā lāeng	Siang Mæn			早	Lao	
109	398	nā lāeng	Miang Kham			中	Lue	63
109	415	nā lāeng	Thā Phō (2)			中	Nhuane	
110	83	nā phō	Mūt			早	Lao	
111	327	nā phọn	Hāt Khām			中	Lao	
112	87	nā sāng	Siang Ngœn			中		

220

No.	#	品種名*	集落名	郡名	水稲・陸稲	糯・粳性	早晩性	民族	備考*2
113	411	nam khăm	Nā Kham	Chomphet	水	糯	晩	Lao	40
114	408	nam măk	Nāsai Chalœ̄n	Chomphet	陸	糯	中	Lao	
115	113	nam man	Sī Mungkhun	Xieng Nguen	陸	糯	中	Lao	mư̄ang kao
115	130	nam man	Thā Vān	Viang Kham	陸	糯	中	Lao	138
115	225	nam man	Phọn Ngām	Phonxai	陸	糯	中	Khmu	
115	237	nam man	Pāk Vī	Phonxai	陸	糯	中	Tai Khao	67
115	338	nam man	Hāt Khām	Pak Ou	陸	糯	早	Lao	48
115	436	nam man	Hāt Māt	Pak Ou	陸	糯			
116	250	nam man pā	Nam Bọ̄	Phonxai	陸	糯	早	Tai Khao / Hmong	
117	132	nam pā	Thā Vān	Viang Kham	陸	糯	中	Lao	105 ngọ̆, 'om ba'
118	421	nam pa'	Būam Sīag	Chomphet	水	糯	晩	Khmu	
119	201	nam phung	Bom	Nam Bak	陸	糯	晩	Tai Dam	
120	49	namman chan	Dọn Tūm	Nan	陸	糯	中	Lao	
121	6	ngǣn	Sī Mungkhun	Nan	陸	糯	早	Lao	
122	43	ngǣn dǣng	Dọn Tūm	Nan	陸	糯	晩	Lao	
123	42	ngǣn khāo	Dọn Tūm	Nan	陸	糯	晩	Lao	
124	44	ngǣt	Dọn Tūm	Nan	陸	糯	晩	Lao	
125	51	ngœn	Dọn Tūm	Nan	陸	糯	晩	Lao	
126	161	ninyom	Mư̄ang Sū'n	Ngoy	陸	糯	中	Lao	143
126	176	ninyom	Hāt Khīp	Ngoy	陸	糯	晩	Lao	
127	123	nọ̄i	Hāt Ngọ̆	Viang Kham	水	糯	晩	Khmu	ngọ̆, yǣ
127	135	nọ̄i	Pā Phai (2)	Viang Kham	陸	糯	早	Tai Aet	14
127	142	nọ̄i	Viang Sai	Ngoy	陸	糯	晩	Lao	
127	172	nọ̄i	Pāk Ngā	Ngoy	陸	糯	晩	Lao	
127	317	nọ̄i	Sāng Hai	Phonxai	陸	糯	早	Lao	
127	441	nọ̄i	Phọn Ngām	Pak Ou	陸	糯	早	Lao	59
128	345	nok khọ̆	Hāt Pāng	Pak Ou	陸	糯	早	Lue	106
128	361	nok khọ̆	Lāt Kōk	Ngoy	陸	糯	早	Lao	49
128	179	nok khọ̆	Hāt Khīp	Nan	陸	糯	中	Lao	
129	8	nọ̄n	Sī Mungkhun	Dọn Tūm	陸	糯	中	Lao	
129	41	nọ̄n	Dọn Tūm	Nan	陸	糯	中	Lao	
129	68	nọ̄n	Pā Phœ̄m	Nan	陸	糯	中	Lao	

附表 221

129	203	nǫ̌n	Bom	Nam Bak	陸	糯	晚	Tai Dam		
129	318	nǫ̌n	Sǎng Hai	Pak Ou	陸	糯	中	Lao	122	
129	439	nǫ̌n khāi	Mūang Kham	Chomphet	陸	糯	中	Lao		
130	52	nǫ̌n khāi	Dǫn Tūm	Nan	陸	糯	晚	Lao	34	
131	440	nǖ ang Sūʼn	Mūʼang Sūʼn	Ngoy	陸	糯	中	Lao	76	
132	136	nyǣn	Sop Hūʼang	Viang Kham	陸	糯	晚	Lao	58/62	
132	261	nyǣn	Sop Cho	Pak Xaeng	陸	糯	中	Lao / Khmu		
132	265	nyǣn	Nǫng	Pak Xaeng	陸	糯	早	Tai Aet	18	
133	143	nyai	Viang Sai	Ngoy	陸	糯	早	Tai Khao		
134	227	nyǫ̌i	Phǫn Ngām	Phonxai	陸	糯	中	Lao		
135	400	nyǫ̌n	Mūang Kham	Chomphet	陸	糯	中	Tai Khao		
136	229	Pǎk Ngā	Pǎk Ngā	Phonxai	陸	糯	中	Lao		
136	301	pǣ	Pǎk ʻŪ	Pak Ou	陸	糯	晚	Lao	70	
136	314	pǣ	Sǎng Hai	Pak Ou	陸	糯	中	Lao		
137	167	pǣng	Dǫn Ngœn	Ngoy	陸	糯	中	Lao	160	
137	170	pǣng	Pǎk Ngā	Ngoy	陸	糯	中	Tai Dam		
138	385	pǣng	Hūai Hok	Pak Ou	水	糯	晚	Nhuane	24	
138	103	palom	Nā Khā	Xieng Nguen	陸	糯	中	Lao		
139	183	pat hǐn	Fā	Nam Bak	陸	糯	晚	Tai Dam		
139	204	pat hǐn	Bom	Nam Bak	陸	糯	中	Lao		
140	23	phǣ	Nā Lao	Nan	陸	糯	中	Thin		
140	27	phǣ	Thong Phiang Vilai	Nan	陸	糯	中	Lao	121	
140	54	phǣ	Dǫn Tūm	Nan	陸/水	糯	中	Lao	80	
140	71	phǣ	Pā Phœm	Xieng Nguen	陸	糯		Nhuane	65	
140	75	phǣ	Pǎk Vǣt	Xieng Nguen	陸	糯		Nhuane	31	
140	97	phǣ	Dǫn Mō̌	Pak Xaeng	陸	糯	中	Lue	36	
140	271	phǣ	Nā Phō̌	Pak Ou	陸	糯	晚	Lue		
140	343	phǣ	Hāt Pāng	Pak Ou	陸	糯	中	Lue		
140	350	phǣ	Hūai Pǣn	Pak Ou	陸	糯	中	Lao		
140	359	phǣ	Lāt Kǫ̌k	Pak Ou	陸	糯	中	Lue		
140	365	phǣ	Fāi	Pak Ou	陸	糯	晚	Lue		
140	371	phǣ	Pǎk Chǣk	Chomphet	陸	糯	晚	Lao	112	
140	380	phǣ	Lāt Thā Hǣ	Chomphet	陸	糯	中	Lao	91	
140	401	phǣ	Mūang Kham	Chomphet	陸	糯				
140	407	phǣ	Nāsai Chalœ̌n		陸	糯				
140	418	phǣ	Lāt Khǫ̌k	Chomphet	陸	糯	中	Lao / Khmu		

No.	#	品種名*	集落名	部名	水稲・陸稲	糯・梗性	早晩性	民族	備考*2
141	346	phaē (dō)	Hāt Pāng	Pak Ou	陸	糯	早	Lue	104
142	56	phaē dǣng	Dǫn Tūm	Nan	陸	糯	中	Lao	
143	55	phaē dǫn	Dǫn Tūm	Nan	陸	糯	中	Lao	
144	57	phaē khāo	Dǫn Tūm	Nan	陸	糯	中	Lao	
145	48	phai	Dǫn Tūm	Nan	陸	糯	中	Lao	
146	319	phak chī	Hāt Māt	Pak Ou	陸	糯	中	Lao	77
147	395	phak chī	Mūang Kham	Chomphet	水	糯	晩	Lao	
148	388	phūa	Sīang Mǣn	Chomphet	水	糯	晩	Lao	
149	409	phūa khāo	Nā Kham	Chomphet	水	糯	中	Khmu	ngo
150	425	pī	Būam Sīag	Chomphet	水	糯	晩	Lao	61
151	148	pī kham	Sop Van	Ngoy	陸	糯	晩	Thin	
151	30	pīk	Thong Phīang Vilai	Nan	陸	糯	晩	Lao	
151	169	pīk	Dǫn Ngœn	Ngoy	陸	糯	晩	Tai Dam	
151	206	pīk	Bom	Nam Bak	陸	糯	晩	Lao	
151	304	pīk	Pǎk・Ū	Pak Ou	水	糯	晩	Lao	159
151	429	pīk	Lak 8	Louang Phabang	陸	糯	早	Lao	23
152	168	pū	Dǫn Ngœn	Ngoy	陸	糯	早	Lue	21
152	364	pū	Fāi	Pak Ou	陸	糯	早	Lue	22
152	372	pū (man pū)	Pak Chēk	Pak Ou	陸	糯	中	Lue	118
152	378	pū (man pū)	Lāt Thā Hǣ	Pak Ou	陸	糯	中	Lao	
153	7	sǣng	Sī Mungkhun	Nan	陸	糯	晩	Lao	41
153	21	sǣng	Nā Lao	Nan	陸	糯	晩	Lao	30
153	291	sǣng	Hūa Kǣng	Pak Xaeng	陸	糯	早	Lao	
153	325	sǣng	Hāt Māt	Pak Ou	陸	糯	晩	Lao	
154	262	salī	Sop Cho	Pak Ou	陸	糯	中	Lao/Khmu	
155	191	sī mungkhun	Phǫn Sa'āt	Nam Bak	水	糯	早	Lao	
156	394	sīao sǎn	Mūang Kham	Chomphet	陸	糯	中	Thin	
157	22	sīu	Nā Lao	Nan	陸	糯	晩	Lao	
157	25	sīu	Thong Phīang Vilai	Nan	陸	糯	晩	Lao	
157	47	sīu	Dǫn Tūm	Nan	陸	糯	晩	Tai Dam	
157	202	sīu	Bom	Nam Bak	陸	糯	中	Lao	
157	302	sīu	Pǎk・Ū	Pak Ou	陸	糯	中	Lao	

附　表　223

157	315	sīu	Sāng Hai	Pak Ou	陸	糯	中	Lao	
157	322	sīu	Hāt Māt	Pak Ou	陸	糯	晚	Lao	
157	344	sīu	Hāt Pāng	Pak Ou	陸	糯	晚	Lue	154
157	402	sīu	Mūang Kham	Chomphet	陸	糯	晚	Lao	
158	333	sīu kīang	Hāt Khām	Pak Ou	陸	糯	晚	Lao	
159	45	sīu lāi	Dŏn Tūm	Nan	陸	糯	晚	Lao	
160	46	sīu nŏi	Dŏn Tūm	Nan	陸	糯	中	Lue	
161	320	sū' sǎn	Hāt Māt	Pak Ou	陸	糯	中	Lao	102
162	374	sū' m	Pāk Chǣk	Pak Ou	陸	糯	中	Lue	
163	192	tā khīat	Khŏg	Nam Bak	陸	糯	晚	Tai Dam	
163	197	tā khīat	Bom	Nam Bak	陸	糯	晚	Lao	95
163	209	tā khīat	Nam Lā	Nam Bak	水	糯	中	Lao	114
163	218	tā khīat	Phŏn Sai	Nam Bak	陸	糯	晚	Tai Dam	127
163	223	tā khīat	Lī	Pak Ou	水	糯	晚	Lue	
163	370	tā khīat	Pāk Chǣk	Chomphet	水	糯	中	Lao	
163	410	tā khīat	Nā Kham	Nam Bak	水	糯	中	Lao	
164	180	tā khīat dŏ	Fā	Nam Bak	水	糯	早	Lao/Khmu	52
164	185	tā khīat dŏ	Phŏn Sa'āt	Nam Bak	陸	糯	晚	Lao	128
165	212	tā khīat lū'ang	Nam Lā	Nam Bak	水	糯	晚	Lao	
166	181	tā khīat pī	Fā	Nam Bak	陸	糯	中	Lao/Khmu	66
166	186	tā khīat pī	Phŏn Sa'āt	Nam Bak	水	糯	中	Lao	10
167	150	tao sāng	Sop Hun	Ngoy	陸	糯	晚	Lao/Khmu	
168	189	thō lom	Phŏn Sa'āt	Nam Bak	陸	糯	中	Lao	
169	193	tom	Khŏg	Nam Bak	水	糯	晚	Khmu / Lao	26
169	282	tom	Pāk Kēng	Pak Xaeng	水	糯	中	Lao	166
170	182	tom khāo	Fā	Nam Bak	陸	糯	晚	Tai Dam	
170	199	tom khāo	Bom	Nam Bak	陸	糯	早	Lao/Khmu	69
171	187	tom khāo dŏ	Phŏn Sa'āt	Nam Bak	陸	糯	晚	Lao/Khmu	
172	188	tom khāo pī	Phŏn Sa'āt	Nam Bak	陸	糯	晚	Lao	
173	208	tom 'ŏn	Nam Lā	Nam Bak	陸	糯	晚	Lao	
173	214	tom 'ŏn	Nakhŏn	Xieng Nguen	陸	糯	晚	Nhuane	
174	77	tūp	Pāk Vǣt	Xieng Nguen		糯		Nhuane	
174	84	tūp	Mūt	Xieng Nguen	陸	糯	中	Phuan	
174	119	tūp	'Ǣn	Xieng Nguen	陸	糯	中	Lao	
175	112	'udom sai	Sī Mungkhun	Xieng Nguen	水	糯	中	Lao	89
176	414	vang lǣ	Thā Phō (2)	Chomphet	陸	糯	中	Lue	

No.	#	品種名*	採集地		水稲・陸稲	糯・粳性	早晩性	民族	備考*2
			集落名	部名					
177	89	vĩang	Sīang Ngœn	Xieng Nguen	陸	糯	中	Lao	
177	93	vĩang	Dǫn Mō	Xieng Nguen	陸	糯		Nhuane	
177	101	vĩang	Hūai Khōt	Xieng Nguen	陸	糯	中	Nhuane	
177	104	vĩang	Nā Khā	Xieng Nguen	陸	糯	早	Nhuane	

* 語頭にそれぞれ *khao*(稲・米の意) がつく。
*2 数字は附表2のサンプル番号

附表 225

附表 2 ルアンパバーン県における栽培稲品種調査結果

No.	品種名*	陸稲水稲	糯粳	早晩性	採集地	民族	籾幅 (mm)	籾長 (mm)	長幅積 (mm²)	長幅比	籾型	フェノール反応	ヨード・ヨードカリ反応	玄米色	芒の有無	頴色	頴毛の有無
2	dọ	水	糯	早	Chân Nư'a	Lao	3.68	10.11	37.25	2.75	b	−	−	純白	−	褐斑	±
3	họm	水	糯	早	Hát Khăm	Lao	4.10	9.30	38.13	2.27	b	+	−	純白	−	褐帯	±
4	dæng dū	水	糯	中	Sop Chæk	Nhuane	3.65	9.15	33.37	2.52	b	−	−	純白	−	赤褐	−
5	khảo	水	糯	中	Hát Mát	Lao	3.93	9.15	36.00	2.33	b	−	−	純白	−	端茶	−
6	dæng pī	陸	糯	晩	Hứa Kæng	Lao	3.52	8.96	31.53	2.84	b	−	−	純白	−	茶褐	−
7	dọ dæng	陸	糯	晩	Pāk Kèng	Khmu / Lao	3.86	8.51	32.84	2.21	b	−	−	純白	−	端茶	−
9	khảo	陸	糯	晩	Hứai Pǣn	Lue	3.97	9.24	36.69	2.34	b	−	−	純白	−	茶褐	−
12	lǣng	水	糯	中	Bửam Lao	Lao	3.74	9.35	35.00	2.51	b	+	−	純白	−	茶褐	±
13	bæng	陸	糯	晩	Hát Pāng	Lao	3.88	8.38	32.54	2.17	b	−	−	純白	−	茶褐	−
15	mūn lân	陸	糯	中	Mú'ang Sú'n	Lue	3.07	9.28	28.56	3.04	b	−	−	赤褐	−	褐褐	+
17	dæng hia	陸	糯	晩	Sop Chæk	Nhuane	3.42	9.94	34.00	2.92	b	−	−	純白	−	赤褐	+
19	khảo	陸	糯	晩	Mú'ang Sú'n	Lue	3.80	9.28	35.15	2.43	b	−	−	純白	−	黄褐	+
20	chảo dæng	陸	糯	中	Nam Bọ	Tai Khao / Hmong	3.01	9.13	27.49	3.04	c	+	−	水飴	−	茶斑	±
21	pī	陸	糯	早	Fāi	Lue	3.87	8.51	32.96	2.21	b	−	+	純白	−	茶褐	−
22	pī	陸	糯	晩	Pāk Chæk	Lue	3.76	8.18	30.78	2.18	b	−	−	純白	−	黄褐	+
26	tom	水	糯	中	Pāk Kèng	Khmu / Lao	3.39	9.90	33.47	2.94	b	−	−	純白	−	黄褐	−
30	sǣng	陸	糯	晩	Hát Mát	Lao	3.24	9.77	31.60	3.03	b	−	−	純白	−	茶褐	−
32	mú'ang sai	水	糯	早	Sop Van	Lao	3.71	9.30	34.52	2.51	b	−	−	純白	−	黄褐	−
33	khảo	陸	糯	晩	Hứai Pǣn	Lue	3.61	9.16	33.09	2.55	b	+	−	純白	−	茶褐	−
34	nứ'ng lân	水	糯	晩	Mú'ang Sú'n	Lue	3.05	8.97	27.24	2.99	b	−	−	水飴	−	茶斑	−
35	hok	陸	糯	晩	Thả Phô' (1)	Tai Khao / Nyuane	3.90	8.96	35.00	2.30	b	−	−	赤褐	−	茶褐	−
36	phæ	陸	糯	晩	Pāk Chæk	Lue	3.23	9.69	31.29	3.01	b	−	−	赤褐	−	茶褐	−
37	dọ nọi	水	糯	中	Múang Kham	Lao	3.33	9.95	33.21	2.99	b	−	−	純白	−	茶褐	+
38	dæng pī	陸	糯	晩	Hát Sangọn	Khmu	3.35	9.00	30.16	2.71	b	+	−	純白	−	茶斑	+
39	mæ hảng	水	糯	晩	Sôṅg Tai	Lao	3.63	9.71	35.30	2.68	b	−	+	純白	−	茶褐	−
40	nam khân	水	糯	晩	Nà Kham	Lao	3.47	9.28	34.09	2.83	b	+	−	純白	−	茶斑	−
41	sǣng	水	糯	中	Hứa Kæng	Khmu	3.22	9.16	29.44	2.88	b	−	−	黄褐	−	茶斑	+
42	dæng hīn pī	陸	糯	晩	Bửam Siang	Lao / Khmu	3.62	8.97	32.52	2.49	b	−	−	純褐	−	茶褐	−
44	' i phọn	水	糯	中	Hát Hwāi	Tai Khao / Hmong	3.41	9.81	33.51	2.88	b	−	−	純白	−	茶斑	−
45	dọ	水	糯	早	Hứa Kæng	Lao	3.82	8.50	32.42	2.23	b	+	−	純白	−	黄褐	−
46	khảo lī'	陸	糯	晩	Nakhọn	Lue	3.40	9.48	32.31	2.80	b	−	−	純白	−	黄褐	−
48	nam man pī	水	糯	早	Lát Kộk	Lao	3.65	8.11	31.02	2.23	b	−	−	純白	−	黄褐	−
49	nok khô	陸	糯	晩	Hứai Pǣn	Lue	3.71	9.90	34.47	2.26	b	−	−	純白	−	茶斑	−
51	dọ	水	糯	早	Hát Mát	Lao	3.48	9.69	33.58	2.85	b	−	−	純白	−	茶褐	−
53	hia	水	糯	晩	Hứai Pǣn	Lue	3.46	9.17	36.06	3.93	b	−	−	淡褐	−	茶褐	−
54	khảo	陸	糯	中	Mú'ang Sú'n	Lao	3.93	9.14	32.99	2.55	b	−	−	黒	−	孔黄	−
56	kam	陸	糯	晩	Sop Cho	Lao	3.60	9.78	31.23	3.08	b	−	−	黄黄	−	黄褐	+
58	nyên	陸	糯	中	Phọn Ngân	Khmu	3.19	8.89	33.15	2.39	b	−	−	赤褐	−	褐斑	−
59	nọi	陸	糯	晩	Sop Van	Lao	3.73	9.06	34.48	2.39	b	−	−	純白	−	黄褐	−
61	pī kham	陸	糯	晩	Sop Cho	Lao	3.80	9.76	31.05	3.09	b	−	−	純白	−	黄褐	−
62	nyên	陸	糯	晩	Sop Hứang	Lao	3.18	8.62	33.39	2.23	b	−	−	純白	−	黄褐	−
64	măk kộ	陸	糯	晩	Lát Kộk	Lao	3.87	8.89	30.09	2.64	b	−	−	純白	−	黄褐	−
65	phæ	陸	糯	晩	Hát Mát	Lao	3.38	8.58	30.96	2.41	b	±	−	純白	−	褐褐	−
67	nam man	陸	糯	中	Lát Khộk	Lao / Khmu	3.62	8.50	33.71	2.15	b	+	−	白	−	褐褐	−
68	dæng hīn	水	糯	早	Phọn Sa'at	Lao / Khmu	3.96	8.85	33.55	2.34	b	±	−	純白	−	褐褐	−
69	tom khảo dọ	陸	糯	晩	Sop Chæk	Nhuane	3.79	8.69	35.24	2.25	b	−	−	純白	−	黄褐	−
71	khai pū	陸	糯	晩	Sop Chæk	Nhuane	3.85	8.69	35.24	2.25	b	−	−	純白	−	黄褐	−

No.	品種名	陸稲・水稲	糯・粳	早・晩	採集地	民族	粒幅(mm)	粒長(mm)	長幅積(mm²)	長幅比	粉型	フェノール反応	ヨード・カリ反応	玄米色	芒の有無	頴色	頴毛の有無
73	mü'ang kao	陸	糯	中	Mü'ang Som	Lao	3.88	8.28	32.21	2.14	b	−	−	鈍白	−	褐斑	−
74	mäk khü'a	水	糯	中	Thā Phō (1)	Tai Khao / Nyuane	3.84	8.22	31.57	2.15	b	−	−	鈍白	−	黄褐	−
75	bom	水	糯	中	Phọn Ngām	Khmu	3.82	8.38	31.99	2.20	b	−	−	鈍白	−	褐斑	+
76	phak chī	陸	糯	中	Hāt Māt	Lao	3.67	8.90	32.68	2.44	b	−	−	鈍白	−	褐斑	+
77	khai pū	陸	糯	晩	Hūai Hwāi	Lao / Khmu	3.79	8.68	32.79	2.28	b	−	−	鈍白	−	黄褐	+
78	phē	陸	糯	晩	Hūai Pāen	Lue	3.23	9.03	29.13	2.81	b	−	−	鈍白	−	茶褐	−
80	dǣng	水	糯	早	Sāng Hai	Lao	3.84	8.93	34.22	2.34	b	+	−	鈍白	−	褐斑	+
81	'i phọn	陸	糯	晩	Hāt Khīp	Lao	3.26	9.56	31.16	2.96	b	−	−	鈍白	−	褐斑	+
82	mäk khü'a	水	糯	早	Pung Pao	Khmu	3.48	8.80	30.54	3.05	b	−	−	鈍白	−	黄褐	+
83	chao lāi	水	糯	早	Lī	Tai Dam	3.03	9.64	29.20	3.20	b	−	−	水飴	−	黄褐	+
84	dọ̄ kēn thāo	陸	糯	早	Mü'ang Sāi'n	Lao	3.53	10.31	36.44	2.93	b	−	+	鈍白	−	褐斑	−
85	mī	陸	糯	早	Hūai Man	Khmu	3.65	8.91	32.54	2.44	b	+	−	赤褐	−	褐斑	−
86	kai nọ̄i	陸	糯	早	Pāk Ngā	Tai Khao	3.70	8.33	30.87	2.26	b	−	−	白	−	端褐	−
87	dọ̄ dǣng	陸	糯	早	Hāt Khām	Lao	3.65	8.40	30.69	2.31	b	+	−	鈍白	−	黄斑	−
88	vang lǣ	水	糯	晩	Thā Phō (2)	Lue	3.79	9.03	34.28	2.38	b	−	−	鈍白	−	黄褐	−
89	dǣng	陸	糯	晩	Pāk Vī	Tai Khao	3.42	10.36	35.41	3.04	b	−	−	鈍白	−	赤褐	−
90	phē	陸	糯	晩	Lāt Khōk	Lao / Khmu	2.97	9.64	28.68	3.25	b	−	−	赤褐	−	褐斑	+
91	dǣng	陸	糯	早	Pung Pao	Khmu	3.43	8.27	28.39	2.34	b	+	−	鈍白	−	褐斑	−
92	dọ̄ phü'n mü'ang	水	糯	早	Pāk Ngā	Tai Khao	3.49	9.77	34.08	2.81	b	+	−	鈍白	−	黄褐	+
93	chīn	水	糯	早	Pāk Kēng	Khmu / Lao	2.97	8.37	24.91	2.82	b	±	−	鈍白	−	褐斑	+
94	tā khīat	陸	糯	晩	Phọn Sai	Lao	3.68	9.05	33.35	2.38	c	−	−	鈍白	−	褐斑	−
95	dǣng	陸	糯	早	Hāt Māt	Lao	3.61	9.02	32.62	2.50	b	−	−	黄褐	−	褐斑	+
96	man pū	陸	糯	早	Lāt kōk	Lao	3.90	8.69	33.94	2.23	b	+	−	鈍白	−	茶褐	−
97	'īti	陸	糯	早	Nāsai Chalēn	Lao	3.70	9.15	33.91	2.48	b	+	−	鈍白	−	褐斑	+
98	dọ̄ dǣng	水	糯	早	Müang Khām	Lao	3.63	9.13	29.27	2.52	b	+	−	鈍白	−	黄褐	−
99	hīng	陸	糯	早	Sop Cho	Lao	3.43	8.54	31.04	2.29	b	±	−	鈍白	−	黄褐	−
100	dọ̄ khāi	陸	糯	早	Hāt Māt	Lao	3.70	8.40	34.03	2.46	b	+	−	鈍白	−	黄斑	+
101	sū' sān	陸	糯	早	Hāt Māt	Lao	3.72	9.13	35.58	2.77	b	+	−	鈍白	−	褐斑	−
102	kam	陸	糯	早	Hāt Māt	Lue	3.58	9.92	31.13	2.53	b	+	−	黒	−	灰斑	−
103	phē (dọ̄)	陸	糯	早	Hāt Pāng	Lue	3.51	8.86	26.66	3.03	c	±	−	赤褐	−	褐褐	+
104	nam pa	陸	糯	晩	Būam Sīang	Khmu	2.97	8.97	31.91	2.66	b	−	−	鈍白	−	端褐	−
105	nok khọ̄	陸	糯	早	Hāt Pāng	Lue	3.47	9.19	29.04	2.28	b	−	−	鈍白	−	茶褐	−
106	dọ̄ khēt tao	陸	糯	晩	Būam Lao	Lue	3.57	8.12	31.25	2.49	b	±	−	鈍白	−	褐斑	+
107	khēt tao	水	糯	早	Lāt Thā Hǣ	Lue	3.54	8.70	31.39	2.42	b	±	−	鈍白	−	茶褐	−
108	dǣng hīn dọ̄	陸	糯	早	Būam Sīang	Lue	3.92	8.87	34.89	2.35	b	−	−	鈍白	−	褐斑	+
109	phē	陸	糯	中	Hāt Māt	Khmu	3.95	8.51	33.64	2.16	c	±	−	鈍白	−	茶褐	−
110	hīa	水	糯	中	Nāsai Chalēn	Lao	3.60	8.96	32.25	2.50	b	+	−	黄褐	−	褐斑	−
111	tā khīat	水	糯	中	Hāt Māt	Lao	2.99	9.38	28.02	3.15	c	±	−	鈍白	−	褐斑	−
112	mäk kōk	陸	糯	中	Lāt Thā Hǣ	Tai Dam	3.73	9.83	36.71	2.93	b	−	−	談褐	−	黄斑	+
114	khāo	陸	糯	中	Lī	Lao	3.79	9.17	34.78	2.42	b	+	−	鈍白	−	褐斑	−
115	dọ̄	陸	糯	晩	Sop Hūn	Lue	3.58	9.06	32.46	2.54	b	+	−	鈍白	−	黄褐	+
116	man pū	水	糯	早	Hāt Pāng	Lue	3.80	8.94	33.96	2.37	b	+	−	鈍白	−	乳黄	+
117	līang khām	陸	糯	中	Hāt Pāng	Lue	3.41	9.91	33.77	2.92	b	+	−	鈍白	−	褐斑	+
118	dọ̄	陸	糯	早	Lāt Thā Hǣ	Lue	3.73	8.61	32.04	2.31	b	±	−	鈍白	−	茶斑	+
119	mäk khü'a	陸	糯	中	Lāt Thā Hǣ	Lue	3.83	8.78	33.66	2.33	b	+	−	鈍白	−	褐斑	+
120	phē	陸	糯	晩	Hāt Hwāi	Lao / Khmu	3.74	9.25	34.61	2.49	b	+	−	鈍白	−	黄褐	+
121	phē	陸	糯	晩	Hāt Pāng	Lue	3.11	8.77	27.36	2.83	c	±	−	赤褐	−	褐褐	+

附　表　227

#	name			location	ethnic								
122	nǫn	陸	稙	中	Müang Kham	Lao	3.47	8.72	30.31	2.54	b	−	純白	−	茶褐	−
123	khao phǖn müang	水	稙	中	Fai	Lue	3.63	9.34	33.93	2.58	b	±	純白	−	黄褐	±
124	kham	陸	稙	晩	Hāt Khip	Lao	3.67	9.61	35.28	2.62	b	±	純白	−	乳黄	−
125	khao	陸	稙	中	Lāt Thā Hǣ	Lue	3.83	9.32	35.78	2.45	b	±	純白	−	黄褐	‡
126	nā lěng	水	稙	中	Thā Phǒ (2)	Lue	3.68	9.93	36.56	2.70	b	±	純白	−	端褐	±
127	tā khiat	陸	稙	晩	Pāk Chaěk	Lue	3.61	9.72	35.12	2.70	b	±	純白	−	黄褐	−
128	tā khiat lü ang	陸	稙	晩	Nam Lā	Lao	3.70	9.03	33.42	2.45	b	+	純白	−	茶褐	+
129	dǫ děng	陸	稙	早	Hāt Sangǫn	Khmu	3.93	8.48	33.35	2.16	b	±	純白	−	楊褐	+
130	mūn lān	水	稙	中	Hāt Khām	Lao	3.17	8.85	28.06	2.80	c	±	赤褐	−	黄褐	+
131	lěng	陸	稙	早	Chān Nü a	Lue	3.59	9.74	34.06	2.64	b	+	純白	−	黄褐	+
132	khao	水	稙	晩	Hāt Khām	Khmu	3.97	9.26	36.75	2.35	b	+	純白	−	黄褐	−
133	kai	陸	稙	中	Thā Khām	Khmu	3.22	10.39	33.40	3.24	b	±	純白	−	端黒	−
134	lāi dǫ	陸	稙	晩	Hāt Khām	Lao	3.99	9.03	36.07	2.27	b	+	純白	−	茶褐	+
135	děng	陸	稙	中	Hūai Man	Khmu	3.81	8.39	31.93	2.21	b	+	純白	−	茶褐	+
136	khao pīa	陸	稙	中	Nāsai Chalěn	Lao	3.72	9.20	34.16	2.48	b	+	純白	−	茶褐	−
137	khao pīa	水	稙	中	Sǎng Hai	Khmu	3.67	8.79	32.29	2.40	b	+	純白	−	端褐	+
138	nam man	陸	稙	中	Pāk Vi	Tai Khao	3.72	9.92	36.86	2.80	b	+	純白	−	茶褐	−
139	māk khüa	水	稙	早	Thā Khām	Khmu	3.83	8.41	32.19	2.20	b	+	純白	−	黄褐	−
140	mā tǫ	陸	稙	晩	Hāt Khip	Lao	3.72	9.95	36.86	2.69	b	‡	純白	−	黄褐	‡
141	māk khǖa nǫi	陸	稙	中	Hūai Man	Khmu	3.73	8.51	30.45	2.19	b	−	純白	−	黄褐	−
142	běng	陸	稙	中	Müang Sū n	Lao	3.83	8.54	32.78	2.24	c	+	純白	−	茶稿	+
143	ninyom	陸	稙	中	Hāt Khip	Lao / Khmu	3.75	9.30	34.84	2.49	b	+	純白	−	黄褐	−
144	děng	水	稙	晩	Hāt Sǎng	Khmu	3.77	8.48	32.05	2.25	b	+	純白	−	茶稿	+
145	bom	陸	稙	中	Thā Khām	Tai Khao	3.80	8.45	32.09	2.23	b	+	淡褐	−	茶稿	+
146	běng	水	稙	晩	Pāk Ngǎ	Lao / Khmu	3.78	9.59	36.17	2.55	b	+	純白	±	茶褐	‡
147	chāo hǫn	陸	稙	中	Hāt Khām	Lue	2.76	9.82	27.11	3.57	c	±	水飴	−	茶褐	−
148	lü ang kham	水	稙	晩	Hāt Sǎng	Lao	3.52	8.82	31.05	2.51	b	±	純白	−	茶稿	−
149	khao	陸	稙	晩	Hāt Pǎng	Tai Aet	3.62	9.23	33.41	2.56	b	‡	純白	−	乳黄	−
150	mū ang sai	陸	稙	早	Vīang Sai	Lao	3.79	9.35	35.51	2.47	b	+	水飴	−	黄褐	+
151	kěo mū ang sai	水	稙	早	Hāt Khām	Tai Khao	3.81	9.33	35.58	2.55	b	+	純白	+	黄褐	+
152	khao	水	稙	晩	Pāk Ngǎ	Lao	3.94	9.25	36.42	2.35	b	+	純白	±	茶褐	+
154	siu	水	稙	晩	Müang Kham	Lao	3.21	10.58	33.99	3.30	b	+	純白	−	茶稿	+
155	khao	陸	稙	中	Lāt Kǫk	Lao	3.91	9.11	35.63	2.33	c	±	水飴	−	黄褐	‡
156	chāo hai	陸	稙	中	Lāt Kǫk	Lao	3.01	8.47	25.45	2.83	c	±	水飴	−	乳黄	‡
157	khǎo lūang	水	稙	中	Hūai Hok	Tai Dam	3.68	9.39	34.51	2.56	b	‡	純白	−	茶褐	+
158	chāo lǎo sūng	陸	稙	晩	Long Lang	Hmong	3.21	8.65	27.72	2.71	c	+	純白	−	茶褐	−
159	pīk	水	稙	中	Lak 8	Lao	3.92	9.25	36.26	2.37	b	+	純白	−	乳黄	−
160	pěng	陸	稙	晩	Hūai Hok	Tai Dam	3.97	8.71	34.58	2.20	b	+	純白	−	茶褐	−
161	dǫ hin	水	稙	早	Lak 8	Lao	3.83	8.90	34.09	2.33	b	+	水飴	−	端褐	‡
162	chāo hai (phū thai)	陸	稙	中	Hūai Hok	Tai Dam	3.06	8.17	25.03	2.67	c	±	純白	−	黄褐	−
163	lam phūa	水	稙	中	Hāt Hwāi	Lao / Khmu	3.47	11.25	38.99	3.25	b	‡	水飴	−	茶稿	‡
164	mā tǫ	水	稙	晩	Sǒng Tai	Lao	3.67	9.66	35.43	2.63	b	+	純白	−	黄褐	+
166	tom khǎo	陸	稙	中	Fa	Lao	3.68	9.16	33.71	2.50	b	−	純白	−	黄褐	−
167	běng	水	稙	晩	Hūai Pěn	Lue	3.93	8.63	33.90	2.20	b	−	純白	−	茶稿	−

* 語頭にそれぞれ *khao* (稲・米の意) がつく。

写真附-1 ルアンパバーンにおける栽培稲品種籾（附表2に対応）

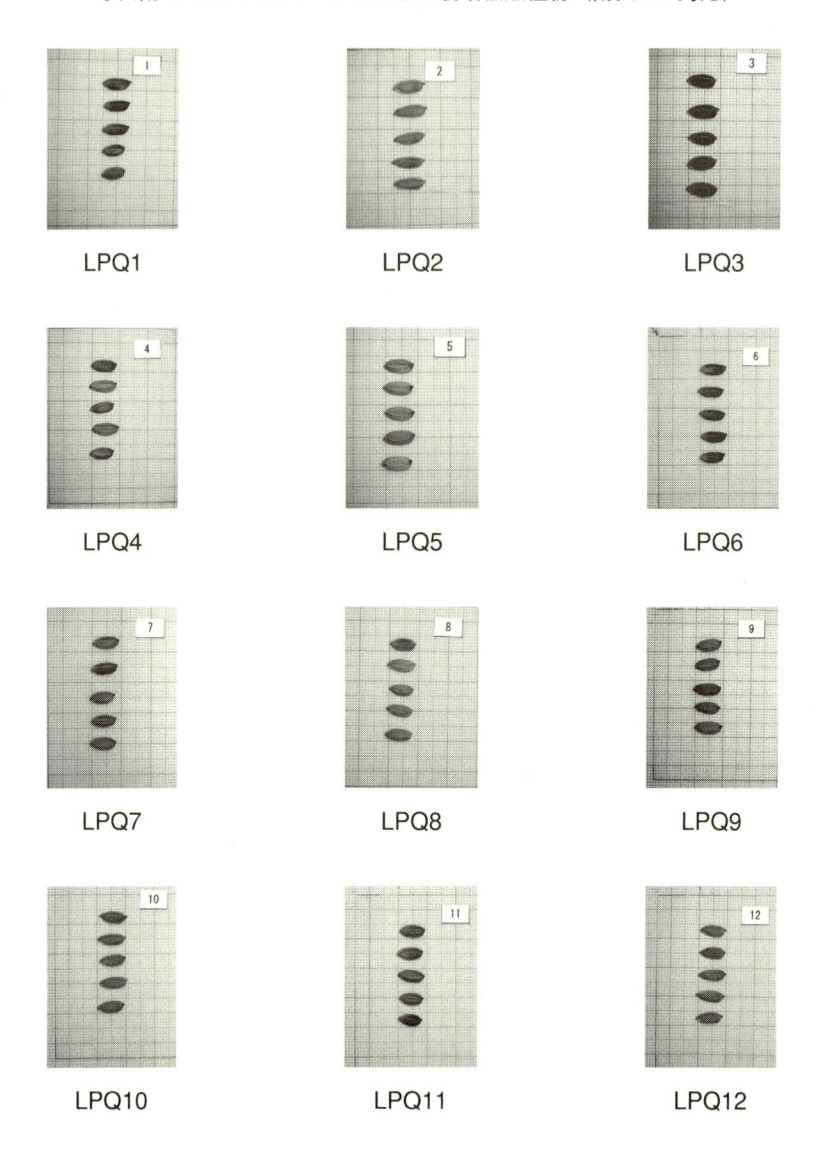

LPQ1　　　　　　　　LPQ2　　　　　　　　LPQ3

LPQ4　　　　　　　　LPQ5　　　　　　　　LPQ6

LPQ7　　　　　　　　LPQ8　　　　　　　　LPQ9

LPQ10　　　　　　　LPQ11　　　　　　　LPQ12

写真附　229

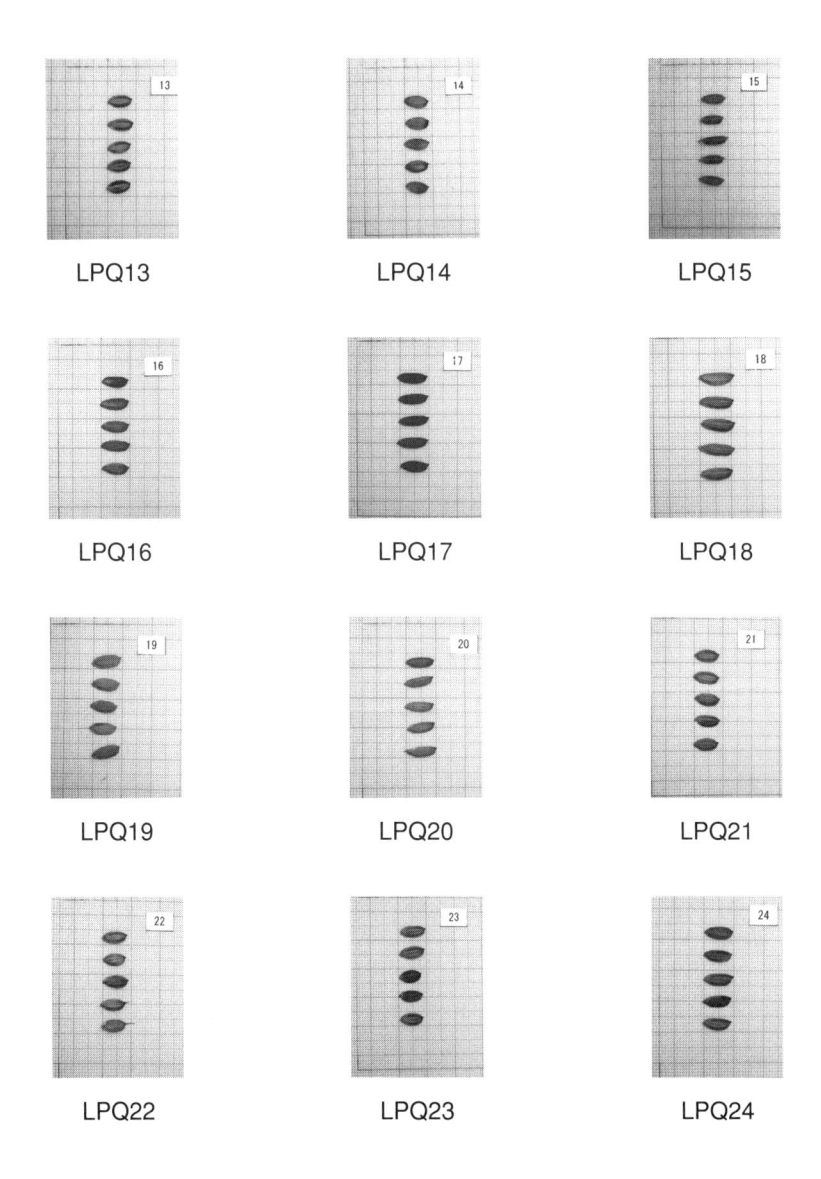

LPQ13　　　LPQ14　　　LPQ15

LPQ16　　　LPQ17　　　LPQ18

LPQ19　　　LPQ20　　　LPQ21

LPQ22　　　LPQ23　　　LPQ24

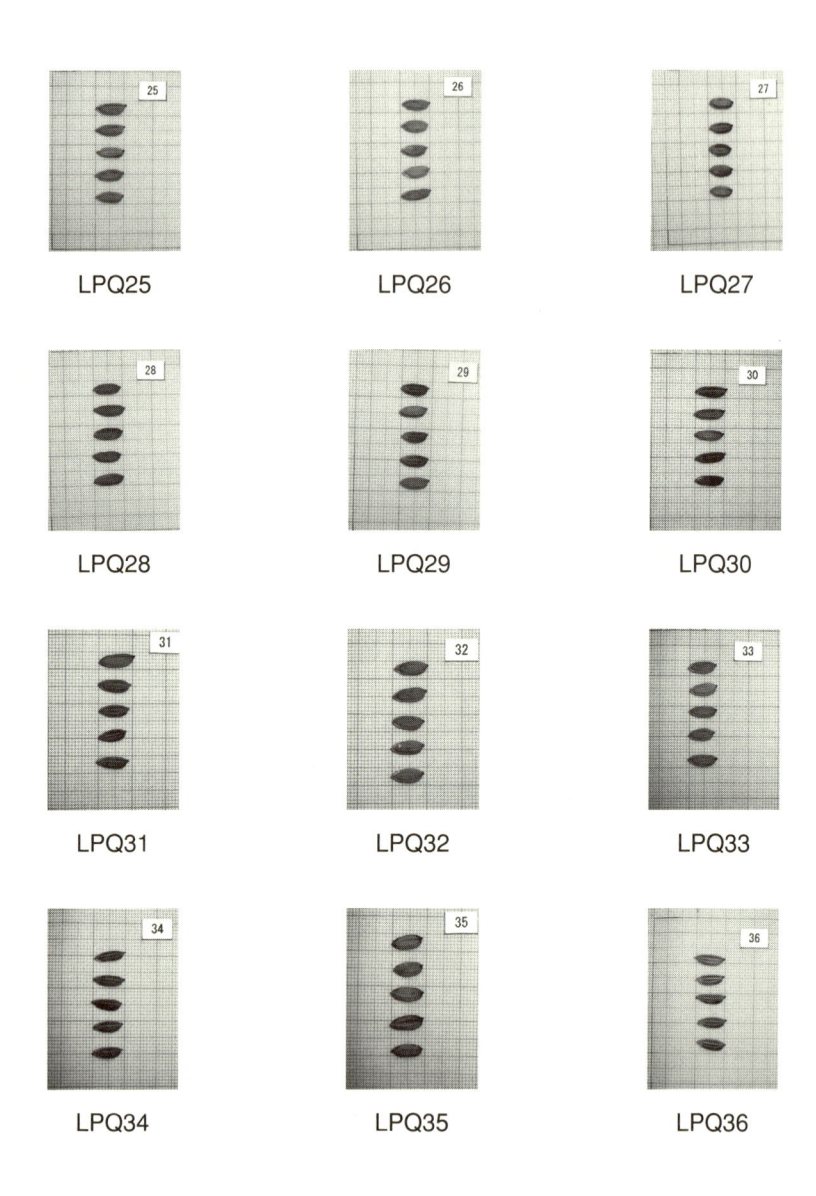

LPQ25	LPQ26	LPQ27
LPQ28	LPQ29	LPQ30
LPQ31	LPQ32	LPQ33
LPQ34	LPQ35	LPQ36

写真附 231

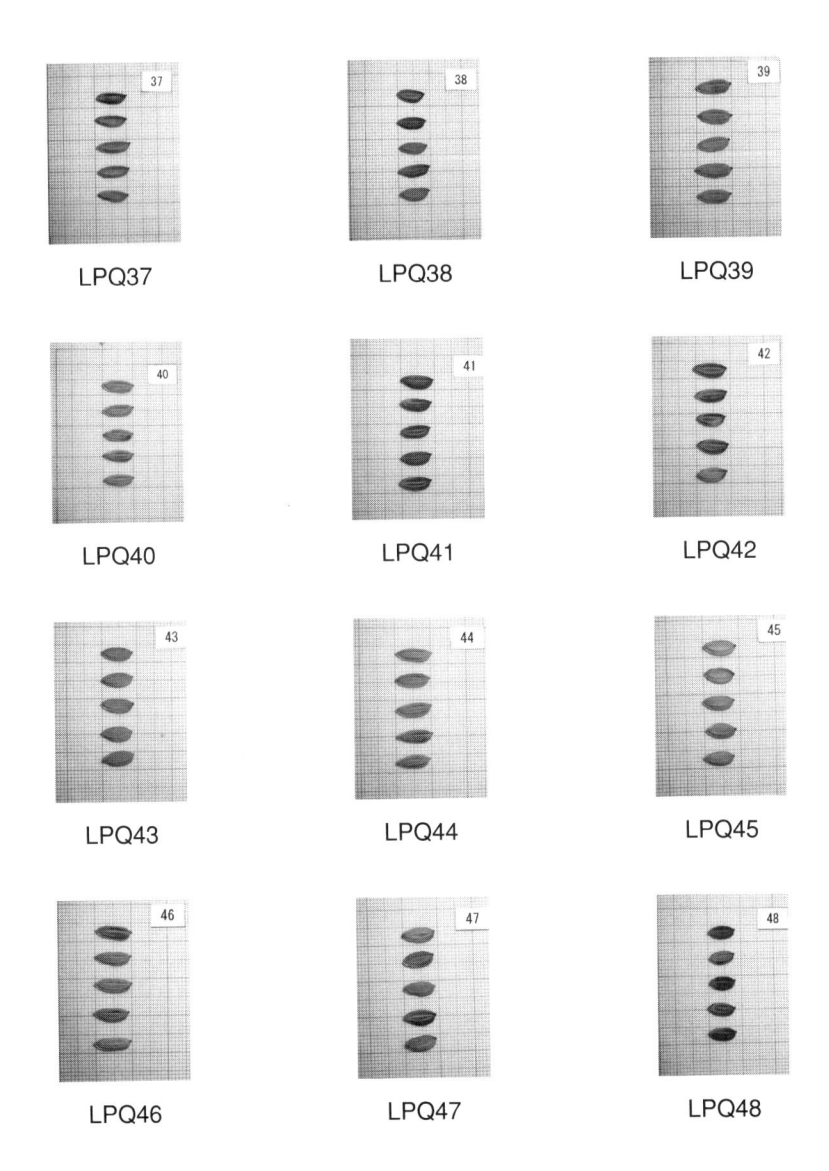

LPQ37

LPQ38

LPQ39

LPQ40

LPQ41

LPQ42

LPQ43

LPQ44

LPQ45

LPQ46

LPQ47

LPQ48

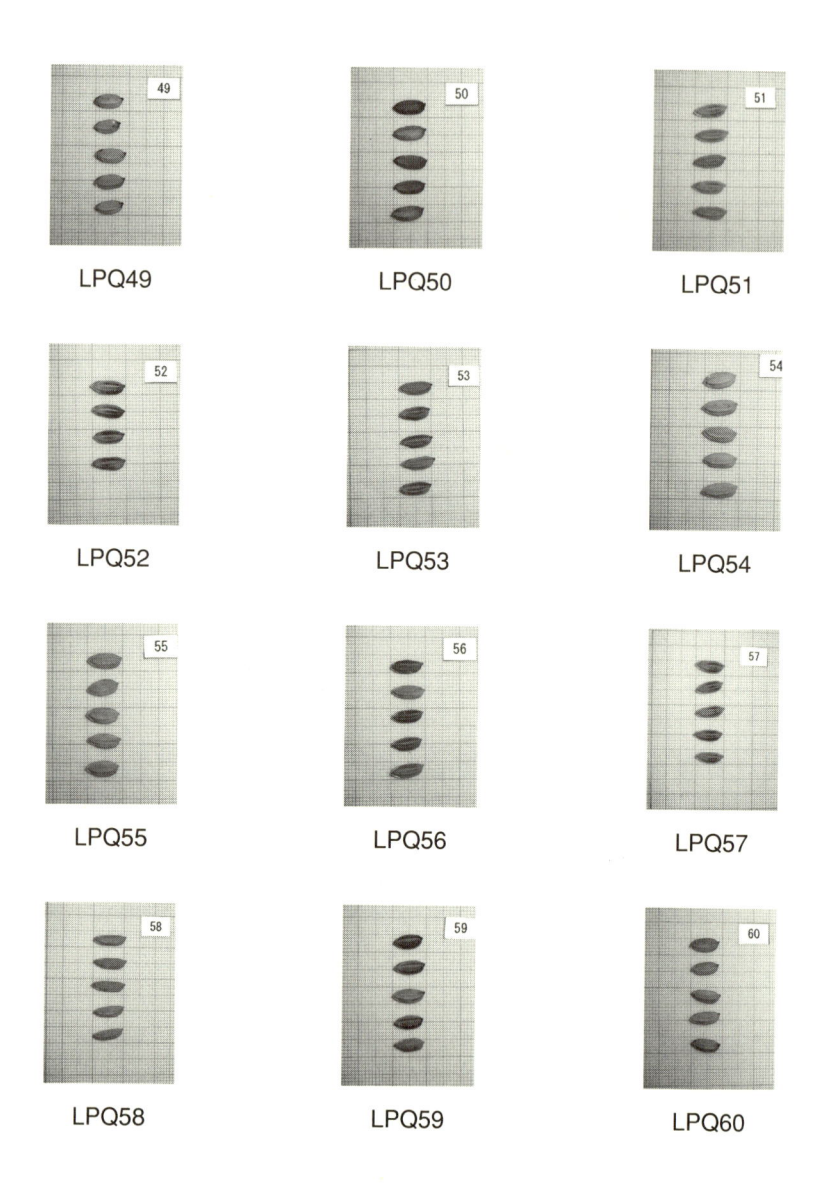

LPQ49	LPQ50	LPQ51
LPQ52	LPQ53	LPQ54
LPQ55	LPQ56	LPQ57
LPQ58	LPQ59	LPQ60

写真附　233

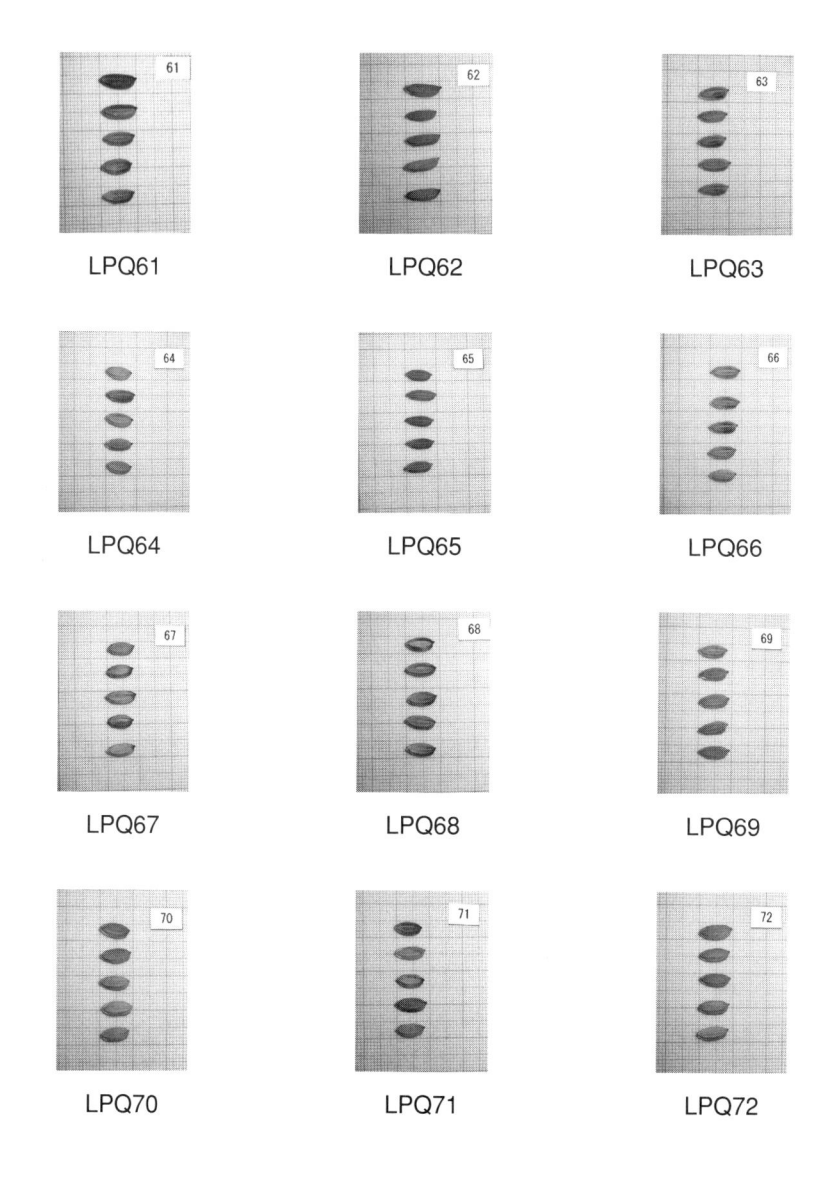

LPQ61

LPQ62

LPQ63

LPQ64

LPQ65

LPQ66

LPQ67

LPQ68

LPQ69

LPQ70

LPQ71

LPQ72

234

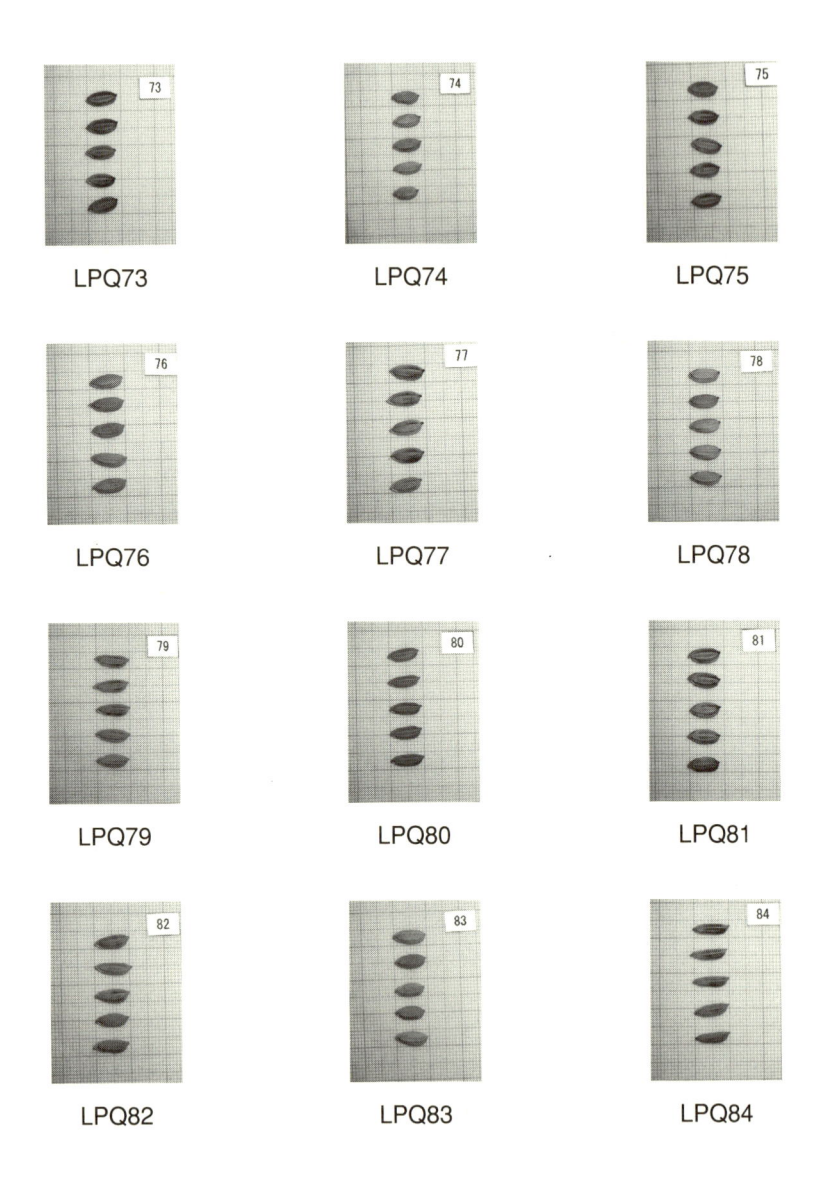

LPQ73	LPQ74	LPQ75
LPQ76	LPQ77	LPQ78
LPQ79	LPQ80	LPQ81
LPQ82	LPQ83	LPQ84

写真附　235

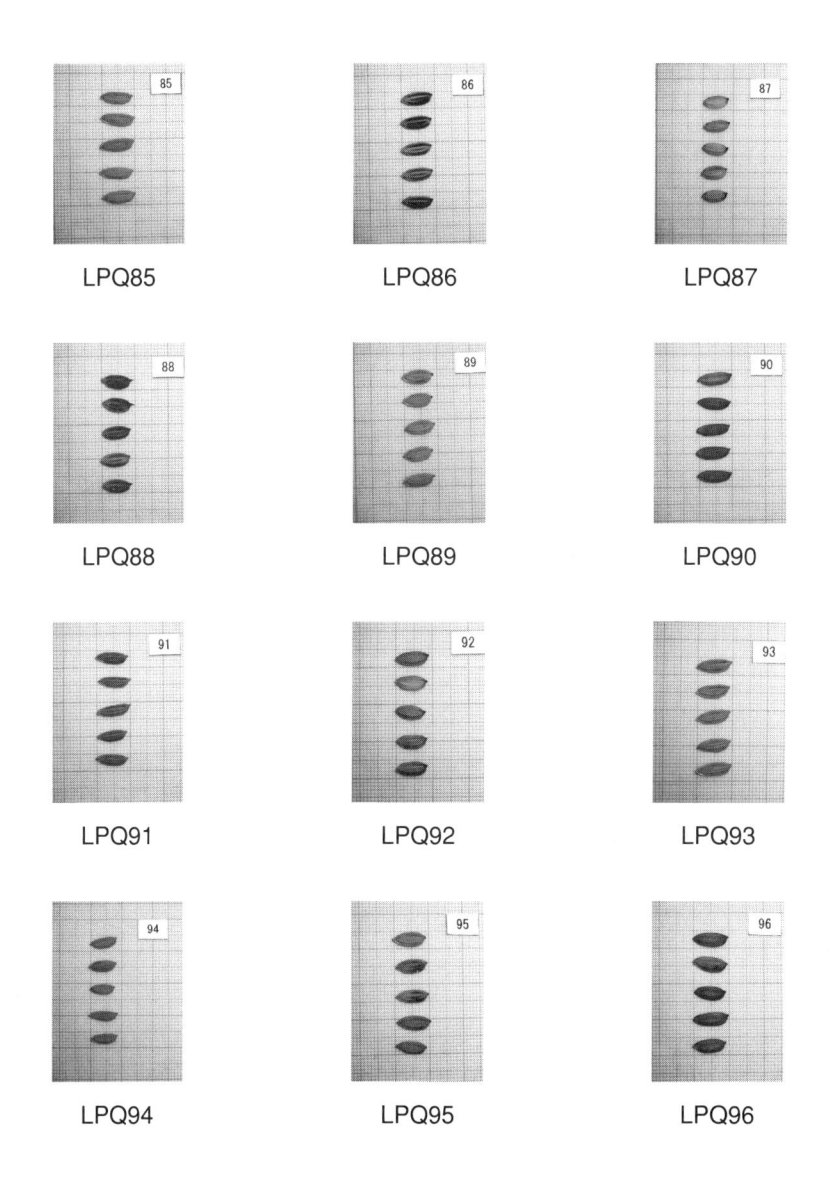

LPQ85

LPQ86

LPQ87

LPQ88

LPQ89

LPQ90

LPQ91

LPQ92

LPQ93

LPQ94

LPQ95

LPQ96

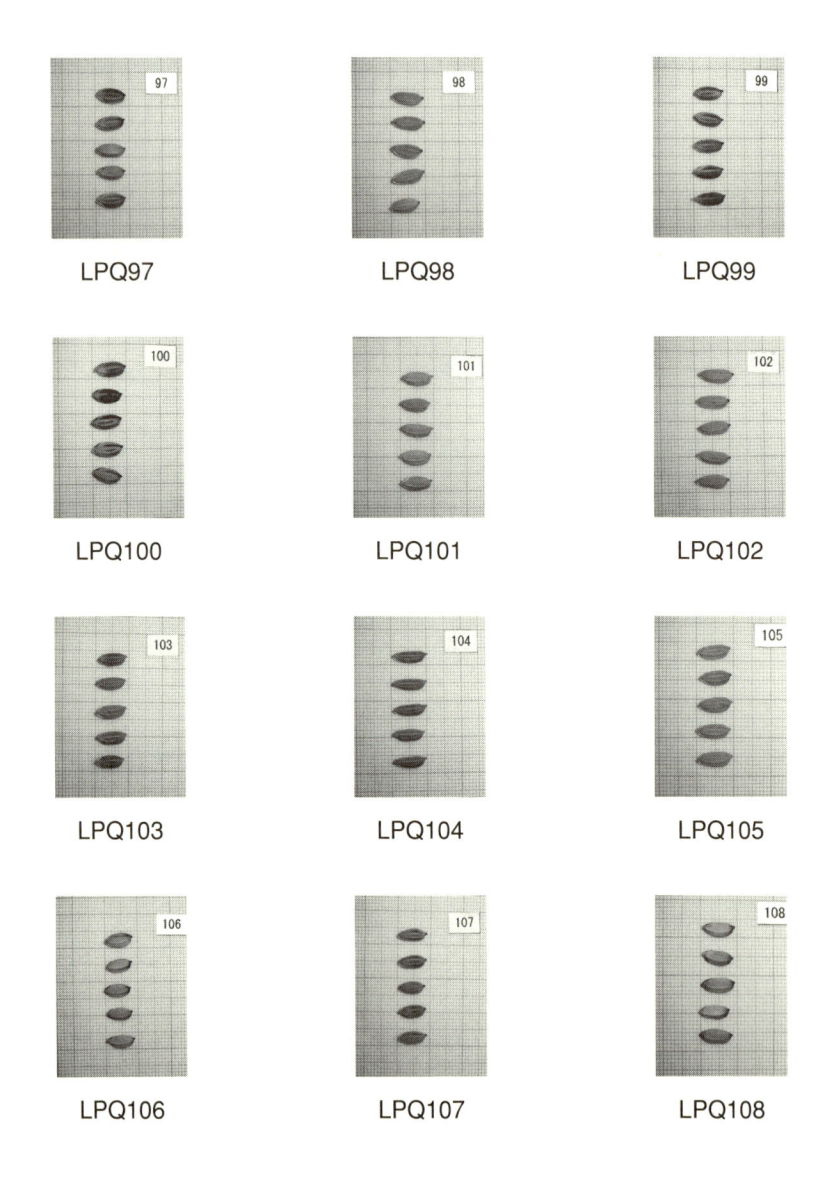

LPQ97 LPQ98 LPQ99

LPQ100 LPQ101 LPQ102

LPQ103 LPQ104 LPQ105

LPQ106 LPQ107 LPQ108

写真附　237

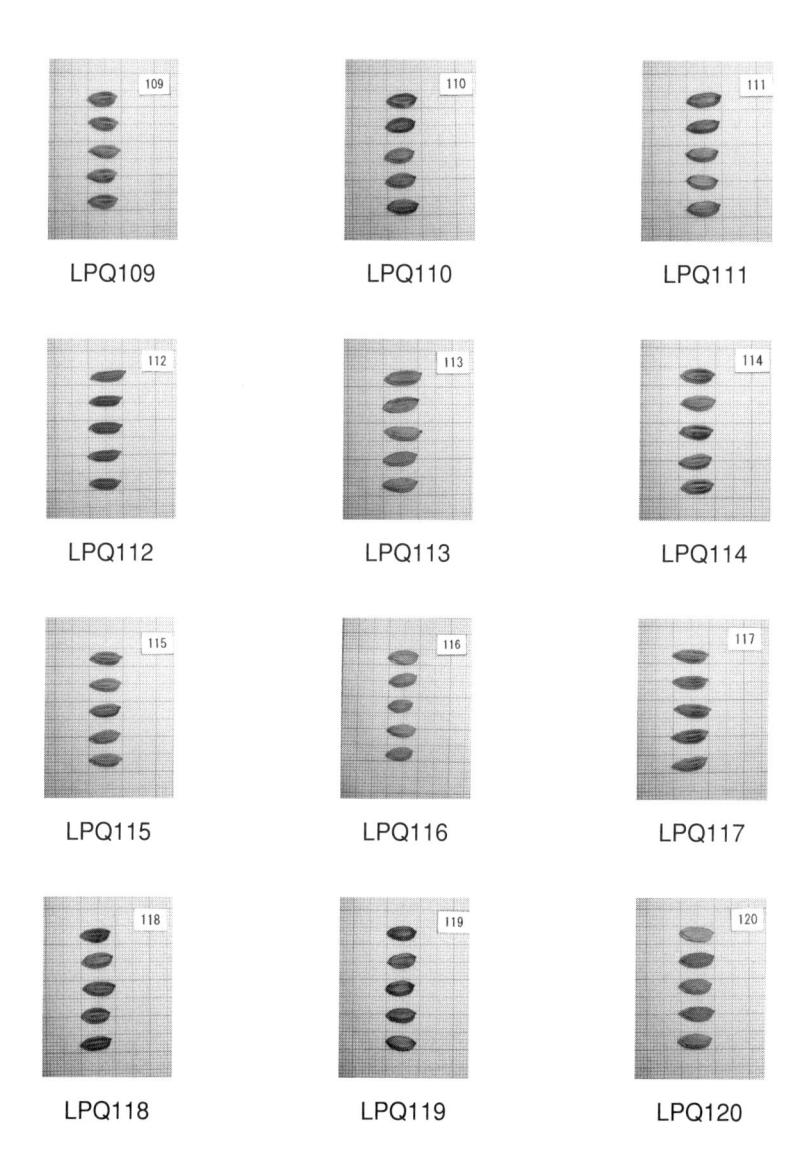

LPQ109　　　　LPQ110　　　　LPQ111

LPQ112　　　　LPQ113　　　　LPQ114

LPQ115　　　　LPQ116　　　　LPQ117

LPQ118　　　　LPQ119　　　　LPQ120

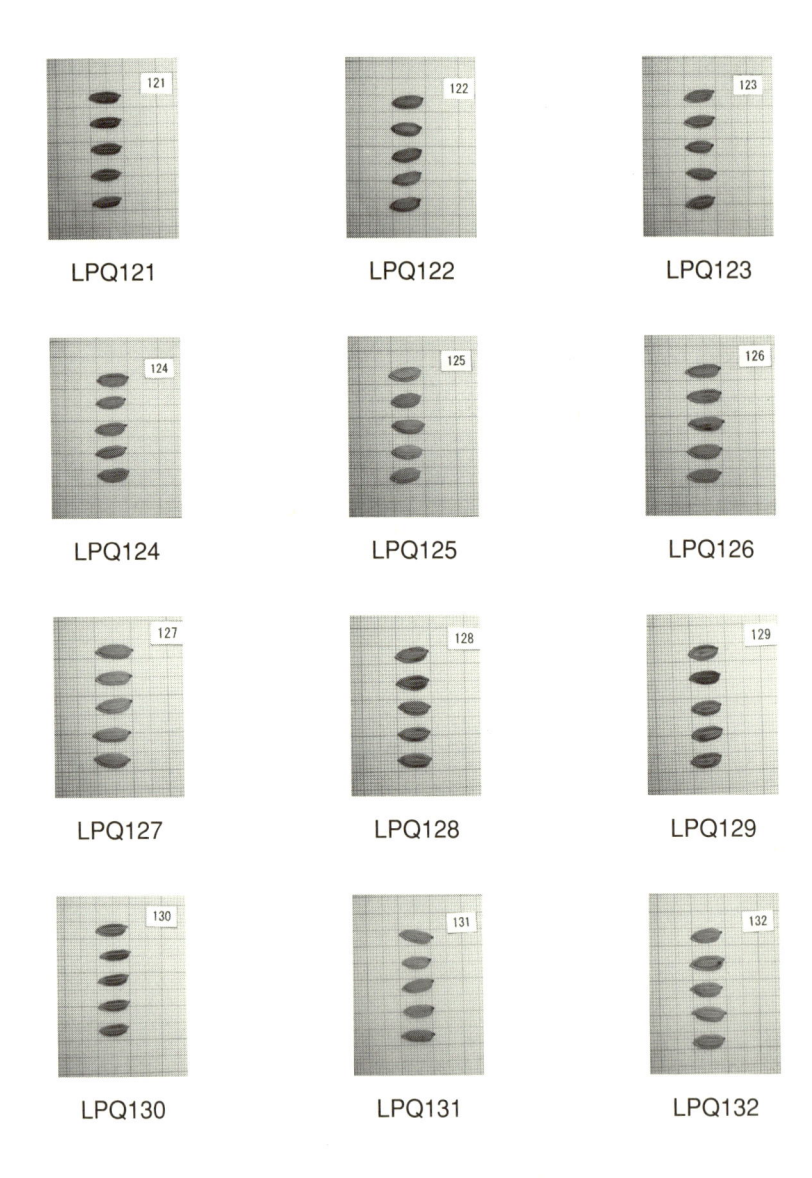

LPQ121 LPQ122 LPQ123

LPQ124 LPQ125 LPQ126

LPQ127 LPQ128 LPQ129

LPQ130 LPQ131 LPQ132

写真附　239

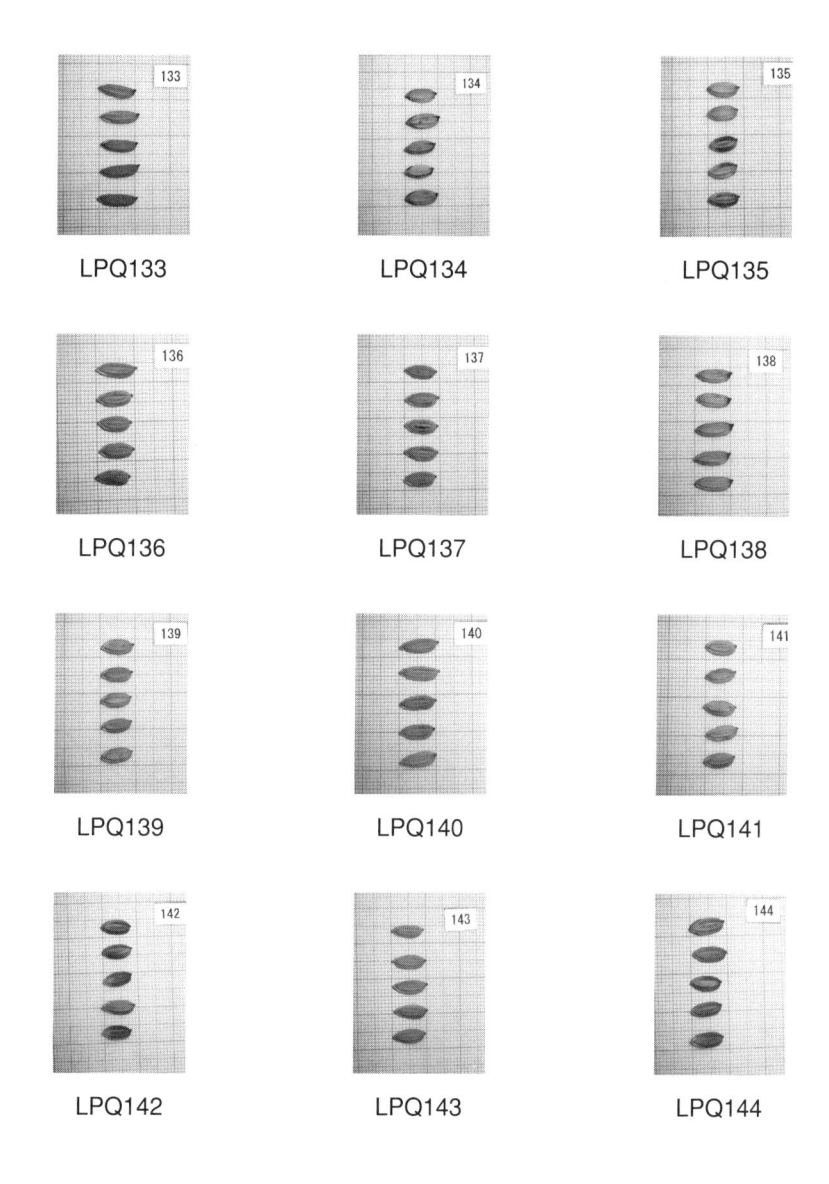

LPQ133

LPQ134

LPQ135

LPQ136

LPQ137

LPQ138

LPQ139

LPQ140

LPQ141

LPQ142

LPQ143

LPQ144

240

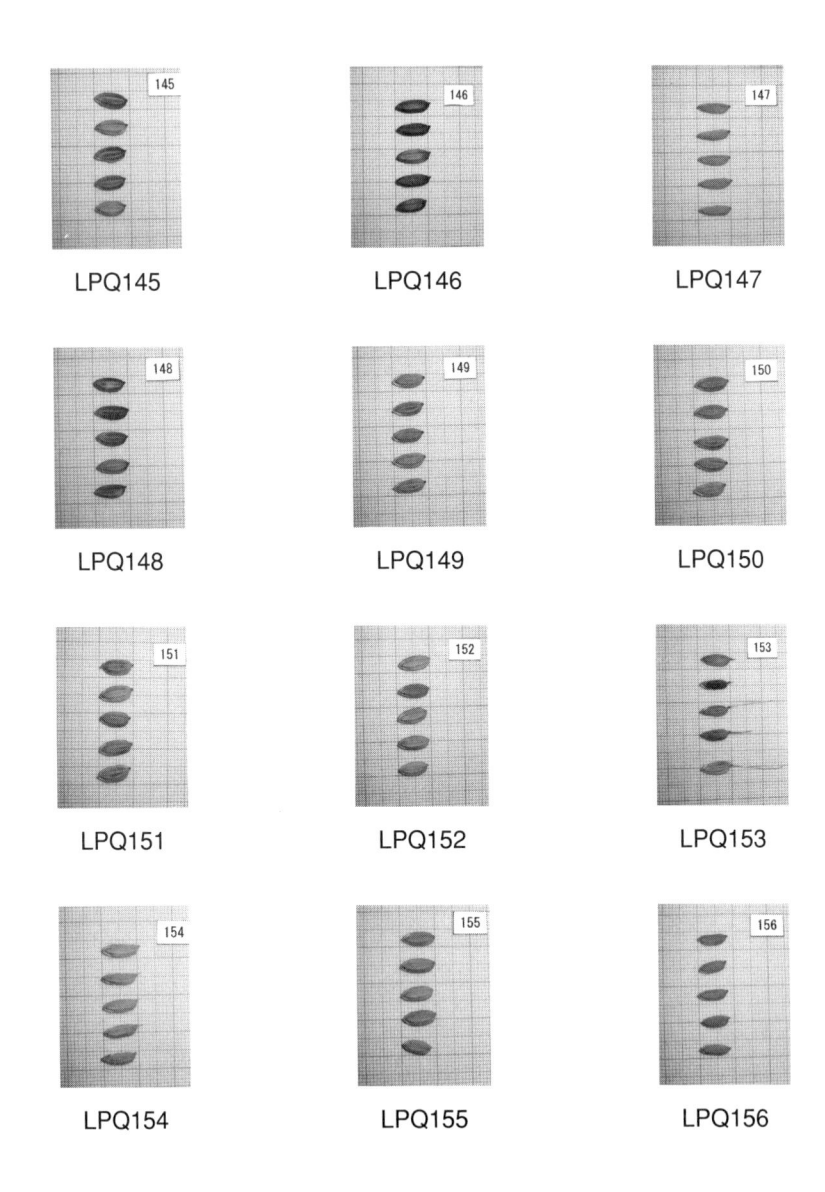

LPQ145	LPQ146	LPQ147
LPQ148	LPQ149	LPQ150
LPQ151	LPQ152	LPQ153
LPQ154	LPQ155	LPQ156

写真附　241

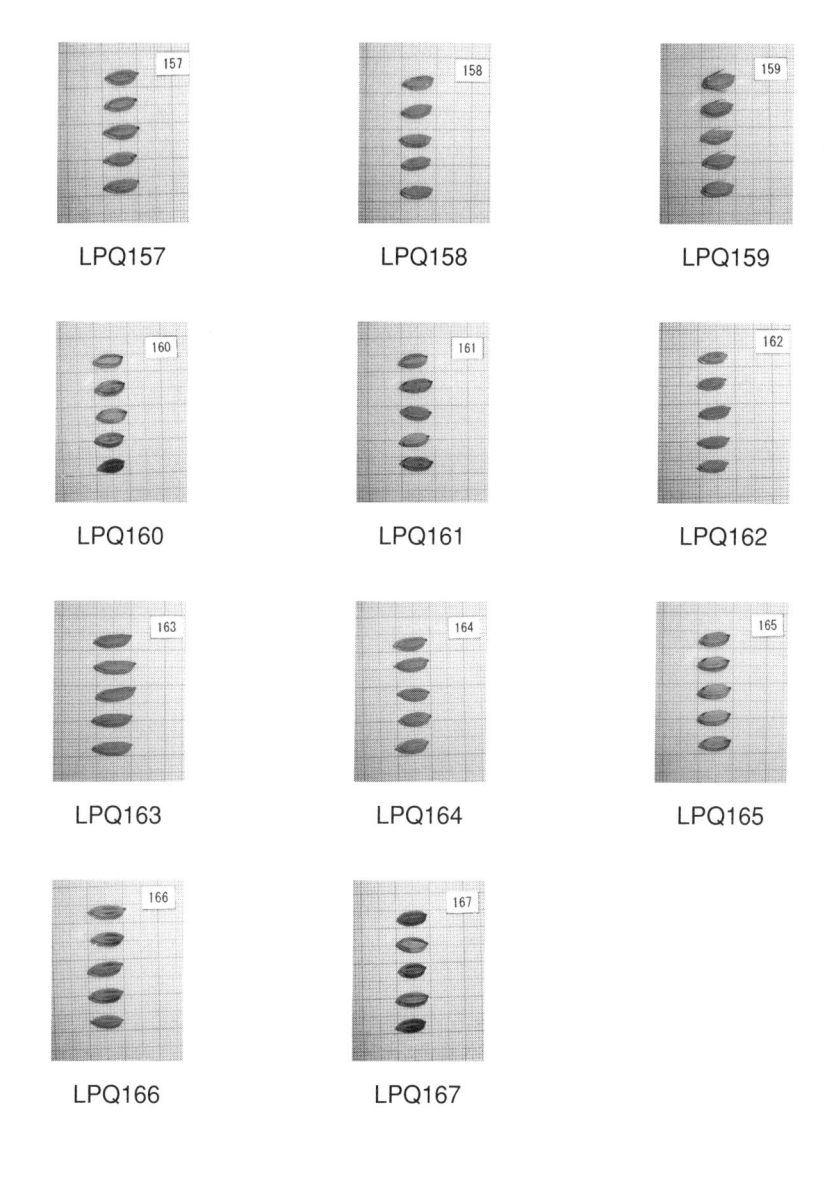

LPQ157　　　　LPQ158　　　　LPQ159

LPQ160　　　　LPQ161　　　　LPQ162

LPQ163　　　　LPQ164　　　　LPQ165

LPQ166　　　　LPQ167

<参考文献>

(略号)
ILCAA: Institute for the Study of Languages and Cultures of Asia and Africa.
IRC: Ministry of Information and Culture, Institute for Cultural Research
KKP: Kasūang Kasikam læ Pāmai [農林省 MAF]
KPS: Kom Phǣnthī hæng Sāt [国立地図局 NGD]
KSK: Kasūang Su'ksā læ Kilā [教育・スポーツ省]
KSKPP: Khana Sīnam Kānsamlūat Phonlamū'ang thūa Pathēt [Steering Committee of Population Census], Hǭngkān kǭng Lēkhā [Secretariat Office]
KSS: Kasūang Su'ksāthikān [教育省]
KSSKP: Khana-Sīnam Samlūat Sathiti Kasikam thūa Pathēt, Hǭngkān Samlūat Sathiti Kasikam Khan-Sūnkāng [Steering Committee for the Agricultural Census, Agricultural Census Office]
MAF: Ministry of Agriculture and Forestry (KKP)
NGD: National Geographic Department (KPS)
NIMA: the National Imagery and Mapping Agency
NSC: State Planning Committee, National Statistical Center (SSS)
PKPLP: Kasūang Kasikam-Pāmai, Phanæk Kasikam-Pāmai Khwæng Lūang Phabāng [農林省ルアンパバーン県農林課]
SNLSS: Sūnkān Næolāo Sāng Sāt [Lao National Front for Construction (LNFC)]
SSC: Ministry of Economy, Planning and Finance, State Statistical Center
SSS: Khana-Kamakān Phǣnkān hæng Lat, Sūn Sathiti hæng Sāt [国家計画委員会国立統計院 NSC]
SVKSS: Sathāban Khonkhūa Vithanyāsāt Kānsu'ksā hæng Sāt, KSS [教育省国立教育学研究所]

アジア人口・開発協会. 1997.「アジア諸国の発展段階別農業 農村開発基礎調査報告書―ラオス人民民主共和国―(ルアン・パバン県を中心として)」. 東京. 198p.
――. 1998.「アジア諸国の発展段階別農業 農村開発基礎調査報告書―ラオス人民民主共和国―(サヴァーナケート県、チャムパーサック県を中心として)」. 東京. 177p.

Alexandre, Jean-Louis; Nicolas Eberhardt. 1998. *Des Systèms Agraires de la Rive Gauche de la Nam Ou.* Paris: Comité de Coopération avec le Laos. 331p.

Baston, Wendy. 1991. After the Revolution: Ethnic Minorities and the New Lao State. J. J. Zasloff and L. Unger eds.. *Laos: Beyond the Revolution,* pp.133–158. Basingstoke: Macmillan.

Baudran, Emmanuel. 2000. *Derrière la Savane, la Forêt: Étude du Systèm Agraire du Nord du District de Phongsaly (Laos).* Paris: Comité de Coopération avec le Laos. 191p.

Breazeale, B.; S. Smukarn. 1988. A Culture in Search of Survival. *Monograph Series 31,* Yale Univ. Southeast Studies. New Heaven: Yale University. 279p+vii.

Chīamsīsulāt, Chanthaphilit ed.. 2005. *Kānsu'ksā-khonkhwā Khū'ang-sai Pacham Van khōng Somphao nai Khwāng Sēkōng* [Folk Tools of Ethnic Groups of Sekong.]. Viangchan: IRC. 225p.

Chancellor, William J.. 1961. *Report of Initial Phase for Evaluation and Improvement of Small Tools in Thai Agriculture. (Survey of Indigenous Farm Implements).* Davis: University of California. 84p.

Chazée, Laurent. 1995. *Atlas des Ethnies des Sous-ethnies du Laos.* Bangkok. 220p., map.

——. 1999. *The People of Laos; Rural and Ethnic Diversities.* Bangkok: White Lotus. 187p., map.

——. 2001. *The Mrabri in Laos; A World under the Canopy.* Bangkok: White Lotus. 96p.

Credner, Wilhelm. 1935. *Siam, das Land der Tai: eine Landeskunde auf Grund eigere Reisen und Forschungen.* Stuttgart: J. Engelhorns Nachf. 422p.+xvi.

ダニエルス, C. 1990. 「雲南省西雙版納傣族の精糖技術と森林保護―現地調査に見るその歴史―」.『就実女子大学史学論』第5号, pp.233–302.

——. 1994. 「西双版納傣族の水車―傣族における機具類利用の一事例」. C・ダニエルス；渡部武編.『雲南の生活と技術』, pp.144–194. 東京: 慶友社.

——. 2002. 「東南アジアと東アジアの境界―タイ文化圏の歴史から」. 中見立夫編.『アジア理解講座1 境界を越えて―東アジアの周縁から』, pp.137–189. 東京: 山川出版社.

ダニエルス, C.; 渡部武編. 1994.『雲南の生活と技術』. 東京: 慶友社. 463p.

de la Loubère, Simon. 1986. *The Kingdom of Siam*. Singapore: Oxford University Press. 260p.+ix.（原著 Du Royaume de Siam. 1691; English translation in 1693.）

Dilok Nabarath, Prince. 2000. *Siam's Rural Economy under King Chulalomgkorn*. translated by Walter E. J. Tips. Bangkok: White Lotus. 314p.+xv., VIIIplates.（原著 *Die Landwirtschaft in Siam: Ein Beitrag zur Wirtschaftsgeshiche des Königreichs Siam*. 1908.）

DOP（Department of Planning）, MAF. 2004. *Agricultural Statistics Year Book 2003*. Vientiane Capital: MAF. 54p.+vi.

DOR（Ministry of Communication, Transport, Post and Construction, Department of Road）. 200?. *Border Crossing Stations Including Designated Asian Highways and Other Main Roads to Border Points*. Vientiane: DOR. 1sheet.

Dore, Amphay. 1981. La Chamise Divinatoire Kassak. *Péninsule*（2）, pp.186–243.

ESCAP（Economic and Social Commission for Asia and the Pacific, United Nations）. 1990. *Atlas of Mineral Resources of the ESCAP Region Volume7. Lao People's Democratic Republic: Explanatory Brochure*. Bangkok: ESCAP. 19p., 2maps.

福井捷朗. 1987.「エコロジーと技術―適応のかたち―」. 渡部忠世責任編集『稲のアジア史』第1巻, pp.277–331. 東京: 小学館.

福井清一; 園江満. 1999.「カンボジアにおける稲作発展の課題と方向」.『大阪学院大学経済論集』第13巻（1・2）, pp.113–138.

古川久雄. 1990.「大陸と多島海」. 高谷好一編集責任『講座東南アジア学（二）東南アジアの自然』, pp.19–50. 東京: 弘文堂.

――. 1997.「雲南民族生態誌―生態理論と文明理論―」.『東南アジア研究』35巻3号, pp.346–421.

――. 2000.「ベトナム・ラオス山地の生態と生活」. *ASAFAS Special Paper* No.2. 京都大学大学院アジア・アフリカ地域研究研究科. 44p.

Gillogly, Kathleen; Terd Charoenwatana; Keith Fahrney; Opart Panya; Suthian Namwongs, A. Terry Rambo, Kanok Rerkasem. 1990. *Two Upland Agroecosystems in Luang Phabang Province, Lao PDR: A Preliminary Analysis*. Khon Kaen: Khon Kaen University. 184p.

Goudineau, Yves ed.. 2003. *Laos and Ethnic Minority Cultures: Promotion*

Heritage. Paris: UNESCO. 295p.

浜田秀男. 1958.「カンボジアとラオスの稲作」.『熱帯農業』第2巻第2号, pp.61-67.

——. 1959.「ラオス・シェンカン高原のラオ人とミャオ族の農業」.『民族学研究』第23巻 (1/2), pp.25-43.

Hamada, Hideo. 1965. Rice in the Mekong Valleys. 松本信広編『インドシナ研究—東南アジア稲作民族文化総合調査報告（一）』, pp.505-586. 東京: 有隣堂.

林行夫. 1998.「「ラオ」の所在」.『東南アジア研究』35巻4号, pp.78-109.

Hopfen, H. G.. 1960. Farm Implements for Arid and Tropical Regions. *FAO Agricultural Development Paper* No. 67. Rome: FAO. 157p.+vii.

——. 1969. Farm Implements for Arid and Tropical Regions: Revised Edition. *FAO Agricultural Development Paper* No. 91. Rome: FAO. 159p.+xi.

家永泰光. 1980.『犁と農耕の文化』. 東京: 古今書院. 247p.

飯島明子. 1999.「「国民国家」の狭間—ラオス・サイニャブーリー県のニュアン人の村から—」.『アジア遊学』No.9, pp.123-148.

飯沼二郎; 堀尾尚志. 1976.『農具』. 東京: 法政大学出版局. 206p.+x.

井上真. 1994.「ラオス北部山岳地帯における焼畑システムの変容—山地民族・カムー人の事例より—」.『日林論』第105号, pp.111-114.

INTERGEO (The Geological Division for Cooperation with Foreign Countries). 1991. *Geological Map of Cambodia, Laos and Vietnam: Scale 1: 1,000,000, 2nd edition.* Hanoi: Geological Survey of Vietnam. 6sheets.

入江憲治; Khin Aye; 長峰司; 菊池文雄; 藤巻宏. 2003.「ミャンマーイネ地方品種の籾形やフェノール反応など穀実形質の地域変異」.『熱帯農業』第47巻 Extra issue 1: pp.13-14.

岩田慶治. 1963.「北部タイにおける稲作技術—タイ・ヤーイ族とタイ・ルー族の場合—」.『東南アジア研究』2号: pp.22-38.

——. 1965.「パ・タン村—北部ラオスにおける村落社会の構造—」. 松本信広編『インドシナ研究—東南アジア稲作民族文化総合調査報告（一）』, pp.267-387. 東京: 有隣堂.

Izikowitz, Karl G.. 1979. *Lamet: Hill Peasants in French Indochina.* New York: AMS Press. 375p.

金沢夏樹. 1986.「田植について—その農法論的意味—」. 金沢編『農業と農村』, pp.253-279. 東京: 龍渓書舎.

加藤久美子. 2000.『盆地世界の国家論—雲南、シプソンパンナーのタイ族史』. 京

都: 京都大学学術出版会. 316p.+xvi.

Kato, Takashi. 2003. *Tibeto-Burman Languages of Lao P.D.R.: in A New Classification*. Handout for 36th International Conference on Sino-Tibetan Languages and Linguistics. Chiang Mai. 11p.

川野和明；鹿児島歴史資料センター黎明館企画・編集. 1998.『海上の道―鹿児島文化の源流をさぐる―』. 鹿児島: 鹿児島歴史資料センター黎明館. 115p.

Kingsada, Thongpheth; Tadahiko Shintani ed.. 1999. *Basic Vocabularies of the Languages spoken in Phongxaly, Lao P.D.R.*. Tokyo: ILCAA. 359p. + viii.

KKP. 1996. *20pī Sathiti Kasikam-Pāmai 1976-1995*［1976-1995 20年の農林統計］. Viangchan: KKP. 86p.

KKP, Hōngkān KKP［Cabinet of MAF］. 1997. *Wālasān Sathiti Kasikam-Pāmai Pacham Pī khǭng Sō Pō Pō Lāo*［Agricultural Statistic of Lao P. D. R.］. Viangchan: KKP. 101p.

小坂隆一. 2000.「セーク」. 綾部恒雄監修『世界民族辞典』, pp.346. 東京: 弘文堂.

Kousonsavath, Thong Phan; Elen Lemaitre. 1999. *Bassin Versant de la Nam Chan; Analyse de Systèmes Agraires dans la Province de Luang Prabang*. Paris: Comité de Coopération avec le Laos. 240p.

KPS ed.. 1995. *Pū'm Phǣnthī Sō Pō Pō Lāo*［ラオス人民民主共和国地図帳］. Viangchang: KPS. 24p.

KSK, Kom Phǣnkān læ Kānngœn［計画・財務局］. 1992. *Phǣnthī Kānsu'ksā*［Atlas Scolaire R.D.P. Lao］. Viangchan: KSK. 142p.

KSKPP, SSS. 2004. *Kānsamlūat Phonlamū'ang læ Thīyū-'āsai thūa Pathēt 1995, Khūmū' Nakdǣnsamlūat*［2005年国勢調査 訪問調査員の手引き］. Viangchan: SSS. 65p.

——. 2005. *Samlūat Phonlamū'ang læ Thīyū-'āsai Pī 2005: Bot-lāingān Bū'ang-ton（Phon Kānsamlūat khǭng khan Khwǣng læ Mū'ang）*［Population and Housing Census Year 2005: Preliminary Report（Result on the Province and District Level）］. Viangchan: SSS. 40p.+x.

KSPS（Khana-Sīnam Samlūat Phonlamū'ang Sūnkāng［国勢調査指導部］）. 1984. *'Ǣkasān Nǣnam Kānsamlūat Phonlamū'ang hai Pathān Bān læ Nakdǣn Samlūat*［村長および訪問調査員に対する指導要項］. Viangchan: KSPS. 59p.

KSS, Kom Phǣnkān læ Kānhūammū' Sākon［計画・国際協力局］. 2000. *Phǣnthī Kānsu'ksā khǭng thūa Pathēt*［全国教育行政図］. Viangchan: KSS.

157sheets.

KSSKP. 2000. *Khōmūn Tontō khōng Kānsamlūat Sathiti Kasikam thūa Pathēt 1998/99* [Lao Agricultural Census, 1998/99 Highlights]. Viangchang : SSS. 66p.

熊代幸雄. 1969.『比較農法論』. 東京: 御茶の水書房. 684p.+vi.

Kuroda, Yosuke. 2004. Conservation Biological Studies on Asian Wild Rice (Oriza rufipogon and O. nivara) in Vientiane Plain of Laos. *Doctoral Dissertation submitted to Kyoto University*. Kyoto: Kyoto University. 128p.+xi.

Kuroda, Yosuke; H. Uraiong; Yoichiro Sato. 2003. Population Genetic Structure of Wild Rice (*Oryza rufipogon* Griff.) in Mainland Southeast Asia as Revealed by Microsatellite Polymorphism. *Tropics* 12, pp.159-170.

Laffort, Jean-Richard; Roselyne Jouanneau. 1998. *Deux Systèms Agraires de la Province de Phongsaly; Deux Systèmes Agraires Contrastés d'une Province Montagneuse Isolée du Nord-Laos*. Paris: Comité de Coopération avec le Laos. 258p.

LeBar, Frank M.; Adrienne Suddard. 1960. *Laos; Its People, Its Society, Its Culture*. New Heaven: HRAF Press. 249p.

LeBar, Frank M.; Gerald C. Hickey; John K. Musgrave. 1964. *Ethnic Groups of Mainland Southeast Asia*. New Heaven: Human Relations Area Files Press. 288p.

松尾孝嶺. 1952.「栽培稲に関する生態学的研究」.『農業技術研究所報告』D (3), pp.1-111.

宮川修一. 1991.『東北タイの天水田稲作の立地・技術論的分析』. 岐阜: 岐阜大学農学部. 173p.

水越允治. 1989.「雨温図」. 日本地誌学研究所編.『地理学辞典 改訂版』, pp.30. 東京: 二宮書店.

森周六 1937『犂と犂耕法』日本農業全書5. 東京: 日本評論社. 283p.

――. 1940.「タイの農業と農機具展望 (二)」.『現代農業』第6巻 (6), pp.43-52.

――. 1942.「仏印の農機具に就て」.『新農林』昭和17年新年号, pp.26-29.

森本直樹. 1999.『内水面漁業報告会資料』. 17p. (mimeo.).

虫明悦生. 1996.「フィールドレター2通」. 山田勇編.『フィールドワーク最前線―見る・聞く・歩く―』, pp. 193-210. 東京：弘文堂.

永田好克. 2000.『ラオス村落情報システム (LAVIS) 資料集』. 大阪: 大阪市立大

学学術情報総合センター. 123p.+xvii.
Nagata, Yoshikatsu. 2000a. *LAVIS Lao Agricultural Census 1998/99 Edition (Interim Report No.1, No.2)*. Osaka: Media Center, Osaka City University. 38p.
――. 2000b. *LAVIS Provincial Level Series No.2 Phongsaly Version 1.0*. Osaka: Media Center, Osaka City University. 18sheets.
中川原捷洋. 1987.「イネ品種の分化と分類」. 渡部忠世責任編集『稲のアジア史』第1巻, pp.139-166. 東京: 小学館.
NGD. 1995. *Atlas of the Lao P.D.R.*. Vientiane: NGD. 24p.
――. 2000. *Lao Geographic Atlas*. Vientiane: NGD. 24p.
二瓶貞一. 1943.『佛印・泰・ビルマの農機具』. 東京: 新農林社. 190p.
日本工営；コーエイ総合研究所. 2001.『ラオス国総合農業開発計画調査 主報告書』. 東京: 国際協力事業団・ラオス国農林省. 232p.+xi.
NIMA. 2000. *JNC (Jet Navigation Chart) 37 Edition5*. Maryland: National Ocean Service. 1sheet.
Nooren, Hanneke; Gordon Claridge. 2001. *Wildlife Trade in Laos: the End of the Game*. Amsterdam: IUCN. 304p.
NSC. 1995. *Lao Census 1995; Preliminary Report 2 (results on the province and district level)*. Vientiane: NSC, Committee for Planning and Co-operation. 41p.
応地利明. 1987.「犂の系譜と稲作」. 渡部忠世責任編集『稲のアジア史』第1巻, pp.168-212. 東京: 小学館.
大野昭彦. 1998.「農村工業製品をめぐる市場形成―ラオスにおける手織物業―」.『アジア経済』第39巻4号, pp.2-20.
長田昭夫. 1995.『熱帯作物要覧22 熱帯の稲の生理生態』. 東京: 国際農林業協力協会. 174p.+vi.
Phonmisai, Sængchan. 1996. B*æ*p-hīan Su'ksā Phonlamū'ang San Matthanyom Pī thī Nu'ng［中等学校一年 公民教科書］. SVKSS eds. *Bæp-hīan Vithanyasāt Sangkhom; San Matthanyom Pī thī Nu'ng*［中等学校一年 社会科教科書］, pp.154-210. Viangchan: SVKSS.
Phūmsavat, Chan ed.. 1997a. *Bæp-hīan Lōk 'Ōm tūa Hao Pō 4*［小学4年 わたしたちをかこむ世界 教科書］. Viangchan: SVKSS. 154p.
――. 1997b. *Bæp-hīan Lōk 'Ōm tūa Hao Pō 5*［小学5年 わたしたちをかこむ世界 教科書］. Viangchan: SVKSS. 170p.

PKPLP. 1995. *Botsalup 20pī（1976-1995）læ Thitthāng Phǣngkān 5pī (1996-2000) Kānphatthanā Kasikam-Pāmai thūa Khwǣng* [県下農林業の発展 20 年間（1976-1995 年）の総括及び向う 5 年（1996-2000 年）の計画指針]. Luang Phabang: PKPLP. 62p.

PSO (Permanent Secretary Office) MAF. 1999. *Agricultural Statistics of Lao PDR 1998*. Vientiane: MAF. 146p.

Rattanavong, Houmphanh. 1997. *Sū Thin Sāo Lōlōphō* [On the Way to the Lolopho Land]. Viangchan: IRC. 69p.

——. 2003. History of Population in Laos and Essay on Ethnic Classification. Hayashi Yukio; Thongsa Sayavongkhamdy eds. *Cultural Diversity and Conservation in the Making of Mainland Southeast Asia and Southwestern China Regional Dynamics in the Past and Present.*, pp.1-20. Bangkok: Amarin Printing and Publishing.

Robequain, Chales. 2001. *Photographic Impressions of French Indochina; Vietnam, Cambodia and Laos in 1930.* translated by Walter E. J. Tips. Bangkok: White Lotus. 172p.（原著 La France Lointaine. *Le Visage de la France.*, pp.141-252. 1930.)

Sadāchit, Phombut; Sīthā Phanthabā. 1997. Bǣp-hīan Phūmsāt San-Matthanyom Pī thī 3 [中等学校三年 地理]. Phūangkham Somsanit; Khamphāi Sīsavat; Sǣngngœn Vainyākǭn eds. *Bǣp-hīan Vithanyāsāt Sangkhom San-Matthanyom Pī thī Sām* [中等学校三年 社会科教科書]., pp.79-160. Viangchan: SVKSS.

佐々木高明. 1988. 『東・南アジア農耕論』. 東京: 弘文堂. 517p.+v.

佐藤洋一郎. 1996. 『DNA が語る稲作文明起源と展開』. 東京: 日本放送出版会. 227p.

Savengsu'ksā, Sīsalīa; Phūangkham Somsanit; Kham'ān Sainyasǭn; Mai Thipthilāt; Champāthǭng Chanthaphāsuk. 1989. *Phūmisāt Lāo* [ラオス地理]. Viangchan: Sathāban Khonkhwā Vithanyāsāt Sangkhom [社会科学研究所], KSK. 427p.+vi.

Schliesinger, Joachim. 2001. *Tai Groups of Thailand Vol.1: Introduction and Overview.* Bangkok: White Lotus. 190p., 161plates.

——. 2003. *Ethnic Groups of Laos Vol.1-4.* Bangkok: White Lotus. 181p.; 286p.; 295p.; 272p.

Scrvice National de la Statistique, 197? *Annuaire Statistique 1970.* Vientiane:

Royaume du Laos, Ministere du Plan et de la Cooperation. 186p.

瀬戸裕之. 2004.「ラオス人民民主共和国」. 萩野芳夫; 畑博行; 畑中和夫編『アジア憲法集』, pp.335–378. 東京: 明石書店.

SGE（Service Géographique d'État). 1982–1984. *République Démocratique Populaire Lao: La Carte Topographique au l'Échelle de 1: 100,000.* Vientiane: Service Géographique d'État. 176sheets.

SGN（Service Géographique National). 1994. *République Démocratique Populaire Lao: 1: 1,000,000.* Vientiane: KPS. 5sheets.

新谷忠彦編. 1998.『黄金の四角地帯―シャン文化圏の歴史・言語・民族』. 東京: 慶友社. 321p., map.

新谷忠彦. 1999.「言語からみたミャオ・ヤオ」.『アジア遊学』No.9, pp. 149–158.

――. 2004.「チェントゥン再訪の旅」.『アジア・アフリカ言語文化研究所 通信』111号, pp.3–18.

Shintani, Tadahiko L.A. ed.. 1999. *Linguistic & Anthropological Study on the Shan Culture Area.* Tokyo: ILCAA. 246p.+vii.

Shintani, Tadahiko L.A.; Ryuichi Kosaka; Takashi Kato. 2001. *Linguistic Survey of Phongxaly, Lao P.D.R..* Tokyo: ILCAA. 234p.+vii.

Shintani, Tadahiko L.A. 2003. Research on the Tai Area. Goudineau, Yves ed.. *Laos and Ethnic Minority Cultures: Promotion Heritage,* pp.185–188. Paris: UNESCO.

Simana, Suksavan. 1998. *Kānkhongsīp khǫng Sāo Phao Ku'mmu* [Kmhmu' Livelihood; Farming the Forest]. English by Elisabeth Preising. Viangchan: IRC. 198p.+viii.

Sisouphanthong, Bounthavy; Christian Taillard. 2000. *Pū'm-'atlāt khǫng Sāthālanalat Pasāthipatai Pasāson Lāo: Kānphatthanā Sēthakit lœ Sangkhom tām Khǭngsāng khǫng Khēt Kānpokkhǫng* [Atlas of Laos: Spatial Structure of the Economic and Social Development of the Lao People's Democratic Republic]. Paris: CNRS. 160p. [English ver., Changmai: Silkworm Press.]

SNLSS. 2005. *Bandā-somphao nai Sō Pō Pō Lāo* [The Ethnic Groups in Lao P.D.R.]. Viangchan: Kom Sonphao, SNLSS [Department of Ethnics, LNFC]. 273p.+xi+j, map.

Somsanit, Phūangkham; Khamphāi Sīsavan; Bǭsǣngkham Vongdālā;

Sǣngngœn Vainyakhǭn ed.. 1994. *Bǣp-hīan Phūmisāt San-Matthanyom3*［中等学校3年地理教科書］. Viangchan: KSS. 81p.

園江満. 1995.「林産資源の持続的利用に対する伝統医療の役割に関する研究」.『地球環境研究』No.35, pp.51-88.

——. 1998.「ラオス北部の農村と農耕技術—ルアンパバーン県の水田農業を中心に—」.『南方文化』第25輯, pp.1-16.

——. 2004.「ラオスの統計制度」.『開発学研究』第14巻第3号, pp.62-68.

——. 2005.「ラオスにおける犂の形状と分布—農耕文化の視点から」.『アジア・アフリカ言語文化研究』70号.

園江満ほか. 2002.「ラオス」. 桜井由躬雄; 谷内達; 村田雄二郎; 山岸智子他監修『世界地理学大百科辞典5. アジア・オセアニアⅡ』, pp.828-844. 東京: 朝倉書店.

園江満; 山本宗立; 縄田栄治. 2004.「ラオス北部の栽培稲にみられる穀実及び生態的特性の変異の解析」.『熱帯農業』第47巻第3号, pp.181-193.

SSC. 1992. *Population of Lao P.D.R.*. Vientiane: SSC. 79p.

SSS, Khana-Sīnam Kānsamlūat Phonlamū'ang thūa Pathēt. 1994. *Kānsamlūat Phonlamū'ang thūa Pathēt 1995, Khūmū' Nakdǣnsamlūat*［1995年国勢調査 訪問調査員の手引き］. Viangchan: SSS. 57p.+iii.

SSS. 1996. *Khūmū' Nǣnam Vithī Chotkāi "Pū'm Sathiti Pacham Bān"*［「村落統計簿」記入方法の手引き］. Viangchan: SSS. 24p.

——. 1997a. *Khǭmūn Sathiti Tontǭ : Dān Kānphatthanā Sētthakit-Sangkhom hǣng Sō Pō Pō Lāo 96*［Basic Statistics : About the Socio-Economic Development in The Lao P.D.R. 96］. Viangchan: SSS. 129p.

——. 1997b. *Phon Kānsamlūat Phonlamu'ang 1995*［Results from the Population Census 1995］. Viangchan: SSS. 139p.

——. 2000a. *Bot-lāingān Kānsamlūat Sukhaphāp Kānchalǣnphan Sō Pō Pō Lāo*［Report of the Lao Reproductive Health Survey 2000］. Viangchan: SSS. 143p.+xiii, annex.

——. 2000b. *Phon khǭng Kānsamlūat Sathiti Kasikam, 1998/99*［1998/99年度農林センサス報告書 県別版］（18分冊）. Viangchan: SSS.

——. 2000c. *Khǭmūn Sathiti Tontǭ hǣng Sō Pō Pō Lāo 1975-2000 25*［Basic Statistics of The Lao P.D.R. 1975-2000 25］. Viangchan: SSS. 162p.+vi.

——. 2001. *Khǭmūn Sathiti Tontǭ hǣng Sō Pō Pō Lāo 2000*［Basic Statistics of the Lao P.D.R. 2000］. Viangchan: SSS. 85p.+vi.

―. 2002. *Sathiti Pacham Pī 2001* [Statistical Yearbook 2001]. Viangchan: SSS. 99p.

―. 2004a. *Sathiti Pacham Pī 2003* [Statistical Yearbook 2003]. Viangchan: SSS.144p.

―. 2004b. *Bot-lāingān Kānchot-nap Phonlamū'ang 2003* [2003年人口集計報告書]. Viangchan: SSS. 41p.+iii.

―. 2005. *Lāo 'Info: Labop Thān-khọ̄mūn Tūasībọ̄k Tontọ̄; Kūmū' Namsai* [Lao Info: Handbook for Common Indicators Database System]. Viangchan: SSS. 41p.

―. mimeo.. HP準備内部資料.

Stuart-Fox, Martin. 1986. *Laos; Politics, Economics and Society.* London: Frances Pinter Publishers. 220p.+xxiv.

Sulavan, Khamluan; Nancy A. Costello. 1994. *Paphēnī kīaokap Kasikam khọ̄ng Phao Katū* [Belief and Practice in Katu Agriculture]. Viangchan: IRC. 190p.+x.

Taillard, Christian. 1982. L'irrigation dans le Nord du Laos: L'exemple du Bassin de la Nam Song à Vang Vieng. *Péninsule*（4-5）, pp.14-34.

高谷好一；友杉孝. 1972.「東北タイの丘陵上の水田；特に、その"産米林"の存在について」.『東南アジア研究』10巻1号, pp.77-85.

田村克己. 1995.「ラオス、ルアンパバーンの新年の儀礼と神話―東南アジアの水と山」. 松原孝俊; 松村一男編『比較神話学の展望』, pp.157-178. 東京: 青土社.

Tanabe, Shigeharu. 1994. *Ecology and Practical Technology; Peasant Farming System in Thailand.* Bangkok: White Lotus. 300p.+xx.

田中耕司. 1987.「稲作技術の類型と分布」. 渡部忠世責任編集『稲のアジア史』第1巻, pp.214-276. 東京: 小学館.

―. 1991.「マレー型稲作とその広がり」.『東南アジア研究』29巻3号, pp.306-382.

Tanaka, Koji. 1991. A Note on Typology and Evolution of Asian Rice Culture-Toward a Comparative Study of the Historical Development of Rice Culture in Tropical and Temperate Asia. *Tōnan Ajia Kenkyū* [Southeast Asian Studies] 28（4）: 563-573.

―. 1993. Farmers' Perceptions of Rice-Growing Techniques in Laos: "Primitive" or "Thammasat"? *Tōnan Ajia Kenkyū* [Southeast Asian Studies] 31（2）: 132-140.

Thorel, Clovis. 2001. *Agriculture and Ethnobotany of the Mekong Basin: The Mekong Exploration Commission Report (1866-1868)-Volume4*. translated by Walter E. J. Tips. Bangkok: White Lotus. 225p.+iv, XVIplates.（原著 Agriculture et Horticulture de l'Indo-Chine. *Voyage d'Exploration en Indo-Chine* Vol. 2, pp.335-491. 1873.）

冨田竹二郎. 1990. 『タイ日辞典 改訂版』. 天理: 養徳社. 2119p.

上田玲子. 1994. 「現代ラオス語ヴィエンチャン方言の音韻体系」. 『言語研究』第106号, pp.95-115.

――. 1998. 「ラオス語」. 東京外国語大学語学研究所編『世界の言語ガイドブック2～アジア・アフリカ地域～』, pp.374-387. 東京: 三省堂.

Vespada, Yaowanuch ed.. 1998. *Khāo... Watthanatham hæng chīwit* ［Rice... Thai Cultural Life］. Bangkok: Plan Motif Publishers. 143p.

Viravong, Mahā Sīlā. 1970. *Hōrāsāt Lāo: Phāk Patithin* ［ラオス占星術―暦法に関して］. Viangchan: Kom Mathanyom Su'ksā ［中等教育局］, KSS. 151p.+v.

ヴェルト, エミール. 1968. 『農業文化の起源―掘棒と鍬と犂』藪内芳彦；飯沼二郎共訳. 東京: 岩波書店. 605p.+xvi, annex.（原著 Werth, Emil. *Grabstock, Hacke und Pflug*. 1954.）

渡部忠世. 1977. 『稲の道』. 東京: 日本放送出版会. 226p.

――. 1984. 「西双版納の野生稲と栽培稲―稲起源論の視点から」. 佐々木高明編著『雲南の照葉樹のもとで：国立民族博物館中国西南部少数民族文化学術調査団報告』, pp.27-70. 東京: 日本放送出版会.

渡部武. 1994. 「雲南地方伝統生産工具採訪手記」. C・ダニエルス；渡部武編. 『雲南の生活と技術』, pp.52-138. 東京: 慶友社.

――. 1997. 『雲南少数民族伝統生産工具図録』. 東京：慶友社. 246p.+vii.

――. 2003. 「西南中国の犂と犂耕文化」. 渡部武；霍巍；C・ダニエルス編『四川の伝統文化と生活技術』, pp.246-294. 東京：慶友社.

渡部武；田村善次郎; 尹紹亭；クリスチャン・ダニエルス；印南敏秀. 1994. 「(座談会) 西双版納地方少数民族の焼畑をめぐって」. C・ダニエルス；渡部武編. 『雲南の生活と技術』, pp.408-446. 東京: 慶友社.

渡部武; 渡部順子. 2003. 『西南中国伝統生産工具図録』. 東京: 慶友社. 385p.+vii.

八幡一郎. 1965. 「インドシナ半島諸民族の物質文化にみる印度要素と中国要素」. 松本信広編『インドシナ研究―東南アジア稲作民族文化総合調査報告（一）』, pp.161-218. 東京：有隣堂.

Yamada, Kenichiro; Yanagisawa Masayuki; Kono Yasuyuki; Nawata Eiji. 2004. Use of Natural Biological Resources and Their Roles in Household Food Security in Northwest Laos. *Tōnan Ajia Kenkyū* [Southeast Asian Studies]. Vol.41 (4), pp.426-443.

山口淳一. 1997.「稲作」. 田中明編著『熱帯農業概論』, pp.323-355. 東京: 築地書館.

尹紹亭. 1999.『雲南農耕文化の起源―少数民族農耕具の研究―』李浘訳. 東京: 第一書房. 626p.+vi.（原著『雲南物質文化 農耕巻』上・下. 1996.）

横山智. 2001.「農外活動の導入に伴うラオス山村の生業構造変化―ウドムサイ県ポンサワン村を事例として―」.『人文地理』第53巻第4号, pp.1-20.

Yundālāt, Khambai. 1991. Khwām Samphan thāng Chātiphan khǭng Chonphao nai Prathēt Lāo, [ラオス国内の諸民族にみられる民族間関係] Chayan Wanthanaphūt *et al.* ed., *Rāingān Kānprachum thāng Wičhākān Kānwičhai thāng Chātiphan nai Lāo-Thai* [ラオス―タイ民族研究専門部会報告], pp.20-31. Chiang Mai: Sathāban Wičhai Sangkhom, Mahāwitthayālai Chiang Mai.

あとがき

使人復結縄而用之甘其食美其服安其居樂其俗
隣國相望鷄犬之聲相聞民至老死不相往來

（人をして復た縄を結びて而してこれを用いしめ、其の食を甘しとし、其の服を美とし、其の居に安んじ、其の俗を楽しましめれば、隣国相望み、鷄犬の声相聞ゆるとも、民は老死に至まで、相往来せざらん。）

老子「小國寡民」

　本当は、小さなときからアフリカへ行ってみたかった。大学に入ってからも、「ドリトル先生」や「星の王子さま」たちは、魅惑に満ちた囁きで常にわたくしを原野へと誘った。
　しかし、ラオスとの邂逅は実に運命的でさえあり、頼りない年の離れた恋人の様に、この十数年間に亘ってわたくしを至福と絶望の間に彷徨させた。本書は、2005年3月京都大学大学院農学研究科に提出した博士学位論文に一部筆を加えたものであり、それは即ち、わたくしがラオスで過ごした10年間の痕跡といえる。学位論文執筆に際しての、京都大学大学院農学研究科櫻谷哲夫教授、堀江武教授、梅田幹雄教授、縄田栄治助教授、同大学院地球環境学堂小﨑隆教授、同大東南アジア研究所田中耕司教授（現・所長）、山田勇教授、河野泰之教授、大阪市立大学大学院創造都市研究科永田好克助教授、岐阜大学生物資源科学部宮川修一教授をはじめとした諸先生方の御理解と根気強い御指導に、まずもって御礼申上げる。
　高谷好一先生（現・滋賀県立大学教授）が、いみじくも「芸妓の置屋」に擬えた京都大学東南アジア研究センター（現・東南アジア研究所）は、廣瀬昌平先生（現・日本大学名誉教授）に御紹介を受けた浪人中のわたくしに、自己研鑽と他流試合に専心できる日々を与えてくれた。農学研究科の修士課程入学試験に辛くも合格し、「名伯楽」古川久雄先生（現・京都大学名誉教授）から予ねてラオスの魅力を聞かされていたわたくしは、1992年11月半信半疑で草臥れかけた渡し舟に乗ってメコン河を横切り、ヴィエンチャンに辿り着いた。まだ入国の難しかっ

たラオスに、幸運にも在留資格制限の無い査証で入国できたのは、石井米雄先生（現・人間文化研究機構長）の御紹介によって、当時在ラオス日本大使館員であった増原善之氏（現・京都大学大学院アジア・アフリカ地域研究研究科COE研究員）に保証人になってもらえたからだった。途中、「ラーオ世界」の入口であるコラート高原の街コンケンまでは、京大バンコク事務所に駐在中だった「よき反面教師」を自称する福井捷朗先生（現・立命館アジア太平洋大学アジア太平洋学部長）が、「運転の道連れに」と笑いながら送って下さった。

折しもラオス「建国の父」カイソーン・ポムヴィハーン大統領が逝去し、当時必要だった国内での移動許可の取付けもままならない状態だったが、日本で一緒に旅行をしたラオス農林省のボンドゥアン・ポンサワン氏一家の尽力で、ひと月の滞在期間のうち約1週間をルアンパバーンで過ごすことができた。この短いながら美しい日々は、ラオスを研究への興味から憧憬へと変質させ、どうにかして再びここへ戻りたいとの気持ちがわたくしの中に芽生えた。しかしながら、学生が農村での研究調査活動を行うことは、当時のラオスでは現実的に不可能であり、憾みに思うまでの時間はそう長くかからなかった。

東北タイで得度こそはしたが、ふらふらしたままであったわたくしは、出家に一抹の未練を残しながらも、結局何も得られずに寺を去った。1995年博士課程への進学の際、心にあったのはラオスへの再訪であり、派遣国としてラオスが加えられたばかりの文部省アジア諸国等派遣留学生に採用されたことは、全くもって幸甚であったといえる。

出発を前に、上智大学の研究室に石井先生を訪ねた際、あの満面の笑みを湛えた表情でわたくしを迎えて下さり、後日、印刷所から上がってきたばかりの『メコン』を「ラオス留学を前にして」と恵存の署名を添えて手渡していただいたことは、石井先生が初めてメコン河の前に立ったのと同じ28歳のときから、わたくしの生涯の誇りといっていい。

けれども、実際のラオスでの生活といえば、想い描くお伽の国のものなどでは決して無かった。まだまだ、農村での調査を行う自由は無く、ヴィエンチャン教育大学（現・ラオス国立大学ドンドーク校）の研究員待遇とはいえ、誰に聞いても、どうすれば正規に地方での調査許可が取れるのかさえ皆目わからず、ラオス語も上達しないまま徒に日にちだけが過ぎていった。誰も皆親切だったが、頼りなく、時によそよそしく感じられ疎ましくさえ思ったのも事実である。

そんな時、サワーン寺の布薩日にヴィラチット・ピラーパンデート氏（現・ラオス文化振興財団理事長）と出逢った。先代から日本企業と付合いのある、ラオスきっての財閥総帥である氏の評判は、必ずしも好意的なものばかりではなかっ

たが、独立不羈の精神は潔く、経済人として国を担って立つ種になる人物としての志は高かった。彼は年長の友人として、また、わたくしの研究の良き理解者の一人として、歴史・文化やラオスの将来について忌憚の無い意見を闘わせることができる無二の存在となり、爾来、わたくしの活動をあらゆる局面で支えてくれている。

　曲折の後、ルアンパバーンでの1年余に亘る調査を終え、前任のアジア諸国等派遣留学生であった上田（鈴木）玲子先生（現・東京外国語大学外国語学部助教授）の御理解によって東京外国語大学へ通わせていただいた。その間に紹介された新谷忠彦、クリスチャン・ダニエルス両先生、即ち「シャン文化圏」（現在は、「タイ文化圏」と呼んでいる。）との出逢いが、それまで漫然としていたわたくしの学問的関心を、一気に収束させてくれた。わたくしが、ここに研究の成果を示すことができたのは、間違いなくこの出逢いによるものであり、この僥倖に感謝する。

　「シャン文化圏」プロジェクトでは、研究会を通じて、言語学や歴史学の観点から東南アジア大陸山地部を改めて見直し、ラオスのみならずミャンマー・シャン州へ調査の機会に恵まれた。特にこの間、加藤高志（現・名古屋大学助教授）、飯島明子（天理大学教授）、加藤久美子（名古屋大学助教授）の各氏との情報交換は、極めて有益であった。

　また、桜井由躬雄先生（東京大学大学院教授）の御配慮によってヴェトナム・タイバック地方も訪問することができた。この調査では、現地に滞在していた桜井静穂嬢の通訳によって、ヴェトナムのTayに関する貴重な情報を得られ、タイ文化圏における農具の論議に大きく貢献した。桜井先生ご一家の平素よりの御懇篤に対し、改めて御礼申しあげる。

　加えて、福井清一先生（現・神戸大学大学院教授）には、カンボジアにおける調査をはじめ数々の御配慮をいただき慙愧に耐えない。また、同時に財団法人アジア人口・開発協会の広瀬次雄常務理事（当時）、楠本修主任研究員に対して感謝する。

　この間、「日々に新たなれ」といつも励ましてくださった京都大学東南アジア研究センターの土屋健治先生、公私共にお世話になったタイ王立森林局のブアレート・プラチャイヨー氏、ボンドゥアン・ポンサワン氏、ラオス語の師にして東京外国語大学で教壇を共にしたラオス文学の泰斗ウティン・ブンニャヴォン先生のほか、数名の恩人が鬼籍に入られた。今日の成果を御報告できないことは、全く以って痛恨の極みであるが、心より御冥福をお祈り申上げる。

最後に、本研究を歴史・民俗叢書に御推薦いただいた新谷、ダニエルス両先生のご厚意を改めて深甚に思うと共に、わたくしたちに委ねられたタイ文化圏研究の未来に対する責任を痛感している。殊に、ダニエルス先生には、本書の序文までお願いすることとなった。重ねて衷心より感謝の意を表する。また、昨今の厳しい出版事情の中で刊行をご快諾いただいた慶友社の伊藤ゆり常務取締役のご理解と、編集の労をお掛けした原木加都子編集長、松村牧子さんの忍耐に対しても、ここに記して御礼申上げる。

　　乙酉　出安居

　　　　　　　　　　　　　星芒の絶えたルアンパバーン Villa Santi にて

　　　　　　　　　　　　　　　　　　　　　　　　　　　園江　満

索　引

あ 行

アカ　189, 208
赤米　113, 128
アタプー　16, 140, 142
　　——平野　23
アッサム　163
天野信景　11
アンコール朝　183
安息香　11, 64
アンナン山系　21, 177
アンナン山脈　21, 23
イゥミェン　107
育苗　87
イサーン　119, 126
石井米雄　119
移植(「——法」含む)　87, 88, 90, 93〜95, 98, 148, 154, 178
堰　66, 85, 95, 96, 143, 144, 148, 149, 150
イ族　155
移動民　181
稲作　12, 14, 15, 17, 18, 59, 61, 67〜69, 76, 85〜87, 112, 113, 123, 124, 127, 132, 134, 135, 137, 138, 171, 178, 180, 181, 203, 204
　　——技術　15, 76, 123, 171
　　複合的稲作　132
稲魂　94
イネ　16, 61, 66, 123, 124, 129, 132
インシ運動　21
インダー　107, 108
インディカ(「——型」を含む)　127, 133, 134, 178, 180
インド(「印度」を含む)　12, 120, 135, 158, 179, 180
　　——犂　135, 136, 154〜156
　　——洋　25
インドシナ
　　——共産党　207
　　——半島　12, 21, 23, 163, 177
　　——連邦　11
　　——連邦総督府　198
ヴィエンカム　86, 87, 124
ヴィエンチャン　11, 16, 17, 24, 25, 30, 34, 56, 69, 72, 93, 112, 120, 135, 138, 156〜160, 163, 165, 167, 171, 173, 177, 179
　　——首都区　12, 69, 74, 75, 98, 205
　　——平野　23, 24, 73, 127
ウー川　23, 51, 55, 56, 146
ヴェトナム　11, 12, 21, 23, 55, 56, 95, 96, 114, 121, 127, 138, 142, 150, 154, 155, 173, 178, 179, 180, 187
ヴェトームオン系　188
ヴェルト　154, 155, 156, 163
雨温図(ハイサーグラフ)　18, 177
雨季　25, 55, 58, 66, 69, 70, 76, 80, 87, 124, 153, 178, 202, 203
　　——水稲作　69, 70
　　——天水田　123
　　——陸稲焼畑　123
牛　61, 64, 118, 160, 174
ウストフ　11
打延(「——型」「——犂」を含む)　155
ウドムサイ　21, 51, 55, 56, 74, 114, 115, 140, 148
粳　61, 69, 86, 120, 123, 125〜127, 129, 132, 133, 152, 178
　　——性　61, 69
　　——米　61
雲南　11, 12, 55, 56, 110, 112, 118, 120, 121, 128, 135, 142, 154, 155, 160, 163, 169〜171, 173〜175, 179, 180
ウン・ムアン　198
役畜　61, 64, 173
SIDA　186, 189, 199, 201〜203, 205
X字型　147, 156, 158, 159, 160, 163, 165, 167, 171, 173, 179
FAO　203
杁　101, 144, 150

LECS　202
黄牛　64, 153
大型家畜　61, 64
オーストロ－アジア語族　112
オーストロネシア語族系民族　112
オードリクール　140
晩生　98, 118, 129
温暖夏雨気候　51, 177

　　　　　　か　行

ガーイヌァ　55, 82
カーン川　56, 58, 80
カイソーン・ポムヴィハーン　207
カオクアーイ山（「──山地」を含む）　23
抱持立（「──型」「──犂」を含む）　143, 154, 155, 159, 174, 179
火山　23
果樹　66, 79, 120
カトゥ　17, 121
カバオ急流　24
株播　89, 90, 144
華北　18, 135, 137, 169, 171, 179
鎌　75, 98, 101, 106〜108, 112, 117
カム Kam　20
カム Kammu/Khamou　20
カムクート　150
カム郡　150
カム－スイ諸語　20
カム－タイ諸語　20
刈跡放牧　64, 93, 98, 114
刈入れ　98, 118
カルダモン　66, 81, 144
ガルニエ　11
灌漑　61, 69, 95, 101, 118, 123, 147, 150, 178, 180
　　──水稲作　70
　　重力灌漑　66, 74, 118, 150
　　田越し──　95, 150
　　補助──　69, 70
乾季　25, 61, 69, 70, 80, 144, 202, 203
寒季　25
乾季灌漑（「──水田」を含む）　69, 70, 85, 123
環境　31, 135, 177, 181
換金作物　61, 64, 86

甘蔗圧搾機　120, 144, 146
カンボジア　11, 24, 112, 127, 156, 157, 158, 160, 171, 173〜175, 179
　　──デルタ　24
　　──平原　21
季節風　24, 25
休閑　66, 124
漁業　64, 203
居住分布　18, 34, 58, 138, 139, 170
魚醤　64, 118
儀礼　93, 94, 98
均平（「──具」を含む）　87, 88, 90, 93, 98, 101, 105, 144, 145, 150, 163, 170, 175
均平棒　91, 143, 144, 149, 168〜171, 175
クアー　145
クー　37, 50, 58
軛　153
　　──犂　153, 158, 179
頸木　153
首引法　153
クム　17, 20, 36, 38, 76, 87, 107〜109, 111, 112, 117, 121, 124, 132, 134, 143, 206
クメール語　165, 175
Credner　181
グローリエ　160, 179
鍬　101, 105, 110, 154
渓谷移動民　181
経済的基盤　17, 56
傾斜地　69
畦畔　80, 98
ケシ　61, 144
ケマラート急流　24
牽引　64, 83, 153, 158〜160
言語　15, 17, 167, 184, 208
言語グループ　31, 34, 137, 188, 207
原初的天水田（「原初的（水陸両用）天水田を含む）　69, 74, 134, 178, 180
牽畜　153, 158, 160, 173
玄武岩　23, 73
憲法　205, 207, 209
語彙　15, 18, 20, 112, 135, 140, 163, 165, 167, 169〜171, 179, 180
降雨　23, 25, 87, 88, 90, 178
耕耘　61
交易　11, 55

工学的適応　117, 121
耕起　88, 90, 93, 101, 110, 145, 153, 154, 160, 162, 174, 175
耕具　18, 101, 135, 171, 178, 180
工芸作物　66, 81, 120
耕作　14, 76, 107, 169, 170
耕－耙－耖　171, 179
耕法　154
交流　12, 15, 56, 112, 123, 138, 171, 180, 181
コー　36, 41, 58, 184, 189
コーヒー　61, 66, 73
コーン郡　24, 151
コーン瀑布群　24
コーンパペーン　24
穀実形質　18, 123, 125, 129, 178
国勢調査　34, 58, 61, 74, 119, 138, 186〜189, 198, 201, 202, 204, 205, 207〜209
谷底平野　23, 24, 132, 136, 148
国立統計院　34, 58, 119, 199〜201, 202, 203, 205
国境貿易　64
ゴマ　66, 81, 148
コラート高原　21, 24
混成村　132, 134, 143, 147, 165
昆明　144

さ　行

サームセーン・タイ王　198
菜園　80, 101, 110, 111
サイソムブーン特別区　12, 23
サイニャブーリー　17, 21, 23, 51, 56, 64, 69, 74, 142, 147
栽培稲　17, 18, 123, 126, 130, 132〜134, 178
サヴァナケット　24, 30, 64, 69, 118, 140, 142, 156, 165, 177, 205
砂岩　21, 24
作付け　34, 56, 61, 66, 67, 69, 80, 81, 85〜87, 118, 120, 123, 132, 133, 143, 144, 149, 152, 178, 204
搾糖　82, 144, 146
挿し苗　92, 93
サトウキビ　66, 120, 144
サナソムブーン郡　152
サマキーサイ郡　152
サム川　23
サムタイ　74, 149
サムヌァ　23
杷　101, 105, 116
サラヴァン　17, 69, 121
────平野　23, 24
サリー・ヴォンカムサオ　201
山岳移動民　181
山間盆地　23, 24, 150
残丘　24
サンコーン郡　151
サンスクリット語　165
────－パーリ語（「────－パーリ語系」を含む）　165, 170, 173, 175, 179
山地常緑樹林　51
山地常緑林（照葉樹林）　177
山地部　12, 15, 56, 69, 132, 137, 180, 181, 184
散播法　90
サンヘー山脈　24
産米林　118, 121, 126, 137, 151, 152
シーサーン，シーサナ（「シーサナ・シーサーン」「シーサナ」共）　186, 208
西双版納　11, 12, 55, 58, 143, 174
シーダー　36, 46
シェンクアーン　23, 51, 56, 58, 63, 69, 74, 105, 126, 140, 150, 155, 159, 174, 175
────（チャンニン）高原　23
シェングン　58, 96, 148
自給　61, 64
而字型　104, 143, 169, 179
市場　61, 63, 64, 66, 88, 105
四川　135, 160
自然堤防　24
シップソーンバンナー　56, 59
シナ－チベット系　184, 188
ジャール平原　58
シャム　11, 19
────語　119
ジャワニカ　18, 127, 178
シャン　12, 19, 95, 96, 114, 126, 171〜174, 178, 180
────文化圏　12, 19
収穫　61, 69, 70, 74, 85, 94, 98, 107, 110, 112, 117, 120, 178, 204
自由ラオス戦線　186, 206
自由ラオス臨時政府　206

熟期　124, 129
出生率　205
準平原　24, 127, 137, 171
秒　169, 173
小乾季（Dry Spell）（「小乾季」を含む）　25, 177
招魂儀礼　94
少数民族　15, 16, 183, 206, 207
情報・文化省　17, 138
照葉樹林　51, 177
暑季　25
植生　51, 177
食糧　15, 16, 180, 205
除草　98, 110
代掻き　87, 88
信仰　80, 94
人口　16, 34～36, 58, 61, 74～76, 86, 118～120, 124, 138, 188, 189, 198, 201, 202, 205, 207, 208
森林産物　56, 81
スァン川　56
水牛　61, 64, 83, 88, 94, 98, 107, 109, 112～114, 118, 121, 153, 158, 160, 173, 174, 179
水系　51, 56, 74, 95, 123, 124, 132, 137, 178
水車　82, 95, 103, 146
水田　14, 18, 34, 51, 56, 66, 69, 73, 74, 76, 80, 81, 85～88, 90, 93～95, 98, 101, 107, 110, 117, 118, 120, 123, 124, 128, 132, 134, 137, 138, 140, 143, 148, 149, 151, 153, 169, 170, 171, 175, 178, 180
　　──化　74, 134, 178, 180
水稲　14, 69, 70, 86, 98, 107, 119, 124, 126, 127, 128, 129, 132～134, 178, 180
水文条件　128
水陸兼用種　128, 134, 178
水陸未分化稲　128
水利用組織　95
スェイ　189
犂　17, 18, 88, 101, 104, 120, 135, 137, 140, 142, 153～155, 156, 158～160, 163, 165, 167, 170, 171, 173～175, 178～180
　　──先　153, 167, 174
ずらし耕作　118
スリニャウォンサー王　11
生活圏　132

生業　14, 15, 18, 31, 34, 56, 61, 76, 80, 85, 87, 132, 134, 140, 177, 180
生産環境　135, 137, 171
精糖　56
製糖　82, 120
精米　61, 86, 101
精霊　94
セーク　140
セーコーン　23
セードーン　23, 24
セーノイ　24
セーバンファイ　24
セーン急流　24
施肥　95, 98
扇央　24
早晩性　125, 132, 133
橇型　143, 169, 179
ソンラー　56

た　行

ターイ Thay 族（「Thay」を含む）　96, 114, 121, 154, 155
ターケーク　24, 74
タイ（Thai）　1, 11, 12, 14, 19, 21, 64, 113, 117, 118, 120, 153, 156, 158, 160, 171, 206
　　──語　95, 107, 119, 120, 165, 174, 175
　　北タイ（「──北部」を含む）　95, 113, 159, 175, 180
　　中部──　160, 173, 175, 179
　　東北──　118, 126, 127, 129, 137, 158
タイ（Tai）　12, 19, 119, 121, 184
　　──-カダイ系　31, 137, 188
　　──-カダイ語族　19, 20
　　──系民族　12, 14, 15, 17, 20, 31, 34, 55, 56, 69, 74, 76～80, 82, 83, 85, 87, 93, 94, 112, 120, 124, 126, 132～135, 137～140, 142, 163, 170, 171, 173, 174, 177, 178, 180, 181, 183, 184
　　──諸語　19, 20, 140
　　──文化圏　12, 14, 15, 17, 19, 69, 101, 120, 137, 140, 163, 171, 173, 174, 177, 179, 180, 181, 183
赤タイ　138, 140, 142, 149
黒──　81, 82, 88, 91, 93, 95, 104, 114, 119, 128, 138, 140, 142, 146, 147, 150,

索　引　265

165, 168, 170, 171, 174, 178
　　白── 115, 119, 140, 142, 149, 156, 169, 170, 174
　　南西──諸語（「──語群」を含む）　19
　　北方──諸語　140
タイ (Tai) 研究　184
傣族　55, 58, 120, 154
タイテン　138, 140, 142, 150
タイヌァ　138, 140, 159
タイバック　12, 142
タイムーイ　138
大粒　61
田植え　93, 94
タオーイ高原　23
打穀　113
脱穀　98, 101〜103, 112, 113, 114, 115, 116, 121, 146
棚田　95, 124, 137, 150, 171
谷間　14
種籾　98, 203
多民族　12, 15, 17〜19, 31, 69, 171, 177, 181, 183, 184, 201, 207
湛水　90
ダンレク山脈　24
チェン　36, 37, 58
チェンマイ　117, 159
　　──盆地　117, 159
畜産　61, 64, 86
畜力　173
チベット−ビルマ系　17, 31, 34, 56, 69, 86, 107, 128, 132, 137, 138, 140, 142, 174, 175, 178, 181, 184, 188, 208
チャムパーサック　11, 24, 69, 140, 142, 177, 205
　　──平野　23, 24, 73
中国　11, 12, 20, 23, 55, 64, 107, 113, 120, 128, 135, 137, 143, 153, 158, 169, 171, 174, 177, 179, 180
　　──犂　135, 136, 154〜156, 158, 160, 163, 170, 180
　　──南部山塊　21, 177
沖積作用　24
沖積層　24
中・南部　15, 23, 69, 73, 75, 118, 138, 140, 142, 154, 170, 171, 173, 174, 180

長床犂　146〜150, 153, 155, 156
調整　98
チョームペット　76, 79, 108
直轅犂（「直轅」を含む）　143〜150, 156
貯蔵　98, 101, 124
チワン族　155
踏耙　143, 169〜171, 173, 179
耖耙　143, 146, 149, 152, 169〜171, 173, 175, 179
ディエンビエンフー　95, 149
泥岩　21
低地　14, 51, 132〜134, 180
　　──化　134
ティン　76
テーヴァダー山　23
デーンディン山脈　55
手鍬　98
デルタ　24, 117
天水　69, 85, 90, 118, 124, 137, 149, 151, 152
　　──田　87, 90, 126, 137, 178
点播　87, 146, 147, 171
耨　110
統計院　34, 36, 58, 119, 188, 199, 200, 201, 202, 205
統計制度　19, 58, 189, 199, 207
搗精　146
東南アジア大陸山地部　12, 15, 69, 137, 180, 181
トウリァ・リフォン　206
土地配分　81
土地法　209
土地利用　66, 203
ド・ラグレ　11, 174
侗族　20

な　行

ナーカーイ高原　23
ナーガーム山　24
ナーペー（ケーオヌァ）山峡　23
ナーン　76, 87, 124
苗　87, 88, 90, 92, 93, 183
轅　153
中生　98, 129, 133
ナムグム川　24
ナムター平野　23

ナムモー　148
苗代　88, 90, 91, 144, 178
　　陸苗代　87, 88, 90, 98, 128, 145, 146, 147, 171, 178
　　　二次——　88, 90
　　　水——　87～90, 128, 145, 153, 163, 178
南部山塊　21, 23, 177
二期作　70
ニョートウー　55
鶏　64, 94
熱帯サバナ気候　24, 51, 124, 177
熱帯ジャポニカ（「——型」を含む）　18, 127, 133, 134, 178, 180
熱帯モンスーン気候　18, 25, 177
農家　32, 34, 58, 61, 67, 69, 76, 86, 87, 118, 124, 138, 174, 203
農学的適応　117, 121
農家経済　16, 34, 120, 202
農業　15, 17, 18, 34, 56, 61, 66, 67, 69, 73, 76, 101, 110, 112, 117, 118, 120, 123, 124, 135, 137, 138, 140, 177, 180, 203, 204
　　——生態（「農業生態学」を含む）　15, 16, 171
農具　14, 18, 101, 110, 113, 135, 137, 140, 160, 163, 170, 173, 175, 177, 178, 179, 180
農耕　12, 15, 18, 93, 94, 135, 137, 177, 180
　　——技術　12, 73, 113, 123, 135, 170, 171, 173, 179, 180, 181
農作業　18, 64, 73, 87, 93, 101, 124, 137, 163, 178
農村工業　85, 120
農村社会　12, 31, 137, 177, 183
農地　61, 118, 123, 203
農林業　61, 73
農林省　16, 30, 53, 64, 119, 156, 157, 167, 203
農林センサス　34, 58, 61, 67, 118～120, 123, 177, 198, 202～204, 209
ノンカーン　23

は　行

ハーイー（ハニ）　36, 58
パークウー　55, 76, 97, 106, 112
パークスアン　58
パークセー　24, 30
パークセーン　56, 86, 87, 124
パークライ　21, 24
ハイサーグラフ（雨温図）　18, 51, 53, 177
歯車　82～84, 120, 144, 146
播種　87, 90, 94, 98, 128, 171
機織など　56
発酵食品　64
撥土板　147, 152, 153, 156, 158, 160, 165, 174, 175
端綱　145, 150, 153
パテトラオ　206
ハニ（ハーイー）　36, 49, 128, 171, 174, 175
哈尼　169, 175
パペット山　24
鞦引　64
バンコク　160
飯米　61, 123, 151
氾濫原　24, 171, 175
ビァ山　23
非栽培植物　80, 119
非而字型　173
非タイ系民族　76, 138, 171
ビット　36, 47, 58
ビルマ（ミャンマー）　12, 14, 19, 173
ビルマ語　165
品種　14, 61, 90, 93, 118, 120, 123, 124, 126～129, 132, 133, 178
　　粳性品種　69
　　改良——　73, 123, 137
　　栽培——　16, 123, 124
　　在来——　61, 69, 73, 86, 87, 112, 123, 124, 133, 178
　　糯性——　69, 126, 134
ファーグム王　11, 183, 198
ファパン　21, 23, 25, 51, 56, 69, 74, 138, 140, 149
ブアン　140, 142, 150, 158, 167
ブークーン郡（「ブークーン」を含む）　76, 86, 87, 124
風選　98, 114, 116, 117
ブータイ　36, 37, 76, 87, 119, 134, 138, 140, 142, 151, 189
フェノール反応　125, 127, 129, 132, 133
複合文化交流圏　12, 69, 177, 181
豚　61, 64, 101, 118, 121

索　引

物質文化　15, 17, 120, 137
プノイ　36, 42, 140, 142, 143, 145, 153, 165, 171, 174
フモン　34, 36, 39, 61, 107, 110, 111, 112, 117, 132, 133, 138, 140, 155, 159, 170, 174, 175, 183, 206
──語　140
フランス　11, 66, 73, 174
ブンヌァ　80, 97, 144
文明　135, 181
平野部　21, 51, 177
ベーン郡（「ベーン」を含む）　114, 115, 148
ホー　36, 44, 188, 207
ボーケーオ　12, 17, 21, 51, 74, 107, 109, 142
ボーンサイ郡（「ボーンサイ」を含む）　86, 87, 116, 124
穂首刈り　107
北部　12, 15, 16, 17, 18, 21, 25, 31, 34, 51, 52, 55, 56, 58, 64, 66, 69, 70, 72, 74～78, 85, 90, 91, 93, 95, 96, 98, 101, 102, 104, 107, 110, 112, 113, 117～121, 123, 126, 127, 134, 137, 138, 140, 142, 145, 152, 154, 159, 160, 163, 165, 170, 171, 173, 174, 177～180
──山塊　21, 51, 177
穂積具　107, 112, 121
ボラヴェン高原　21, 23～25, 61, 73, 177
掘棒　87, 154, 171
ポンサーリー　16, 17, 19, 21, 23, 25, 34～51, 53～56, 58, 66, 69, 70, 71, 74, 77, 80, 82, 84, 99, 105, 109, 110, 115, 120, 124, 125, 127, 138, 140, 143～145, 155, 163, 165～167, 170, 175, 177, 178
本田　87, 88, 90, 91, 93, 94, 105, 128, 146, 149, 150, 153, 154, 163, 166, 171

ま　行

マー川　23
耙　18, 88, 101, 104, 154, 163, 167, 169, 170, 173, 175, 179
松尾の基準　125
松尾の分類基準　178
松葉型　155, 158, 163, 179
マレー　179
マレー犁　154, 156～160, 163, 170, 173, 179, 180

ミャオ　155
──語　140
──－ヤオ系　31, 34, 86, 106, 132, 137, 181, 183, 188, 208
ミャンマー　12, 95, 107, 108, 114, 126, 173, 174, 178, 180
民族分布　31, 34, 36～50, 58, 73, 138, 177
民族分類　19
ムアンクアー　55
ムアンシン　24
──高原　23
ムアンピェン平野　23
ムーヤー山峡　23
ムオー　11
無鐊　160
無犁柱　147, 150, 151, 152
勐臘　55
メコン河　11, 16, 21, 23, 24, 51, 55, 56, 58, 64, 66, 137, 138, 177
──沿岸地域　15, 135, 137, 138, 156, 158, 180
──東岸　21
綿花　144, 151
木材　64, 153, 156
糯　69, 80, 86, 120, 123～129, 132, 133, 151, 178, 180
──米　18, 61, 128
──性　18, 69, 126～129, 132～134, 178, 180
持立　155
──犁　143, 155
籾　18, 85～87, 90, 98, 100, 101, 112, 114, 116, 124, 125, 127, 133, 178
籾型　125, 126, 129, 132, 178
木綿　85
モン－クメール系　17, 31, 34, 76, 87, 107, 110, 112, 124, 132, 137, 138, 140, 142, 180, 183, 188, 208
モン語　163, 165, 179

や　行

ヤオ　34, 36, 43, 107, 138
山羊　61, 64, 118
焼畑　14, 34, 56, 61, 66, 69, 70, 74, 80, 81, 83, 87, 98, 101, 107, 110, 112, 117, 119, 120, 123,

124, 128, 132, 134, 137, 138, 140, 145, 171, 178, 180
屋敷地　79, 98, 114
野生稲　16, 123
谷地田　144
ヤン　36, 45, 140, 142, 145
ユアン　76, 79, 87, 95, 113, 132, 140, 142, 148, 175, 207
UNICEF　205
UNFPA　187, 201, 204, 205
UNDP　205
揚水　95, 96, 149
揺動犂（「揺動型」を含む）　153, 154, 158, 173, 178, 179
養蜂　56, 82, 120, 146
ヨード・ヨードカリ反応　126, 127

ら　行

ラーオ　12, 15, 20, 31, 36, 76, 85, 87, 94, 95, 106, 107, 112, 115, 116, 119, 126, 132～134, 138, 140, 142, 146, 147, 152, 159, 165, 170, 171, 178, 183, 184, 205～207
　——語（ラオ語）　19, 110, 112, 171
　　高地ラーオ　31, 119, 132, 137, 186, 189, 206, 207
　　山腹——　31, 186
　　中高地——　31, 76, 119, 132, 137, 186, 189, 206, 207
　　低地——　15, 31, 76, 119, 132, 137, 138, 186, 189, 206
ラーオバーオ（ケーサーイ）山峡　23
ラーンサーン王国　11, 95, 118, 183
ラーンナータイ　95, 121
ライチャウ　55, 56, 95, 96, 114
羅宇　11, 19
ラヴェー　140, 142, 152
ラオ語　19
老撾　11
ラオス　11～25, 30, 31, 32, 35, 36, 51, 52, 55, 56, 58, 61, 64, 66～73, 74, 77～79, 81, 82, 85, 86, 90, 91, 93, 95, 96, 101, 102, 104, 107, 110, 112, 113, 117～121, 123, 126～128, 132, 134, 135, 137～140, 142, 153, 154～156, 158～161, 163, 167, 169～171, 173～175, 177～180, 181, 183, 184, 186, 188, 189, 198, 199, 201, 202, 205～208
　——愛国戦線　206, 207
　——王国　184, 198, 206
　——建国戦線　119, 186, 188, 206, 208
　——語　15, 20, 120, 128, 140, 175, 179, 202～205, 208, 209
　——人民革命党　11, 188, 198, 207
　——人民民主共和国　11, 58, 198, 205, 207
ラピード　24
ラメット　17
ランテン　107, 109, 112
藍靛瑤　107
リーピー　24
犂轅　135, 147～149, 151, 153～156, 158, 163, 165, 173
犂輗　147, 153
陸稲　34, 56, 61, 69, 76, 81, 85, 87, 107, 110～112, 117, 119～121, 124, 126～129, 132, 133, 144, 145, 148, 149, 151, 178, 180
犂耕　88, 135, 153, 154, 160, 163, 169, 171, 172, 173, 174, 180
犂鉤　148, 151, 153
犂鑱　153, 155, 160, 165, 173～175
犂床　135, 146, 153～156, 158, 165, 167, 179
犂身　135, 154, 155, 165
犂柱　147, 155, 156, 158, 159, 179
犂底　152
リプロダクティブヘルス　204, 205
犂柄　135, 146, 148, 149, 155, 156, 158, 165
犂鏵　104, 135, 153, 155, 167, 173, 174
ルアン山脈　21, 23, 55, 177
ルアンナムター　17, 21, 24, 34, 51, 69, 70, 104, 107, 109, 114, 138, 140, 149
ルアンパバーン　11, 18, 21, 23, 24, 30, 51, 55～58, 62, 65, 66, 69～71, 73～76, 79, 80, 81, 83, 85～88, 91, 94～97, 99, 106, 108, 109, 111～113, 115～121, 123, 124, 126, 127, 130, 137, 138, 140, 145～148, 159, 160, 163, 165～170, 173, 177～180, 205
ルー　36, 40, 55, 56, 58, 59, 76, 77, 79, 82～84, 87, 88, 90, 94, 95, 97, 99, 106, 107, 109, 110, 112, 114, 115, 126, 128, 132, 133, 140, 142～145, 148, 170, 171, 173, 178, 179
ルーイ山　56
Le Bar　14

| 暦　93
| 労働交換　93, 101, 118
| 労働人口　61
| ロロ　17, 36, 48, 58, 174

わ　行

Y字型　156, 158, 159, 171, 179
枠型犁　104, 143〜150, 154, 155, 156, 158〜160, 163, 165, 167, 170, 171, 173, 174, 179
早生　98, 129
ワタ　66, 156
棉　148
綿轆轤　84, 120
彎轅　155, 156, 159, 179
彎轅犁　155, 156, 174

園江 満（そのえ　みつる）1967年　東京都生れ。
京都大学大学院農学研究科博士後期課程修了。
ラオス人民民主共和国情報・文化省ラオス文化研究所訪問研究員、東京外国語大学外国語学部非常勤講師、東海大学大学院医学研究科国際医療保健協力センター研究員等を経て、現在名古屋市立大学人文社会学部研究員・東京農業大学国際食料情報学部非常勤講師。ラオスの現地NPOラオス教育振興財団基金幹事。
京都大学博士（農学）、Diploma in Tropical Medicine (Nagasaki Univ.)。
専門分野　ラオスを中心とした東南アジア大陸部の農業地理・タイ（Tai）研究
現在の研究テーマ　タイ文化圏における農耕技術・特に水田稲作と農村社会

［主な著作］
「智慧の七柱―東北タイの森と僧とを考える―」山田勇編『フィールドワーク最前線：見る・聞く・歩く』(1996) 弘文堂、綾部恒雄監修『世界民族辞典』(2000) 弘文堂（項目執筆）、桜井由躬雄ほか監修『世界地理大百科辞典5. アジア・オセアニアⅡ』(2002) 朝倉書店（分担執筆）、「ラオスの統計制度」開発学研究第14巻第3号 (2004)、「ラオスにおける犂の形状と分布―農耕文化の視点から」アジア・アフリカ言語文化研究70号 (2005) など。

アジア文化叢書
ラオス北部の環境と農耕技術
タイ文化圏における稲作の生態

発行　二〇〇六（平成十八）年四月二十一日

著者　園江　満

発行　慶友社
東京都千代田区神田神保町二―四八
電話　〇三―三二六一―一三六一
FAX　〇三―三二六一―一九六九

©Mitsuru Sonoe, 2006 Printed in Japan
ISBN 4-87449-173-1　C3039
許可なく転載・複写することを禁じます。